Reinhard Hoffmann

Handbuch Hausversorgung

mit alternativen Energien in Alt- und Neubauten

Reinhard Hoffmann

FRANZIS
ENERGIETECHNIK

Handbuch Hausversorgung

mit alternativen Energien in Alt- und Neubauten

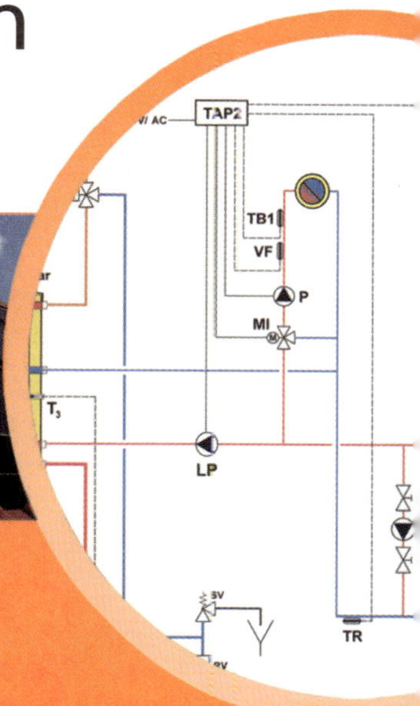

215 Abbildungen

Bibliografische Information der Deutschen Bibliothek

Die Deutsche Bibliothek verzeichnet diese Publikation in der Deutschen Nationalbibliografie; detaillierte Daten sind im Internet über **http://dnb.ddb.de** abrufbar.

Wichtiger Hinweis

Alle Angaben in diesem Buch wurden vom Autor mit größter Sorgfalt erarbeitet bzw. zusammengestellt und unter Einschaltung wirksamer Kontrollmaßnahmen reproduziert. Trotzdem sind Fehler nicht ganz auszuschließen. Der Verlag und der Autor sehen sich deshalb gezwungen, darauf hinzuweisen, dass sie weder eine Garantie noch die juristische Verantwortung oder irgendeine Haftung für Folgen, die auf fehlerhafte Angaben zurückgehen, übernehmen können. Für die Mitteilung etwaiger Fehler sind Verlag und Autor jederzeit dankbar.
Internetadressen oder Versionsnummern stellen den bei Redaktionsschluss verfügbaren Informationsstand dar. Verlag und Autor übernehmen keinerlei Verantwortung oder Haftung für Veränderungen, die sich aus nicht von ihnen zu vertretenden Umständen ergeben.
Evtl. beigefügte oder zum Download angebotene Dateien und Informationen dienen ausschließlich der nicht gewerblichen Nutzung. Eine gewerbliche Nutzung ist nur mit Zustimmung des Lizenzinhabers möglich.

Satz & Layout: G&U Language & Publishing Services GmbH, Flensburg
art & design: www.ideehoch2.de
Druck: Neografia, a.s.
Printed in Slovakia

ISBN 978-3-7723-**4225-7**

Inhaltsverzeichnis

Vorwort

Die weitreichenden Folgen des Klimawandels bekommen wir mittlerweile in nahezu jeder Nachrichtensendung drastisch vor Augen geführt. Weithin unbekannt ist, dass in Deutschland die Gebäude mehr Primärenergie verbrauchen – und somit Kohlendioxid produzieren – als der Verkehr, nämlich 41 % gegenüber 28 %. Die Energiekosten steigen rasant an, die Ölförderung wird immer aufwendiger und teurer, Ängste und Spekulanten sorgen für zusätzliche Preissteigerungen.

Zwar wird Energie prinzipiell nicht verbraucht, sondern immer in eine andere Energieform umgewandelt: Zum Beispiel entsteht Wärme aus chemischer Energie, die beim Verbrennen von Heizöl frei wird. Naturgemäß muss Heizwärme, die sich nicht durch Ritzen oder schlecht gedämmte Dächer und Wände in die kältere Außenluft verflüchtigt, zuvor auch nicht aufwendig und teuer bereitgestellt werden. Deshalb greife ich im ersten Kapitel ausführlich die Themen Wärmedämmung und Winddichtheit auf.

Als Faustregel gilt: Je älter das Haus, desto mehr Energiekosten könnte der Eigentümer/die Eigentümerin durch geeignete Maßnahmen einsparen. Im Bestand sind bis zu 70 % Verbrauchsenkung möglich. Aber auch ein Neubau garantiert nicht zwangsläufig niedrige Heiz- und Stromkosten.

Bei Erich Keller bedanke ich mich herzlich für wertvolle Hinweise aus erster Hand. Er muss sehr oft als zu spät gerufener Energieberater feststellen, dass eine schlampige Ausführung der Arbeiten dazu führt, dass ein Haus weit mehr Energie benötigt, als es dem heutigen Stand der Technik entspricht. Häufig sind schwer reparable Baumängel die Folge, wie etwa durchfeuchtete Wände, die Schimmelpilze begünstigen. Das ist ein finanzielles Fiasko, verbunden mit einem Wohnklima, das die Gesundheit der Bewohner gefährdet.

Die richtige Wahl des Heizsystems ist abhängig von der Bausubstanz und den individuellen Vorlieben der Bewohner. Auch die inzwischen ausgereifte Technik zur Gewinnung von Sonnenenergie ist sinnvoll im Haus einsetzbar. Wir zeigen Ihnen, worauf besonders zu achten ist, was Sie selbst anpacken und wie Sie unnötige Kosten vermeiden können.

Ich wünsche Ihnen viel Erfolg bei Ihrem Bauvorhaben und danach ein angenehmes Wohnklima bei minimalen Heizkosten.

Reinhard Hoffmann

1 Wärmeverluste begrenzen, Wärmedämmung

1.1 Der baulich optimierte Neubau

Schon Anfang der 1990er-Jahre wurde nachgewiesen, dass es technisch machbar ist, Häuser zu bauen, die auch in unserem Klima ohne konventionelle Öl- oder Gasheizung auskommen. Praxiserprobte, erfolgreiche Konzepte sind das von dem Physiker Dr. Wolfgang Feist aus Darmstadt entwickelte Passivhaus und das Sonnenhaus von Georg Dasch aus Straubing. Der Freiburger Architekt Rolf Disch bietet das Passivhaus sogar als sogenanntes Plusenergiehaus® an, mit dem seine Bewohner durch Nutzung der Sonneneinstrahlung mehr Energie gewinnen, als sie selber verbrauchen. Zwar kostet so ein Gebäude etwa 15 % mehr als ein den Vorschriften entsprechendes Niedrigenergiehaus, aber Disch versichert, dass es sich durch seine niedrigen Bewirtschaftungskosten vom ersten Monat an rechnet. Die Häuser brauchen pro Quadratmeter und Jahr nur rund 10 Kilowattstunden für Heizung und Lüftung. Diesen Energiebedarf könnte ein Liter Heizöl decken.

Häuser, die besonders sparsam mit Energie umgehen, sind heute nicht mehr im Versuchsstadium, sondern Stand der Technik. Vor dem Hintergrund stetig steigender Energiepreise rechnet es sich auf jeden Fall, sowohl beim Neubau als auch beim Altbau auf eine sehr gute Wärmedämmung und auf die saubere Ausführung der damit zusammenhängenden Arbeiten zu achten. Entscheidend für den Heizwärmebedarf sind:

Abb 1.1: Die zentrale Säule des zylinderförmigen Heliotrops® ruht auf einem von einem Elektromotor angetriebenen Drehkranz mit Schwenklager. So ist eine Orientierung des Gebäudes nach dem Lauf der Sonne möglich. Die Bewohner können das Haus mit der Glasfassade der Sonne nachführen und die maximale Sonnenstrahlung einfangen oder aber bei großer Hitze aus der Sonne drehen lassen, bei entsprechend wechselnder Aussicht. Die drei Ebenen sind über eine Wendeltreppe in der 14 Meter hohen Zentralsäule erreichbar. Alle Räume werden durch die Sonne beheizt. Der verbleibende Wärme- und Heizenergiebedarf wird von Vakuumröhrenkollektoren zur Warmwasserbereitung in den Brüstungselementen und einem Erdwärmetauscher bereitgestellt. Ein thermischer Pufferspeicher dient der Wärmespeicherung. (Foto: Architekturbüro Rolf Disch/Georg Nemec)

Gebäudeform

Günstig ist ein einfacher Baukörper ohne überflüssige Vor- und Rücksprünge (wie Balkone, Erker, Dachgauben), der dadurch eine möglichst kleine Oberfläche im Verhältnis zum Volumen beziehungsweise zur Nutzfläche hat, denn durch diese Wärme tauschenden Flächen geht die Heizwärme verloren. Deshalb benötigen Doppelhaushälften und Reihenhäuser bei gleicher Dämmkonstruktion und Anlagentechnik grundsätzlich etwa 10 % weniger Energie als freistehende Einfamilienhäuser. Auch wenn eine würfelförmige Hausform optimal ist, können Sie – wenn es Ihnen zu langweilig aussieht – immer noch nichtbeheizte Anbauten errichten. Hauseingänge, Carports, Veranden und unbeheizte Wintergärten außerhalb der gedämmten Gebäudehülle beeinflussen den Energiebedarf nur wenig. Über Kanten geht mehr Wärme verloren als über Rundungen.

Abb 1.2: Plusenergie®-Penthäuser: Sie brauchen nach Angaben des Anbieters je nach Größe zwischen 1.650 und 1.800 Euro weniger an Heizkosten als ein vergleichbarer Neubau in konventioneller Bauweise. Gleichzeitig soll der von der Solaranlage gewonnene Strom für jährliche Einnahmen von etwa 4.500 Euro sorgen.(Foto: Architekturbüro Rolf Disch)

Abb 1.3: Verschiedene Haustypen mit kompaktem Baukörper, zum Teil mit Anbauten. (Fotos: WeberHaus)

Dämmung

Eine Binsenweisheit lautet: Je besser die Dämmung der Gebäudehülle ist, desto weniger verbraucht künftig die Heizung. Je kleiner der U-Wert von Außenwänden, Dach und Bodenplatte, der den Wärmedurchgang beziffert, ist, umso geringer sind die Wärmeverluste in der Heizperiode beziehungsweise die unerwünschten Wärmegewinne bei Hitze.

Ob der Hauseigentümer oder die Hauseigentümerin außen Holz, eine Putzfassade oder Klinker bevorzugt, spielt beim Erreichen eines guten Dämmstandards keine Rolle. Viel entscheidender ist es, Wärmebrücken oder Undichtigkeiten in der Gebäudehülle zu vermeiden. Durch die höheren Temperaturunterschiede bei einer sehr guten Dämmung fallen diese umso mehr ins Gewicht.

Wärme verflüchtigt sich

Wärme kann auf drei Arten verlorengehen: erstens durch Konvektion, also durch den Wärmetransport durch Luftbewegung; zweitens, indem sie über Wärmebrücken direkt durch einen Baukörper fließt, und drittens in Form von Infrarotstrahlung.

Deshalb muss die Dämmung möglichst luftdicht verlegt werden, auch innerhalb des Materials sollte nur wenig Luftbewegung sein.

Abb 1.4: Ein klassisches Beispiel: Auf dem Hausdach links liegt eine durchgängige, etwa zehn Zentimeter dicke Schneeschicht, weil das Dach gut gedämmt ist. Der Schnee auf dem Dach des Hauses rechts dagegen ist wegen ungenügender Dämmung fast vollständig weggeschmolzen. (Foto: Reinhard Hoffmann)

Eine klassische Wärmebrücke ist ein Balkon, der einfach die Verlängerung einer Betondecke nach außen ist. Durch diese Verbindung kann Heizwärme direkt nach draußen abgeleitet werden. Diese Energieverluste können Sie vermeiden, wenn der Balkon von der Gebäudehülle thermisch getrennt ist, zum Beispiel durch eine Holzkonstruktion, die auf eigenen Stützen steht. Diese hat außerdem den Vorteil, dass sie auch zu einem späteren Zeitpunkt noch aufgestellt werden kann. Sehr wichtig ist eine gute Dämmung der Rollladenkästen, noch besser sind außen vorgebaute Kästen.
Bei vielen älteren Gebäuden geht durch den Rollladenkasten viel Wärme verloren. Oft befindet sich zwischen dem Innenraum und der Außenluft nur eine dünne Holzplatte. Wenn der Kasten auch noch undicht ist, pfeift der Wind

durch die Ritzen. Idealerweise ist der Rollladenkasten an fünf Seiten nachträglich zu dämmen, am wichtigsten sind jedoch die direkt zum Zimmer gerichteten Seiten nach unten und nach vorne. Bei aufgewickeltem Rollladenpanzer können Sie prüfen, welche Dämmstärke maximal hineinpasst.

Abb 1.5: Thermografie eines Hauses mit starken Wärmeverlusten durch ungedämmte Rollladenkästen (Foto: Beck + Heun)

Abb 1.6: Eine luftdicht konstruierte Rollladengurtdurchführung (Foto: Erich Keller)

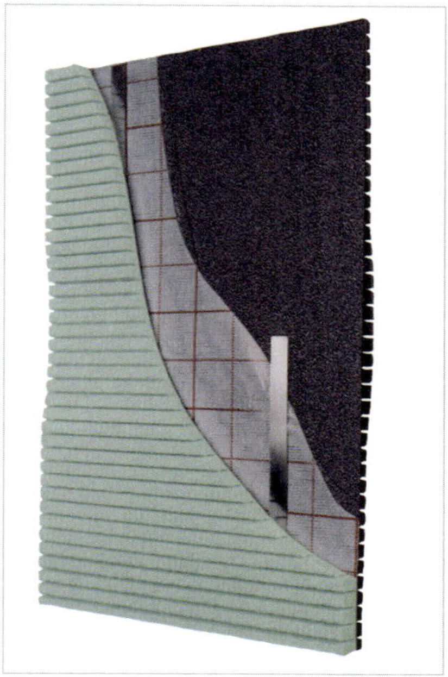

Abb 1.7: Die Dämmschicht besteht aus zwei Styropor- und Neopor-Dämmplatten, einem Diffusionskern im Zwischenraum und Federstahlstreifen. Letztere gewährleisten, dass sich die Dämmplatte problemlos in den Kastenraum einklemmen lässt. Zudem erhält der Federstahl die Rundungsspannung aufrecht. (Foto: Beck + Heun)

Abb 1.8: Rollladenkasten-Sanierungssystem zur nachträglichen Dämmung, das die Anforderungen der EnEV erfüllt
(Foto: Beck + Heun)

Unter folgenden Voraussetzungen lassen sich Wärmebrücken vermeiden: durch sorgfältig konstruierte und zusammengeführte Bauteilübergänge an Außenwänden, Dach, Böden, Fenstern und Gebäudeecken. Darüber hinaus ist es wichtig – besonders bei Ziegeln mit ihren Kanälen –, alle Mauern oben mit Glattstrich oder Ringankern luftdicht abzuschließen. Überstehende (Stütz-)Mauern können zum Beispiel mit Schaumglas thermisch voneinander getrennt werden.

Abb 1.9: Eine Schaumglas-Dämmschicht verhindert, dass Feuchtigkeit aus dem Fundament in die Wand aufsteigt. (Foto: Deutsche FOAMGLAS)

Abb 1.10: Außerdem schließt diese Dämmschicht die geometrische Wärmebrücke in diesem Bereich. (Foto: Deutsche FOAMGLAS)

Im Extremfall verdoppeln sich die Heizkosten, wenn das Haus nicht luftdicht oder der Anschluss von Bauteilen und Bauteilübergängen nicht dauerhaft luftundurchlässig ist – dies hat also noch schlimmere Folgen als Wärmebrücken. Selbst wenn die Heizung für den dem theoretischen Dämmstandard angepassten Wärmebedarf richtig ausgelegt ist, wird sie es nicht schaffen, das Haus an kalten Tagen warm zu bekommen: Die Bewohner müssen dann frieren.

Vermeidbare Ritzen finden sich an Nahtstellen zwischen den Bauteilen des Hauses – wie Außenwänden, Fenstern, Türen, Dach und Kellerdecke. Dadurch zieht es, und Lärm und Luftschadstoffe von außen können sich innen besser ausbreiten.

Eine luftdichte Gebäudehülle sorgt dafür, dass kalte Außenluft nicht in das Haus kommt und warme, feuchte Raumluft nicht in das Dämmmaterial eindringt und dort kondensiert. Feuchtigkeit würde die Dämmwirkung verschlechtern, sie ist oft Ursache teurer Bauschäden. Ein Dämmstoff kann nur dann seine Aufgabe erfüllen, wenn er außen von einer Winddichtung und innen von einer Luftdichtung begrenzt ist. Der Blower-Door-Test dient der Prüfung der Luftdichtheit von Gebäuden. Dabei wird im Haus nacheinander ein Über- und Unterdruck erzeugt, vorhandene Leckagen werden mittels einer Messtechnik, die erhöhte Luftgeschwindigkeiten registriert, aufgespürt und gegebenenfalls auch mit Rauch sichtbar gemacht. Besonders wichtig ist dieser Test bei in Holzrahmenbauweise errichteten Häusern und bei ausgebauten Dachgeschossen mit Quergiebeln und Gauben. Näheres finden Sie im Abschnitt „Schwachstellen aufdecken“ in diesem Kapitel.

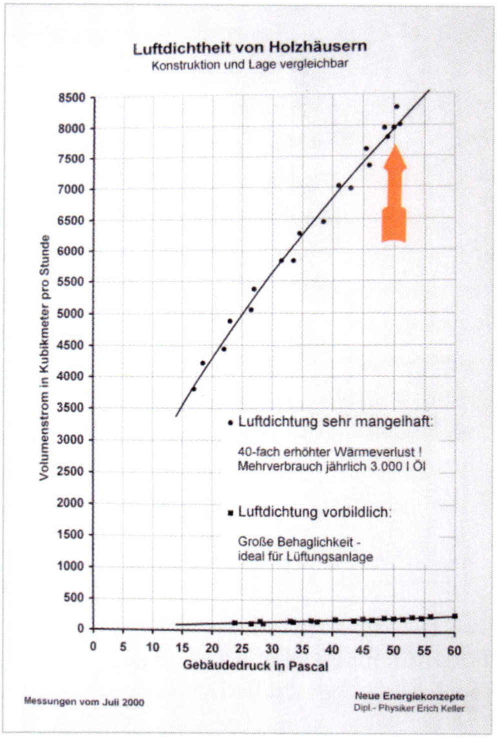

Abb 1.11: Hohe Luftdichtheit trägt entscheidend zu einem sparsamen Gebäude bei. (Grafik: Erich Keller)

Entscheidend für eine wirkungsvolle Dämmung sind umsichtiges Planen und sorgfältiges Arbeiten. Ich empfehle Ihnen dringend, die handwerkliche Ausführung der Arbeiten zu überwachen. Schon die kleinste Luftundichtigkeit verdirbt die Energiebilanz eines Gebäudes, so dass es später oft zu Bauschäden kommt.

Bauphysik

Aus bauphysikalischen Gründen darf keine Luft zwischen Dämmung und Innen- oder Außenwand gelangen, da sie dort kondensieren kann, was zu Feuchtigkeitsproblemen und in der Folge zu Bauschäden führt.

Verglasung

Bei Fensterglas gibt der U-Wert den Wärmeverlust von innen nach außen an, der g-Wert den Wärmegewinn von außen nach innen.

Abb 1.12: Haus mit Vorrichtungen zur Verschattung der großen, nach Süden zeigenden Fensterflächen. (Foto: WeberHaus)

Sehr hochwertige Fenster mit U-Wert (Wärmedurchgangskoeffizient in W/m^2K) unter 1 rechnen sich auf jeden Fall, da Fenster die größte Schwachstelle in der Gebäudehülle darstellen. Je niedriger der U-Wert ist, umso geringer ist der Wärmeverlust durch das Fenster.

Ein hoher g-Wert (Energiedurchlasswert) garantiert hohe Wärmegewinne bei tief stehender Sonne. Ein ideal strahlungsdurchlässiges Fenster hat einen g-Wert von 1,0. Reale Gläser haben g-Werte zwischen 0,7 und 0,9.

Heizung

Entscheidend für geringen Verbrauch ist eine dem Wärmebedarf angepasste, richtig dimensionierte Heizung und effiziente Technik mit hohem Wirkungsgrad. So würde eine für den Wärmebedarf des Hauses zu leistungsstarke Ölheizung ständig an- und ausgehen und fast nie unter großer Last laufen, was zu hohem Verbrauch, schlechten Abgaswerten und einer vergleichsweise geringen

Lebensdauer der Anlage führt. Deshalb ist es auch besser, wenn zusätzlich ein Pufferspeicher überschüssige Energie einlagert und die Anzahl der Heizungsstarts spürbar senkt.

Flächenheizung
Unter Putz befindliche Wandheizungen, die mit niedrigen Vorlauftemperaturen auskommen, geben die Wärme in Form langwelliger Strahlung an den Raum ab. Dies ermöglicht niedrigere Vorlauftemperaturen, die Wärme wird oft als angenehmer empfunden als die Wärmeabgabe über konventionelle Heizkörper. Aber bei schlechter Wärmedämmung sorgt eine Flächenheizung für einen erhöhten Wärmeabfluss nach außen und damit für einen höheren Verbrauch. Entsprechendes gilt auch für die Fußbodenheizung.

Lüftung
Viele Experten weisen darauf hin, dass es kaum möglich sei, die raumklimatisch optimale Lüftung durch Fensteröffnen zu erreichen: Entweder werde in der Heizperiode zu wenig gelüftet (Gefahr von Schimmelbildung) oder zuviel – mit der Folge hoher Energieverluste. Deshalb empfehlen sie allen Bauherren den Einbau einer Lüftungsanlage. Optimal ist eine kontrollierte, automatische Be- und Entlüftung mit Wärmerückgewinnung. Dabei erwärmt die warme Abluft die kalte Zuluft. Das senkt den Wärmeverlust durch das Lüften bis zu 90 %. Aber nicht jeder mag es, wenn die Fenster in der Heizperiode nicht geöffnet werden sollen.

Sonnenenergie
Wenn Sie Sonnenenergie durch Sonnenkollektoren nutzen, können diese in unserem Klima rund 60 % der Energie für die Warmwasserbereitung liefern und zusätzlich die Heizung unterstützen. Liefert im Haus ein Öl- oder Gasbrenner die Heizwärme, so können die Bewohner diesen im Sommer und teilweise auch in der Übergangszeit ganz ausschalten: Das erhöht die Lebensdauer des Brenners, spart Brennstoff und verbessert die Abgaswerte, da er dann nicht ständig anspringen und kurz danach wieder ausschalten muss. Außerdem reduzieren sich dadurch die Wartungskosten.

Ausrichtung
Vorteilhaft ist, wenn große Fensterflächen und Glasfronten nach Süden zeigen, um besonders im Winter viel Licht und Wärme in das Haus zu lassen. Voraussetzung dafür ist, dass die Südfront nicht abgeschattet ist, zum Beispiel durch hohe Bäume. Im Sommer sorgt die gezielte Verschattung durch größeren Dachüberstand oder Balkon sowie durch Jalousien oder Markisen für ein

angenehmes Raumklima, ohne dass eine Klimaanlage läuft. Auch an der Fassade montierte Kollektoren tragen mit ihrem natürlichen Schattenwurf dazu bei, dass sich der dahinterliegende Raum weniger erwärmt.

(Foto: WeberHaus)

Kleinere Fenster im Norden, Osten und Westen vermindern die Wärmeverluste. Geschickte Planung kann die Energiebilanz eines Hauses ohne Mehrkosten verbessern: Im hellen Südbereich liegen Wohn- und Kinderzimmer (Zone höherer Temperatur), im Nordbereich Schlafzimmer und Sanitärräume (Zone niedrigerer Temperatur).

(Foto: WeberHaus)

Info

Was ökologisches Bauen ausmacht

Beim biologischen Bauen versuchen Architekt und Bauherr, ausschließlich biologisch produzierte Baustoffe oder nur geringfügig modifizierte Stoffe, wie zum Beispiel Ziegel, zu verwenden. Sowohl bei der Produktion als auch während der Nutzung des Gebäudes sollen möglichst wenige Schadstoffe entstehen.

Ökologisches Bauen ist die eher pragmatische Variante. Im Unterschied zum normalen Bauen werden ausschließlich umweltgerechte, langlebige Baustoffe mit geschlossenen Prozessketten verwendet. Das heißt, Kunststoffe und nicht recycelbare Verbundkonstruktionen sind hier verpönt.

Ein ökologisch einwandfreier **Baustoff** hat folgende Eigenschaften:

- möglichst geschlossene Prozessketten aus möglichst geschlossenen Kreisläufen
- einen geringen Primärenergie-Inhalt
- eine hohe Fehlertoleranz bei der handwerklichen Ausführung

Vorteile sind die geringe Schadstoffbelastung während der Nutzung und eine höhere Wertsteigerung für ein ökologisch erstelltes Objekt. Außerdem lässt sich das Gebäude als Ganzes nach der Nutzung recyceln.

Die **Kosten** für ökologisches Bauen liegen derzeit fünf bis zehn Prozent höher als beim konventionellen Bauen.

Kosten sparen beim Neubau

- Der Bauherr kann Grundstückskosten sparen, wenn er den Keller besser nutzt – zum Beispiel für einen Hauswirtschaftsraum, ein Gästezimmer und eine Heimwerkerecke.

Verglichen mit Mauerwerk aus Stein bietet die Holzrahmenbauweise durch geringere Wandstärken bei gleicher Wärmedämmung rund 10 % mehr Wohnraum, bezogen auf die Grundfläche.

- 80 % der Kosten werden mit der Planung festgeschrieben, nachträgliche Änderungen verteuern das Bauen überproportional.
- Ein kompakter Baukörper ist mit weniger Aufwand herzustellen als ein Haus mit vielen Vorsprüngen und Einschnitten. Und er kommt mit weniger Heizenergie aus.
- Verkehrsflächen sind möglichst klein zu halten. ▶

- Preiswerte Baumaterialien auswählen, ein Preisvergleich lohnt sich in jedem Fall.
- Das Teuerste ist nicht unbedingt immer das Beste, auch bei der Haustechnik gibt es ein großes Sparpotenzial.
- Bei fast der Hälfte aller Eigenheimbauten spart der Bauherr dadurch, dass er einfache, aber zeitraubende Arbeiten wie Streichen und Tapezieren selber macht.

1.2 Vielversprechende Neuentwicklungen

1.2.1 Brennstoffzellengerät

Noch handelt es sich um Prototypen, aber viele Fachleute rechnen damit, dass sich die Brennstoffzelle in den nächsten Jahren auf dem Markt etablieren wird: als Kleinkraftwerk im Keller, als umweltfreundlicher Antrieb von Bussen, Personenwagen und Schienenfahrzeugen sowie als netzunabhängige Stromversorgung von Laptops, Notebooks und Werkzeugen.
Brennstoffzellen erreichen auf umweltfreundliche Art eine höhere Energieausnutzung als die heutigen Techniken. Von ihrem dezentralen Einsatz könnten insbesondere mittelständische Betriebe profitieren. Da es jedoch bisher nur Prototypen oder Kleinstserien gibt, ist die Brennstofftechnik noch nicht konkurrenzfähig.
Damit die Serienreife von Brennstoffzellengeräten möglichst schnell erreicht wird, hat der Oldenburger Energieversorger EWE zusammen mit MVV Energie, VNG Leipzig und Ruhrgas die „Initiative Brennstoffzelle“ gegründet.
Ab 2002 sind über 300 Geräte mit jeweils einem Kilowatt Leistung elektrisch und 2,5 Kilowatt thermisch bei Kunden (gegen günstige Leasingraten) installiert und getestet worden. Die SOFC-Brennstoffzellengeräte sind auf die Strom- und Wärmeversorgung von Ein- und Mehrfamilienhäusern ausgelegt. Das Anschließen von Vor- und Rücklauf, Gasanschluss und Schornstein ist ähnlich wie bei einer konventionellen Heizung. Das Gerät arbeitet vibrationsfrei und nahezu geräuschlos. Jedoch ist seine Aufstellung etwa auf dem Dachboden nicht möglich: Dagegen sprechen ein Platzbedarf von etwa vier Quadratmetern und sein Gewicht.
Bedarfsspitzen bei der Heizung deckt das eingebaute Brennwertgerät ab. Eine intelligente Regelung sorgt für maximale Ausbeute aus der Kraft-Wärme-Kopplung. Etwa 30 bis 35 % Primärenergie und somit Kohlendioxid in den Abgasen werden gegenüber einer konventionellen Heizung eingespart.

Auch Vaillant war mit 150 Brennstoffzellen-Heizgeräten am Feldtest beteiligt. Vorher wurden rund 300.000 Betriebsstunden in Labors absolviert. Nach damaliger Planung sollte das Brennstoffzellen-BHKW 2006 auf den Markt kommen, aber es besteht offensichtlich noch weiterer Entwicklungsbedarf. Derzeit ist die Technik noch zu teuer. Es ist ebenfalls ungeklärt, wie der Wasserstoff künftig erzeugt, transportiert und gespeichert wird.

Funktionsweise der Brennstoffzelle

Bei der aus dem Chemieunterricht bekannten Elektrolyse zerlegt Gleichstrom Wasser in seine Elemente Sauerstoff und Wasserstoff. Ein kleiner Zündfunke genügt, und dieses Gasgemisch verbindet sich mit lautem Knall schlagartig wieder zu Wasser.

Auch in der Brennstoffzelle verbinden sich Wasserstoff und Sauerstoff zu Wasser – jedoch langsam und kontrolliert. Die Zelle besteht aus:

- Anode: Hier wird wasserstoffreicher Brennstoff, zum Beispiel aufbereitetes Erdgas, herangeführt.
- Kathode: Dorthin wird Sauerstoff in Form von Luft geleitet.
- Elektrolyt: Trennt die beiden Elektroden und verhindert damit, dass sich Wasserstoff und Sauerstoff zu Knallgas vermischen.

Die Elektroden regen eine kontrollierte elektrochemische Reaktion zwischen Wasserstoffionen aus dem Brennstoff und der Luft zu Wasser an. Dabei kommt es zur Ladungstrennung, wie bei einer Batterie. In einem elektrischen Leiter, der die beiden Elektroden miteinander verbindet, entsteht so Gleichstrom. Außerdem wird gleichzeitig bei der chemischen Reaktion Wärme frei: Die Brennstoffzelle ist eine Form der Kraft-Wärme-Kopplung.

Der Elektrolyt bestimmt die Betriebstemperatur und gibt der Brennstoffzelle ihren Namen. Für Hausenergieanlagen eignen sich zwei Typen besonders:

- Die Polymer-Elektrolyt-Membran-Brennstoffzelle (PEFC) arbeitet mit reinem Wasserstoff bei Reaktionstemperaturen um 90 °C. In der Regel löst ein Reformer vor Ort den Wasserstoffanteil aus Erdgas und beigemischtem Wasserdampf heraus.
- Die Festoxid-Brennstoffzelle (SOFC) ist weniger anspruchsvoll hinsichtlich der Brennstoffqualität und kann Erdgas bei etwa 900 °C verarbeiten.

Um eine möglichst kompakte Anordnung zu erreichen, werden die Zellen sandwichartig in einem Stapel (Stack) übereinander angeordnet.

1.2.2 Schaltbare Wärmedämmung

Das Bayerische Zentrum für Angewandte Energieforschung (*www.zae.uni-wuerzburg.de*) experimentiert mit schaltbaren Vakuumpanelen, die mit elektrisch beheizbaren „Gettern" verbunden sind. Ein Getter ist ein chemisch reaktives Material, um das Vakuum möglichst zu halten. Sobald eine Spannung angelegt wird, gast er Wasserstoff aus und erhöht dadurch die Wärmeleitfähigkeit des Materials. So kann im Winter die Wärmebarriere auf Knopfdruck durchlässig gemacht werden. Wenn der Strom abgeschaltet wird, binden sich die Wasserstoffmoleküle wieder an den Getter, so dass erneut ein Vakuum entsteht, das an kalten Winter- sowie an heißen Sommertagen für eine gute Dämmung sorgt.

1.2.3 Neuartige Speicher

An Speichern, die Wärme in deutlich weniger Volumen festhalten, als heute üblich, wird am ZAE Bayern auch geforscht. Statt Wasser enthalten sie Salze oder Paraffine und speichern Wärme durch Schmelzen und Wiedererstarren.
Andere enthalten Kieselgel, das Energie durch Entzug von Wasser speichert.
Mit Prototypen wurde bereits ein dreimal höherer Energieinhalt erreicht.
Darüber hinaus können diese neuartigen Speicher Wärme über Monate „konservieren" und erhalten so die im Sommer getankte Sonnenenergie bis in den Winter.

1.3 Baustoffe im Vergleich

1.3.1 Auch die Holzbauweise ist sicher

Es ärgert die Zimmerleute, dass für Holzbauten zum Teil immer noch höhere Versicherungsprämien zu zahlen sind als für Bauten aus Stein. Sie sagen: „Durch viele Köpfe geistert das Vorurteil, Holz brenne leicht, dabei behält entsprechend dimensioniertes Bauholz seine Tragfähigkeit im Brandfall länger als manches nicht brennbare Baumaterial". Die sich bildende Holzkohleschicht wirke zudem als Isoliermaterial gegen die Brandhitze. An der Entstehung eines Brandes ist der Baustoff Holz nur dann beteiligt, wenn er sich in einem sehr geringen Abstand zu offenem Feuer, elektrischen Schaltungen oder ähnlichem befindet.

Abb 1.13: Ein Haus in Holzrahmenbauweise, das weitgehend beim Hersteller vorgefertigt wird, steht in wenigen Tagen. (Fotos: Baufritz)

Abb 1.14: Niedrigenergiehaus mit Pultdach vom Fertighaushersteller. (Foto: WeberHaus)

1.3.2 Pro und Contra der gängigsten Baustoffe

Holz

Vorteile:

+ einziger nachwachsender Baustoff
+ gute Wärmedämmung mit geringen Wandstärken erzielbar
+ bei Vorfertigung sehr kurze Bauzeiten
+ gut zu bearbeiten
+ bezogen auf das Gewicht, hoch beanspruchbar
+ bindet in der Wachstumsphase große Mengen Kohlendioxid
+ kurze Transportwege (heimische Hölzer)
+ recycelbar als Brennmaterial

Nachteile:

- für den Wärmeschutz sind zusätzliche Dämmstoffe nötig
- je nach Einsatzbereich muss das Holz teilweise mit chemischen Mitteln oder Farben behandelt werden
- behördliche Auflagen schränken die Einsatzmöglichkeiten teilweise noch ein

Mauerwerk

Vorteile:

+ speichert Wärme sehr gut
+ selbst ausgefallene Architektur lässt sich verwirklichen

Nachteile:
- nur bei exakter technischer Planung und Verwendung von genormten Fertigteilen wirtschaftlich zu erstellen
- entscheidend für den Projekterfolg ist eine kosten- und terminbewusste Bauleitung
- hoher Energieeinsatz

Porenbeton

Vorteile:
+ mineralisch, schnell und einfach zu bearbeiten
+ äußerst druckfest, brandsicher und wärmedämmend
+ vollständig recycelbar

Nachteile:
- im Vergleich zu anderen Materialien teuer

Stahlbeton

Vorteile:
+ kostengünstig, wenn im Fertigteilwerk in Serie vorgefertigt wird, aber durch stark gestiegene Stahlpreise ist das nicht mehr uneingeschränkt gültig
+ kaum Beschränkungen bei der architektonischen Gestaltung

Nachteile:
- üblicherweise durch Beimischung von radioaktiver Hochofenschlacke belastet
- die Rohstoffe Kies und Sand sind nur begrenzt verfügbar
- bei der enorm energieaufwendigen Zementherstellung wird die Umwelt durch Staub und Schwermetalle gefährdet
- ungünstige bauphysikalische Eigenschaften durch hohe Baufeuchte und schlechte Wärmedämmung
- hohe Abrisskosten am Ende der Nutzungszeit, nicht recycelbar

Info

Umweltschützer weisen darauf hin, dass Baustoffe oft radioaktiv belastet sind: Wenn die Hersteller Portlandzement verwenden, so sind diesem unnötigerweise rund 5 % meist stark radioaktiver Hochofenschlacke beigemischt, bei Hochofenzement sogar bis zu 80 % (Zahlenwerte für die Aktivitätskonzentration verschiedener Baustoffe finden Sie zum Beispiel in „Radioaktivität und Strahlung in unserer Umwelt“ von Konrad Mück, *www.healthphysics.at*).

Brandrisiko

Im Brandfall sind Personen hauptsächlich durch brennende, qualmende Möbel und Innenausstattungen gefährdet. Auch gutgemeinte Brandschutzvorschriften bewirken manchmal das Gegenteil: So entstehen aus chemischen Anti-Flammausrüstungen – zum Beispiel für Teppiche – im Brandfall giftige Gase. Rund 95 % der Brandopfer kommen durch Verbrennungs- oder Schwelgase ums Leben, nicht durch das offene Feuer. Entstehen im Brandfall toxische Verbindungen wie Dioxin, die die Wandstruktur angreifen, muss das Gebäude in der Regel abgerissen und teuer entsorgt werden.

Holzbalken jedoch sind nach einem Brand einfach austauschbar.

Einige Versicherer haben inzwischen die Prämien für Wohnbauten aus Holz bis auf das sonst übliche Niveau gesenkt.

Wissenschaftler des Braunschweiger TU-Instituts für Baustoffe, Massivbau und Brandschutz bewerten das Brandentstehungs- und Brandausbreitungsrisiko einer Holzkonstruktion, verglichen mit Stahl- und Massivbauteilen, als „nicht oder nicht wesentlich vergrößert". Die Feuerwiderstandsklasse F 30-B – das bedeutet 30 Minuten Funktionstauglichkeit des Bauteils – werde von Holzbausystemen ohne weiteres erreicht.

Das Brandrisiko in Holzbauwerken sei nicht höher als in Massivbauten, wenn Folgendes beachtet wird:

- brennbare, freiliegende Baustoffe in Rettungswegen vermeiden
- die Rauchweiterleitung über Fugen und Hohlräume behindern
- in Gewerbebetrieben mit erhöhten Risiken Bauteile mit nichtbrennbaren Oberflächen einsetzen

Eine schnelle Brand- und Rauchausbreitung in Gebäuden jeder Art begünstigen brennbare Dämmungen und Oberflächen sowie Hohlräume wie zum Beispiel Kabelschächte. Für besonders gefährlich halten Versicherungsexperten die früher üblichen PVC- oder Styropor-Deckenverkleidungen, die im Brandfall brennend von der Decke tropfen. Das Material hängt nach dem Löschen des Brandes in Fäden von der Decke herunter.

Laut Statistik werden weltweit die meisten Brandschäden durch elektrische Anlagen verursacht.

Im Ernstfall unterschätzen Betroffene die giftigen Gase. ▶

Wenn es in Gebäuden brennt, breiten sich die dabei entstehenden Rauchgase rasend schnell aus. In geschlossenen Räumen quillt der Rauch zur Decke und sinkt an den Innenwänden wieder herab. Auf der Tagung „Brandschutz in der Gebäudetechnik" der VDI-Gesellschaft Technische Gebäudeausrüstung (Düsseldorf) berichteten Brandschutzexperten im Jahr 2000: Während eines Brandversuchs in einem Gebäude mit 800 Quadratmetern Grundfläche füllen sich selbst große Räume schon nach etwa zwei Minuten dicht mit Rauch. Das bedeutet: Jede Person, die nicht fluchtartig das Gebäude verlässt, kann Opfer des Rauchs werden. In der Regel unterschätzen Menschen diese Gefahr eklatant und verlassen das betroffene Gebäude erst sehr spät. Das belegte ein Videofilm, der zufällig durch eine in einem Kaufhaus installierte Kamera bei einem Brand gedreht wurde.

Und nicht nur der giftige Rauch oder der direkte Kontakt mit den Flammen ist gefährlich: Lebensgefahr droht schon bei Raumtemperaturen über 65 °C.

„Rauchmelder retten Leben" heißt eine Aktion der Feuerwehren, die für Brandschutz in Wohngebäuden wirbt. Denn giftiger Rauch ist die Hauptursache für Todesfälle bei Bränden in Gebäuden. Und da es für Privatwohnungen in Deutschland keine behördlichen Sicherheitsvorschriften gibt, trifft es die meisten Opfer dort. Eigentlich müssten Rauchmelder zur Pflicht werden. In Ländern, die Rauchmelder auch in Wohngebäuden zwingend vorgeschrieben haben, ist daraufhin die Zahl der Brandopfer um rund die Hälfte zurückgegangen.

Abb 1.15: Verschiedene Rauchmelder, Energiequelle: 230 Volt oder Batterie. (Foto: eobiant GmbH)

Wenn in der Nacht ein defektes Kabel oder eine glimmende Zigarette ein Zimmer in Brand setzt, breitet sich der gefährliche Rauch schneller als das Feuer aus und macht in kurzer Zeit jede Orientierung unmöglich. Fehlt der durchdringende Warnton eines Rauchmelders, werden die schlafenden Hausbewohner oft nicht wach und ersticken. ▶

Batteriebetriebene Rauchmelder lassen sich mit zwei Schrauben befestigen und kosten wenige Euro. Brandschutzfachleute raten dazu, sie möglichst vor oder im Schlafraum unter der Zimmerdecke anzubringen sowie im Kinderzimmer und im Keller. Außerdem empfehlen sie, beim Kauf auf die gängigen Sicherheits- und Qualitätsstandards zu achten, wie zum Beispiel das GS-Gütezeichen. In größeren Häusern können diese Geräte auch vernetzt werden und schlagen im Ernstfall dann gemeinsam Alarm.

Empfehlung

Bringen Sie zu Ihrer Sicherheit Brandmelder im Haus an und vernetzen diese.

1.4 Das Passivhaus

Passivhäuser sehen zwar wie normale Häuser aus, aber anders als diese geben sie die Wärme kaum über Außenwände, Fenster und Dach ab, sondern halten sie im Haus zurück. Ihre besonders gute Wärmedämmung umgibt das Gebäude wie ein warmer Schlafsack und macht eine konventionelle Heizung überflüssig. Statt mit aktiver Heizanlage werden die Häuser passiv erwärmt: im Wesentlichen von der Sonne und der Eigenwärme, die im Haus durch Bewohner, Besucher und Elektrogeräte entsteht. Die Merkmale des Passivhauses sind:

- noch weiter erhöhter Wärmeschutz
- keine Wärmebrücken
- Dreischeiben-Wärmeschutzverglasung mit entsprechend Passivhaus-gerechtem Rahmen
- sehr hohe Luftdichtheit
- anstelle einer konventionellen Heizung: Zu- und Abluftanlage mit hocheffizienter Wärmerückgewinnung und Erdreichwärmetauscher; Wärmequelle im Winter ist in vielen Fällen eine kleine Wärmepumpe
- Heizwärmebedarf von höchstens 15 Kilowattstunden pro Quadratmeter und Jahr

Abb 1.16: Passivhaus mit kompaktem Baukörper und hohem Fensteranteil der Südseite. (Foto: Hebel Haus/Bausparkasse Schwäbisch Hall)

Abb 1.17: Passivhaus mit kompaktem Baukörper und sehr geringem Fensteranteil der Nordseite. (Foto: Hebel Haus)

Passivhausfenster mit perfektem Wärmeschutz

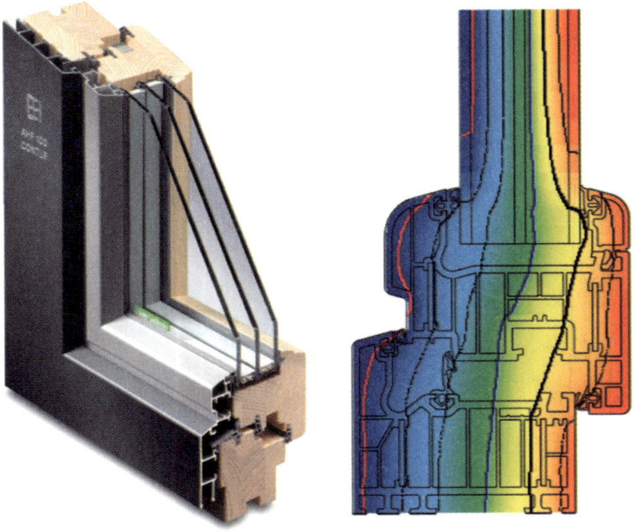

HIER BLEIBT DIE WÄRME DRIN

Links: Schnitt durch ein Holz-Aluminium-Fenster mit dreifacher Wärmeschutzverglasung, die tief in den Rahmen eingelassen ist. Rechts: Wie die isothermische Darstellung verdeutlicht, sinkt bei einem gut gedämmten Fenster auch bei Außentemperaturen von minus zehn Grad die Temperatur an der Innenseite des Fensters nicht unter plus 17 Grad ab.

Grafik: Bausparkasse Schwäbisch Hall

Sein Gesamtenergiekennwert (einschließlich Haushaltsstrom) von maximal 30 kWh/(m^2a) bei normaler Wohnnutzung ist ein Zehntel des heutigen Durchschnittverbrauchs. Fehlende Restwärme wird direkt über die Zuluft zugeführt, zum Beispiel über eine kleine elektrische Ergänzungsheizung oder eine Wärmepumpe. Sonnenkollektoren erwärmen das Brauchwasser.

Planer und Architekten eines Passivhauses sind jedoch besonders gefordert: Sie müssen den solaren Energiegewinn so optimieren, dass das Gebäude im Sommer ohne Klimaanlage auskommt.

Die erste Generation von Passivhäusern hat 1991 in Darmstadt die technische Machbarkeit demonstriert. Nachdem 1994 an diesen Passivhäusern noch motorisch verschiebbare Dämmschiebeläden montiert worden sind, sind 18,6 °C als geringste Raumtemperatur gemessen worden: Die Bewohner waren gerade im Winterurlaub und es fehlte daher die innere Wärmeabgabe.

Über 8000 Passivhäuser gibt es inzwischen in Deutschland, deren Bewohner sich über ihren hohen Komfort bei minimalen Heizkosten freuen.
Unter *www.passivhausprojekte.de* finden Sie Hunderte von Beispielen.

Abb 1.18: Passivhaus in Tonnenform. (Foto: WeberHaus)

Auch im Bestand ist es möglich, das Passivhauskonzept mit Erfolg anzuwenden und einen guten Niedrigenergiestandard zu erreichen. Wärmebrücken sind im Altbau allerdings mit vertretbarem Aufwand oftmals nicht zu beseitigen.
Das Verhalten der Hausbewohner ist jedoch entscheidend für den Erfolg der Energie-Einsparung beim Passivhaus. Dazu finden Sie noch Weiteres im Kapitel 7 „Alte Gewohnheiten überprüfen".

1.5 Das Sonnenhaus

Das Sonnenhaus-Institut (*www.sonnenhaus-institut.de*) arbeitet an der „nachhaltigen Entwicklung und Verbreitung von Bau- und Heiztechniken für Häuser, die mit Sonnenenergie und Biomasse beheizt werden". Mindestens 50 % des Wärmebedarfs eines Sonnenhauses liefert eine Solarwärmeanlage, Biomasse den Rest. Ein hoher Wärmestandard der Außenwandflächen und Fenster ist selbstverständlich. Auf eine wärmebrückenfreie, wind- und luftdichte Konstruktion wird besonders Wert gelegt. Große Glasflächen nutzen die Sonnenstrahlung für die Raumheizung. Die solarthermische Anlage hat eine Kollektorfläche zwischen 25 bis 80 Quadratmetern und ist im Idealfall optimal zur Wintersonne ausgerichtet – steil und mit geringer Südabweichung.

Abb 1.19: Luftdichtheitstest in einem Sonnenhaus (Foto: Erich Keller)

Abb 1.20: In diesem Sonnenhaus deckt die Solarthermie-Anlage etwa 70 Prozent des Jahresheizbedarfs, zusätzlich verheizen die Bewohner im Winter zwei bis drei Festmeter Holz. (Foto: Georg Dasch, Sonnenhaus-Institut)

Diese große Solaranlage und ein mehrere Kubikmeter fassender, sehr gut wärmegedämmter Pufferspeicher sind die wichtigsten Merkmale eines Sonnenhauses. Die Pufferspeichergröße liegt zwischen 120 und 300 Litern pro Quadratmeter Kollektorfläche. Dadurch bleibt die von der Sonne gewonnene Energie für Heizung und Warmwasser ohne nennenswerte Verluste über mehrere Tage oder Wochen erhalten.

Wenn das nicht reicht, nutzen die Hausbewohner gespeicherte Sonnenenergie in Form von Holz, das CO_2-neutral in einer Biomasseheizung verbrennt: Dies kann entweder ein Kamin- oder Kachelofen mit Wassereinsatz, ein Holzvergaserkessel oder eine vollautomatisch arbeitende Pelletheizung sein. Das Son-

nenhaus-Institut nennt ein bis drei Raummeter Holz pro Jahr als Brennstoffbedarf eines entsprechend konstruierten Einfamilienhauses.
Im Gegensatz zum Passivhaus kommt ein Sonnenhaus ohne Lüftungsanlage aus. Architekt Georg Dasch verzichtet in der Regel auf eine solche elektrisch betriebene Anlage, um den Strombedarf klein zu halten: „Die Erfahrung zeigt, dass das Sonnenhaus dem Passivhaus hinsichtlich der Ökobilanz, der Wirtschaftlichkeit und des Wohnkomforts sogar überlegen ist". Der Primärenergieverbrauch eines Sonnenhauses liege meist unter 10 Kilowattstunden pro Quadratmeter und Jahr, so Dasch. Das sind nur 25 bis 30 % des Primärenergieverbrauchs eines Passivhauses, mit entsprechend großem Kollektorfeld und Speicher genügen sogar 10 % der Primärenergie, die ein vergleichbares Passivhaus benötigt.

Abb 1.21: Sonnenhaus mit Sonnenkollektoren und großem Wärmespeicher im Treppenhaus. (Grafik: Georg Dasch)

Fast alle von ihm gebauten Sonnenhäuser sind in Holzrahmenbauweise errichtet worden, als Dämmung hat er die im Ökohausbau üblichen Stoffe Zellulose oder Holz-Weichfaserplatten verwendet. Seine Kunden können auch die Massivbauweise wählen, zum Beispiel wird mit Poroton-T7-Dämmziegeln bereits bei 45 Zentimetern Wanddicke ein U-Wert von 0,16 W/m²K erreicht.

1.6 Schwachstellen aufdecken

1.6.1 Thermografie

Das fotografische Aufzeichnen der Wärmestrahlung eines Gebäudes mit einer Infrarotkamera liefert ein Wärmebild, mit dessen Hilfe erfahrene Fachleute anhand einer Temperaturskala leicht die Stellen erkennen können, an denen Wärmeverluste auftreten. Je höher die Temperatur des strahlenden Bauteils ist, desto höher ist die von der Kamera erfasste Strahlungsintensität, der eine bestimmte Farbe oder ein Grauton entspricht. Bei Außenaufnahmen sind kalte Bereiche gut und warme schlecht, bei thermografischen Innenaufnahmen verhält es genau umgekehrt. Bei Immobilien, die vor 1984 (dem Jahr des Inkrafttretens der zweiten Wärmeschutzverordnung) gebaut wurden, ist es sehr wahrscheinlich, dass eine Thermografie Schwachstellen aufdeckt. Die Kosten der Aufnahmen für ein Einfamilienhaus betragen je nach Größe des Objekts etwa 350 bis 500 Euro.

FASSADENDÄMMUNG SPART ENERGIE

Thermografie: Der Wärmeverlust bei der linken Haushälfte (mit Dämmung) beträgt nur einen Bruchteil des Verlusts auf der rechten Seite (gelbe und rote Flächen verraten den Wärmedurchgang). Zeichnung: Es besteht ein großer Unterschied beim Energiebedarf. Eine gute Dämmschicht verhindert bis zu 75 Prozent der Verluste über die Außenwand

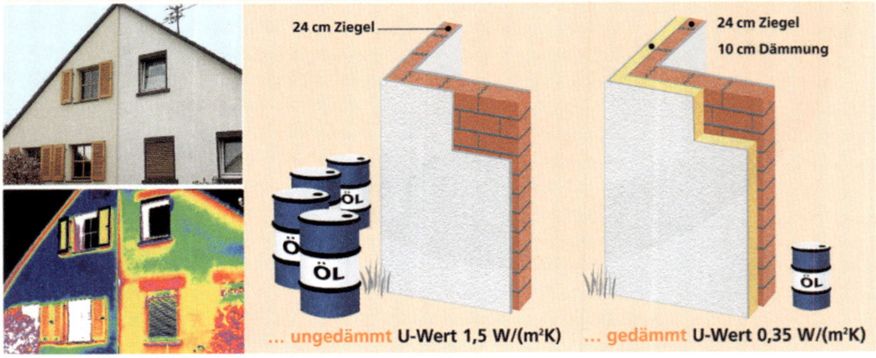

Abb 1.22: Bei den Thermografieaufnahmen bedeuten hier die Farben blau und grün niedrige Temperaturen, gelb, rot und violett ansteigend höhere Temperaturen. Durch Reflexionen an den Fensterflächen sind diese Bereiche wenig aussagefähig. (Grafik: Bausparkasse Schwäbisch Hall)

Die Thermografie ist ein zuverlässiges und bequemes Verfahren, um in der Gebäudehülle Lecks, durch die Heizenergie entweicht, aufzuspüren. Die beste

Zeit für eine Gebäudethermografie ist während der Heizperiode. Ein Temperaturunterschied von etwa 15 °C zwischen innen und außen bietet die Gewähr für eine sichere Beurteilung der Aufnahme. Der richtige Zeitpunkt für eine Außenaufnahme liegt in den frühen Morgenstunden oder in den späten Abendstunden, Tageslicht ist nicht erforderlich. Tagsüber sind nur dann unverfälschte Ergebnisse möglich, wenn der Himmel vollständig bewölkt ist oder das Aufnahmeobjekt zumindest im Schatten liegt. Innenaufnahmen können Sie das ganze Jahr hindurch machen lassen. Moderne Kameras sind klein und handlich, Thermografie aus der Hand kein Problem. Die digital gespeicherten Thermogramme können schon vor Ort angesehen werden, auf die Auswertung müssen Sie in der Regel ein bis zwei Tage warten.

Abb 1.23: Wärmebild eines Doppelhauses mit Farbskala, die den Schlüssel für die Zuordnung Temperatur zu Farbe liefert. Sie gibt Aufschluss über die Oberflächentemperatur der einzelnen Bauteile. Schwachstellen sind alle Fenster und Türen, auch im Dachbereich sind mehrere Wärmelecks zu sehen. (Grafik: Bausparkasse Schwäbisch Hall)

Bei 90 % der Altbauten macht die Thermografie Schwachstellen sichtbar. Besonders viel Heizenergie geht in Bauten im Bestand an Spalten, Ritzen und Fugen zwischen Fenstern und Mauerwerk oder Dachsparren verloren. Sehr häufig fallen auf den thermografischen Aufnahmen Keller, Fundament und der Traufbereich des Dachs als Bereiche mit hohem Wärmeverlust auf. Oft treiben ungedämmte Rollladenkästen und Heizkörpernischen sowie schlecht isolierte Kellerfenster und dauergekippte Fenster die Heizkosten in die Höhe. Auch der Wärmeverlust durch alte Haustüren ist sehr groß.

Luftlecks im Dach

Nach Schneefall sind „Schlupflöcher“, durch die Wärme im Dachbereich entweicht, mit bloßem Auge zu erkennen.

Abb 1.24: Dieses Dach ist großflächig nicht luftdicht. (Foto: Erich Keller)

Abb 1.25: Über große Lecks am Dachfirst taut selbst dicker Schnee rasch ab – hier geht viel Energie verloren. (Foto: Erich Keller)

Abb 1.26: Hier gibt es besonders im Bereich der Dachgaube Luftlecks und Wärmeverluste. (Foto: Erich Keller)

Abb 1.27: Diese Dachfenster unterbrechen die Luftdichtungsebene: Ausströmende warme Raumluft taut den Schnee ab. (Foto: Erich Keller)

Abb 1.28: Die Dachflächenfenster und der Antennenmast durchbrechen die Luftdichtheitsebene im Dach: Die unkontrolliert ausströmende warme Wohnraumluft taut den Schnee ab. (Foto: Erich Keller)

Abb 1.29: Beim Einbau des Dachfensters wurde der Anschluss an die Luftdichtungsebene nicht hergestellt: Ausströmende warme Raumluft taut den Schnee ab. (Foto: Erich Keller)

1.6.2 Luftdichtigkeitsmessung mit dem Blower-Door-Test

Der errechnete Dämmwert der Wärmedämmung wird in der Praxis nur erreicht, wenn das Gebäude luftdicht ist. In luftdichten Häusern ist unangenehme Zugluft durch Ritzen und Fugen unbekannt. Dadurch können sich auch keine Kaltluftseen in Fußbodenhöhe bilden. Da keine feuchte Raumluft in die Wand- und Deckenkonstruktion gelangen kann, werden Bauschäden vermieden und infolgedessen auch gesundheitsgefährdende Fäulnis und Schimmelbildung. Das alte Märchen vom Vorteil undichter Fenster für das Innenraumklima ist endgültig überholt.

Abb 1.30: Deutlich sichtbare Schwachstellen im Dach, bei einem Blower-Door-Test mit Rauch würde es dort deutlich sichtbar qualmen. (Foto: Reinhard Hoffmann)

Automatische Lüftungsanlagen funktionieren nur in luftdichten Gebäudehüllen richtig. Für die Hausbewohner bieten sie den Vorteil, dass unkontrollierbares Eindringen von Allergenen und Schadstoffen (wie zum Beispiel Zigarettenrauch oder Gräserpollen) ausgeschlossen ist. Die Gefahr von Brandübertragung verringert sich, Rauchgas kann nicht in die Wohnung eindringen. Außerdem ist der Schallschutz besser, wenn die Fenster geschlossen sind.
Deshalb ist eine nach dem Stand der Technik luftdichte Gebäudehülle beim Neubau auch gesetzlich vorgeschrieben (schon in der Energie-Einspar-Verordnung 2002, DIN 4108-7). Der Ausführende kann beim Nachweis mangelhafter Dichtheit zur Rechenschaft gezogen werden.
Aufschluss über die Luftdichtheit eines Hauses gibt ein Blower-Door-Test, der im Idealfall schon in der Rohbauphase gemacht wird, damit etwaige Undichtheiten leichter beseitigt werden können. Voraussetzung ist, dass die Luftdicht-

Ebene bereits angebracht und das Haus verputzt beziehungsweise eine Holzverschalung angebracht ist.
Bei diesem Test wird ein Winddruck simuliert, indem ein in eine Tür- oder Fensteröffnung eingesetztes regelbares Gebläse eine Druckdifferenz zwischen innen (Unterdruck) und außen (Überdruck) erzeugt. In beiden Fällen misst der Techniker bei gleichbleibender Druckdifferenz zwischen innen und außen die Luftmenge pro Zeiteinheit, die das Gebläse dabei transportiert. Dann berechnet er den Mittelwert aus beiden Messungen. Aus diesem Wert und dem beheizten Gebäudevolumen berechnet er, in welcher Zeit die gesamte Innenraumluft erneuert wird.

Abb 1.31: Die BlowerDoor, eingebaut in einem Hauseingang. Die Gebläseöffnung wird durch Blenden (weiß) verringert. (Foto: Erich Keller)

Abb 1.32: Luftdichtheitstest im Holzhaus: Das große Gebläse ist mit einem Spannrahmen im Haustürrahmen luftdicht eingebaut. (Foto: Erich Keller)

Bei einer Druckdifferenz von beispielsweise 50 Pascal, entsprechend Windstärke 5, ist der Test bestanden, wenn folgender Wert nicht überschritten wird:

- 3 Luftwechsel pro Stunde bei Gebäuden mit Fensterlüftung
- 0,6 Luftwechsel pro Stunde bei Passivhäusern
- 1,5 Luftwechsel pro Stunde bei Gebäuden mit „raumlufttechnischen Anlagen“

Bei der Unterdruckmessung kann der Tester schon mit einem feuchten Finger eindringende Kaltluft aufspüren. Kleinste Leckagen an Bauteilen zeigt ein **Thermoanemometer**, eine Thermokamera die Auswirkungen der Auskühlung.
Mit Hilfe einer Nebelmaschine kann bei der Überdruckmessung der Weg der Luft durch die Gebäudehülle sichtbar gemacht werden. Wenn Sie eine solche Messung machen wollen, sollten Sie vorher die Nachbarn oder sogar die Feuerwehr informieren.

Tipp

Soll eine Vormauerung vorgenommen werden, so trägt es wesentlich zur Luftdichtheit bei, wenn zuvor die bestehende Wand luftdicht überputzt wird.

Messung von Luftströmungen

Abb 1.33: Schall- und Brandschutzmatten sind oft luftdurchströmt. (Foto: Erich Keller)

Abb 1.34: Lochziegelkronen werden durch ein abschließendes Mörtelband luftdicht. (Foto: Erich Keller)

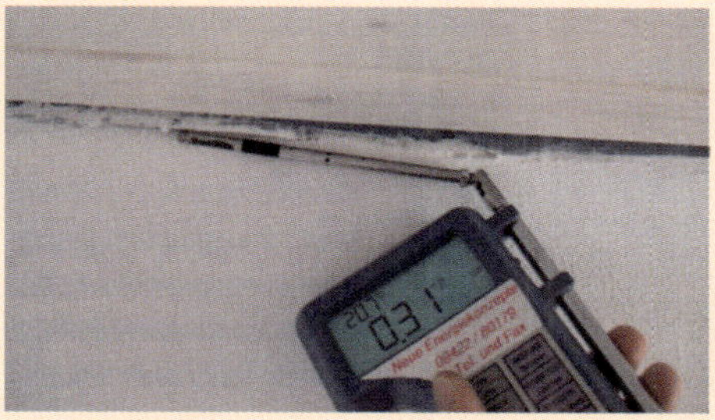

Abb 1.35: Hinter Rand- und Abschlussleisten verbergen sich oft undichte Anschlüsse. (Foto: Erich Keller)

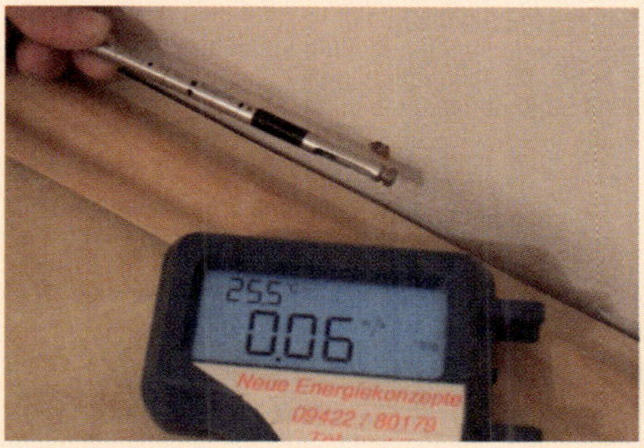

Abb 1.36: Durch Wind oder thermischen Auftrieb entstehen Luftströmungen im Mauerwerk. (Foto: Erich Keller)

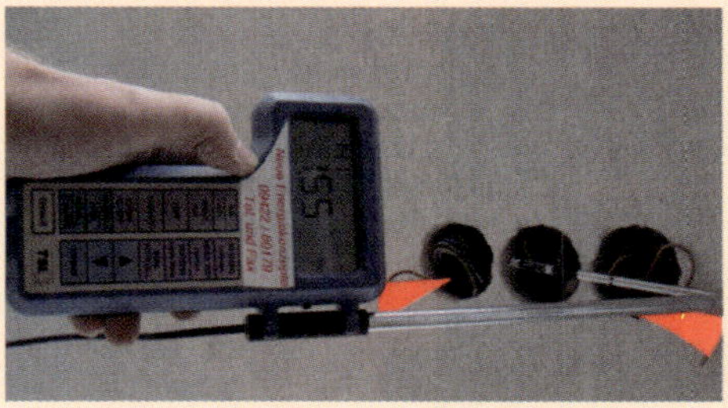

Abb 1.37: Unterputzdosen in Ziegelwänden zeigen häufig Luftströmungen (Foto: Erich Keller)

Abb 1.38: Bei Unterdruck zieht es aus undichten Elektroinstallationen. (Foto: Erich Keller)

Tipp

Mineralfasern und Platten verstopfen keine Ritzen und Fugen. Das bedeutet, dass die Dämmung durchströmt wird, was die Dämmwirkung mindert. Ein ideales Material zum Ausstopfen von kleinen Spalten ist Flachs. Die raue Faser reduziert Luftströme drastisch.

Info

Für die Grundlüftung fordern Fachleute aus hygienischen Gründen 0,2 Luftwechsel pro Stunde.

Vorteile der Luftdichtheit eines Gebäudes

- Unangenehme Zugluft wird vermieden, nicht nur an windigen Tagen.
- Die Effektivität von Abluftanlagen ohne Wärmerückgewinnung ist höher.
- Der Dämmwert der Gebäudehülle kommt voll zur Geltung.
- Das Eindringen von Feuchtigkeit in die Konstruktion wird vermieden, Bauschäden und Schimmelbildung vorgebeugt.
- Weniger Heizenergieverbrauch bei gleicher Innentemperatur.
- Die Wohnbehaglichkeit wird erhöht.
- Die Luft im Innern ist hygienisch einwandfrei.
- Insekten bleiben draußen.

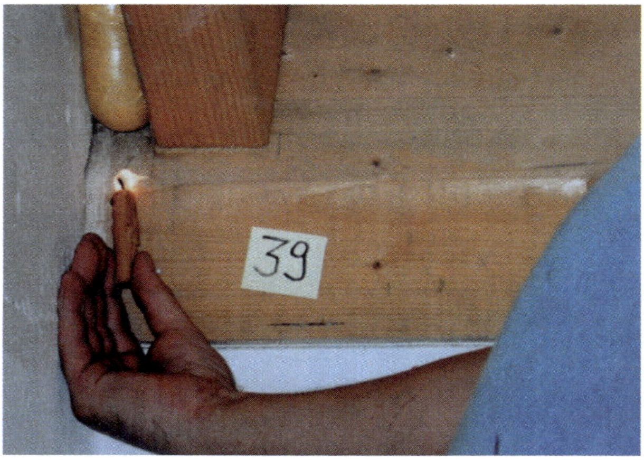

Abb 1.39: Unbehaglichkeit mit einer Kerzenflamme sichtbar gemacht: Es zieht aus Ritzen und Fugen. (Foto: Erich Keller)

1.7 Altbausanierung und Spartipps

Rund 75 % aller Wohngebäude in Deutschland wurden vor dem Inkrafttreten der ersten Wärmeschutzverordnung Ende 1977 errichtet. Die Bundesregierung schätzt, dass diese Gebäude durch konsequente Sanierung in Zukunft durchschnittlich 50 % Energie einsparen könnten, und stellt deshalb Zuschüsse in Milliardenhöhe für die energetische Gebäudesanierung bereit. Adressen von Internetportalen mit Informationen zu den derzeit verfügbaren Fördergeldern finden Sie im Anhang. In einer Reihe von Musterprojekten – unter Federführung des Darmstädter „Instituts für Wohnen und Umwelt" – wurden Einsparpotenziale zwischen 30 und 70 % nachgewiesen.

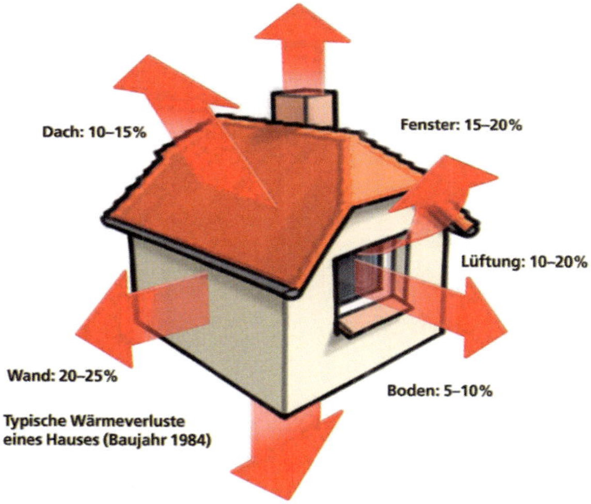

Ältere Häuser sind wahre Energieschleudern: Die Grafik zeigt, wo wieviel Energie verloren geht.

Grafik: Bausparkasse Schwäbisch Hall AG

Trotzdem sind Hausbesitzer gut beraten, ihren Altbau nur dann komplett energetisch zu sanieren, wenn die Gesamtsubstanz das als wirtschaftlich sinnvoll erscheinen lässt. Um die wirklichen Schwachstellen des Gebäudes zu erkennen, ist das Geld für eine Thermografie gut angelegt. Energieversorger bieten diesen Service ihren Kunden zum Teil zu einem wesentlich reduzierten Preis, derzeit unter 200 Euro, an. Für die ausführliche Analyse berechnet ein Energieberater etwa 600 bis 800 Euro. Adresslisten qualifizierter Energieberater finden Sie im Internet unter *www.bafa.de*.

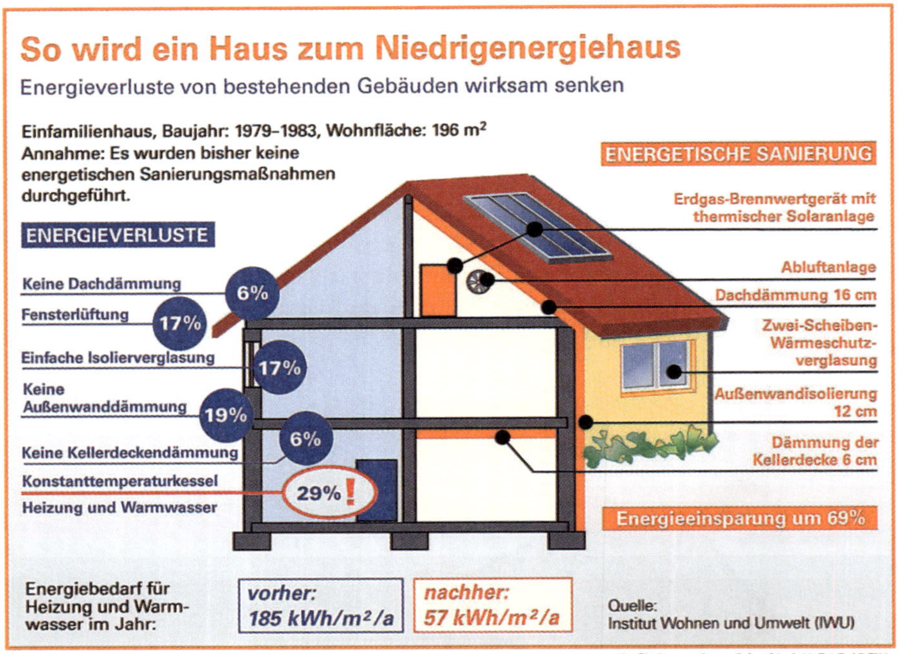

Grafik: Bausparkasse Schwäbisch Hall AG / BGW

Sehr viel teurer als nötig wird die Sanierung für den Hausbesitzer bei mangelnder Beratung, fehlendem Konzept oder nicht fachgerechter Ausführung. Klassische Beispiele hierfür sind eine nicht funktionierende Dampfsperre im Dach oder die vielen Dämmstoffhalter, die alle Wärmebrücken darstellen und damit die Wirkung der neuen Außendämmung fast aufheben.

Abb 1.40: Thermografieaufnahme, die den missglückten Versuch einer Fassadensanierung dokumentiert. Heizenergie entweicht über unzählige Wärmebrücken durch Dämmstoffhalter. (Foto: privat)

Zu einem guten Konzept gehört, dass die Dämmmaßnahmen für die einzelnen Außenbauteile genau aufeinander abgestimmt sind, um eine möglichst gleichmäßige, gut wärmedämmende Gebäudehülle zu erhalten. Dabei sind Außenmauern und Dach als untrennbare Einheit zu betrachten. So ist es ineffektiv, wenn Zwischendecken gedämmt werden, warme Luft trotzdem nach oben steigen und durch das ungedämmte Dach entweichen kann. Es gibt allerdings eine Ausnahme: Wenn Sie den Dachboden nicht nutzen und dort eine dicke Dämmschicht aufbringen, kann nicht mehr viel Wärme durch das Dach entweichen, selbst wenn es ungedämmt ist.

Entscheidungshilfe für energetische Sanierungsmaßnahmen

Ermitteln Sie aus den Heizkostenrechnungen der letzten drei bis fünf Jahre den durchschnittlichen Verbrauch und rechnen Sie ihn in Kilowattstunden um: Ein Liter Heizöl entspricht 10 Kilowattstunden, ebenso etwa ein Kubikmeter Gas oder zwei Kilogramm Holzpellets.

Der durchschnittliche Verbrauch in Kilowattstunden, geteilt durch die Zahl der beheizten Quadratmeter Wohnfläche, ergibt den Energiekennwert des Hauses in Kilowattstunden pro Quadratmeter und Jahr (kWh/m^2a).

Ergebnis prüfen:

Unter 100 kWh/(m^2a)	gut, aber verbesserungswürdig
100 bis 180 kWh/(m^2a)	Dämmung einzelner Bauteile prüfen und verbessern, eventuell neue Heizung, wenn Austausch ohnehin ansteht
über 180 kWh/(m^2a)	schlechter Wärmestandard, Maßnahmen sind sinnvoll und rentabel nach mehreren Jahren

zum Vergleich:

40 bis 75 kWh/(m^2a)	Niedrigenergiehaus
maximal 15 kWh/(m^2a)	Passivhaus

Keller

Bei beheizten Kellern ist eine Wand- und Bodendämmung sinnvoll, bei unbeheizten genügt die Dämmung der Kellerdecke. Die Nachdämmung von Kellerdecken ist problemlos und kostengünstig in Eigenarbeit möglich, zum Beispiel durch Aufkleben von Platten aus Holzfaser, Schaumglas oder Polystyrol. Die

Polystyrolplatten sind im Brandfall – besonders im Heizungskeller – jedoch problematisch. Näheres finden Sie im Abschnitt 1.9 über die verschiedenen Dämmstoffe. Um die Kondensation von Feuchtigkeit hinter der Dämmschicht zu vermeiden, brauchen die meisten Dämmstoffe eine Dampfsperre. Eine gute Alternative sind diffusionsoffene, kapillaraktive Dämmmaterialien aus Calciumsilikat oder Lehm, die keine Dampfsperre erhalten dürfen. Sie geben bei sinkender Luftfeuchtigkeit vorher aufgenommene Feuchtigkeit wieder an die Raumluft ab.

Die Heizung zu optimieren und Heizungspumpen bedarfsgerecht niedriger einzustellen, kostet so gut wie nichts. Eine außentemperaturgeführte Regelung, Nachtabsenkung, der Einbau von Thermostatventilen und der Austausch der Umwälzpumpe gegen ein elektronisch gesteuertes Modell mit geringer Leistung rentieren sich schnell.

In sehr vielen Häusern wird Energie durch unkontrollierte Heizungszuluft, zum Beispiel über ständig geöffnete Fenster, oder durch ungedämmte Heizungsrohre verschwendet. Heizungsrohre können Sie mit wenig Aufwand in Dämmschalen einpacken. Diese verlieren jedoch im Laufe der Zeit an Wirkung. Eine weitere Schwachstelle sind alte, einfachverglaste Kellerfenster.

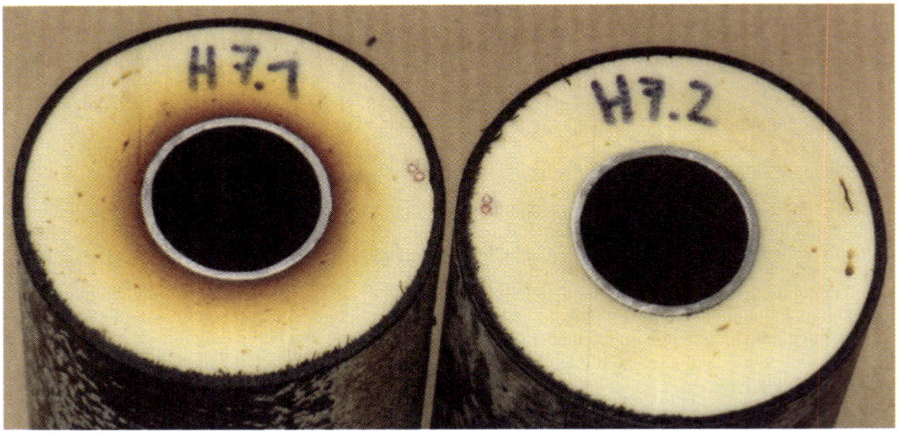

Abb 1.41: Ein Fernwärmerohr mit einer Dämmung aus Polyurethan-Schaumstoff nach 16 Jahren im Einsatz: Beim heißen Vorlauf-Rohr (links) zeigt sich die erste Verfärbung. Im Laufe der Zeit gelangen Sauerstoff und Stickstoff aus der Luft in die Schaumstoffblasen, gleichzeitig entweicht Kohlendioxid. Dadurch verschlechtern sich die Dämmeigenschaften. (Foto: GEF-Ing. Gesellschaft für Energietechnik und Fernwärme Chemnitz mbH)

Warnhinweis

Wenn Sie im Zusammenhang mit Dämmmaßnahmen Ihren Keller von innen gegen das Eindringen von Feuchtigkeit schützen wollen und dabei Bitumen verwenden, kaufen Sie unbedingt nur lösungsmittelfreie Produkte. Andernfalls verbreiten sich beim Verarbeiten hochgiftige Gase, die auch noch explosiv sind. Ein Funke vom Lichtschalter kann genügen, dass alles lichterloh brennt.

Der Ersatz eines schlecht gedämmten, überdimensionierten Heizkessels durch einen sparsamen neuen amortisiert sich schon nach wenigen Jahren.

Wohnebene
Eine weitere Schwachstelle stellen Rollladenkästen in der Außenwand dar, da sie meistens nicht ausreichend wärmegedämmt sind. Durch den nachträglichen Einbau von Dämmplatten und Dichtlippen am Rollladenauslass können Sie die Energieverluste bei alten und undichten Rollladenkästen wesentlich mindern. Außen aufgesetzte Kästen haben geringere Energieverluste als in die Wand integrierte. Auch Schieb- oder Klappläden vor den Fenstern können denselben Zweck wie Rollläden erfüllen.

Abb 1.42: Beispiel einer nachträglich eingebauten Rollladenkastendämmung (Foto: Beck + Heun)

In manchen Fällen können Sie Ritzen an Fenstern mit wenig Aufwand mittels Dichtmaterial aus dem Baumarkt wirksam schließen. Spezialisierte Handwerksbetriebe, die neue Dichtungen zwischen Rahmen und Flügel einpassen, lösen das Problem besser und dauerhafter. Dabei wird eine Führung in das Holz gefräst und bei Bedarf die Fenster durch Einstellen der Beschläge neu ausgerichtet. Pfusch beim Einbau, ungleichmäßige Sonnenbestrahlung und andere Witterungseinflüsse können dazu führen, dass ein Fenster so schief im Rahmen sitzt, dass durch millimeterbreite Ritzen große Mengen Heizenergie verloren gehen. Sind die Fenster und Rahmen noch in Ordnung und haben eine Zweischeibenverglasung, kann der Glaser Maß nehmen und Wärmeschutzglas mit heute üblichem U-Wert einbauen. Bei Einfachverglasung ist es möglich, die Rahmen auszufräsen, wenn sie entsprechend stark sind. Moderne Wärmeschutzgläser kosten zwischen 100 und 150 Euro pro Quadratmeter. Diese Lösung ist zwar nicht ganz so optimal wie der Einbau komplett neuer, sehr guter Fenster mit besser dämmenden Rahmen, aber Sie sparen dabei viel Geld und haben keinen Staub im Haus, der zwangsläufig in großer Menge beim Ausbrechen alter Fensterrahmen aus der Wand entsteht.
Eine andere Möglichkeit zur Verbesserung einfach verglaster Fenster ist die Erweiterung mit zusätzlichen Fensterflügeln innen oder außen zu Kastendoppelfenstern.
Sind Fensterrahmen und -verglasung allzu schlecht, wird sich der teure Austausch aller Fenster durch Wärmeschutzfenster nicht vermeiden lassen. Moderne Fenster schließen sehr dicht. Deshalb sind Modelle mit speziellen Lüftungsöffnungen, sogenannten Außenwand-Luftdurchlässen (ALD), im Angebot. Diese ermöglichen bei einer bestimmten Hebelstellung bei voller Verriegelung und Einbruchsicherheit eine minimale Lüftung. Auch das Nachrüsten bestehender Fenster mit ALD ist möglich.

Hinweis

Da es beim Fenstererneuern eine Fülle komplizierter Details zu beachten gilt, empfehle ich Ihnen, die Arbeiten Fachleuten zu überlassen.

Es wird schnell übersehen, dass die Heizkosten spürbar reduziert werden, wenn man eine schlecht gedämmte Haustür, unter der der Wind durchpfeift, durch eine dichte, den heutigen Standards entsprechende Tür ersetzt. Nebenbei machen Sie es dadurch Einbrechern schwerer, ins Haus zu kommen.

Lüftung

Da im Altbau hohe Wärmeverluste durch falsches Nutzerverhalten oder ungeeignete Lüftungseinrichtungen entstehen, trägt neben der Verbesserung der Dämmung der nachträgliche Einbau einer Lüftungsanlage mit bis zu 90 % Wärmerückgewinnung erheblich zur Energieeinsparung bei. Sie saugt verbrauchte, warme Luft aus dem Raum ab und zeitgleich kühlere Frischluft von außen über einen Filter an. Ein Wärmeübertrager führt der frischen, gefilterten Zuluft die Wärme der Abluft zu. Vorteile der Lüftungsanlagen:

- Sie transportieren überschüssige Luftfeuchte nach außen
- vermeiden dadurch Schimmelpilze und Bauschäden
- und minimieren Schadstoffe in Innenräumen wesentlich sicherer und wirksamer als die übliche Fensterlüftung.

Durch die kontrollierte Lüftung mit Zu- und Abluftführung kann die Konzentration radioaktiven Radons in Innenräumen wesentlich reduziert werden. Weitere Einzelheiten finden Sie im Kapitel 6 „Lüftung und Kühlung".

Kosten

Viel lässt sich durch eine geschickte Planung, die mehrere Sanierungsschritte kombiniert, sparen: wenn beispielsweise nicht extra ein Gerüst für die Verbesserung der Außenwanddämmung aufgebaut werden muss, sondern nur dann, wenn sowieso ein neuer Putz fällig oder das Dach neu zu decken ist. Immer kostenintensiv ist die Erneuerung kompletter Fenster oder das Aufgraben von Fundamenten, um die Außenwand des Kellers nachträglich zu dämmen. Diese Perimeterdämmung fehlt in der Regel, wenn das Haus vor Mitte der achtziger Jahre gebaut wurde.
Fazit: Durch geeignete Maßnahmen kann der Besitzer eines Altbaus zwischen 30 und 70 % Heizenergie einsparen. Neben dem Marktwert der Immobilie steigt außerdem auch der Wohnwert, wenn es nicht mehr zieht und die Wände keine Kälte abgeben. Nicht zuletzt produziert ein energietechnisch optimiertes Haus weniger „Abgase" und stellt somit eine geringere Umweltbelastung dar.

1.8 Wärmedämmung

1.8.1 Außendämmung

Ohne eine Wärmedämmung an den Außenseiten sind die aktuellen Energiesparvorschriften nicht einzuhalten, denn eine 50 Zentimeter dicke Betonmauer dämmt genauso „gut" wie eine nur ein Zentimeter dicke Styroporschicht. Bei einem für unsanierte Gebäude üblichen Wärmedurchgangskoeffizienten (U-Wert) von 2 verliert eine Wand mit zehn Quadratmetern bei 21 °C Innen- und 1 °C Außentemperatur 2 x 10 x 20 = 400 Watt, multipliziert mit 24 Stunden sind das pro Tag fast 10 Kilowattstunden.

Info

Das Auftragen eines Dämmputzes allein bringt nicht viel. Durch eine fünf Zentimeter dicke Dämmputzschicht auf einer 35 Zentimeter dicken Betonmauer würde der U-Wert von 4 auf 1,23 W/m^2a sinken. Zum Vergleich: Eine Polystyrol-Dämmung von fünf Zentimetern würde den U-Wert auf 0,67 absenken und somit nochmals fast halbieren.

(Ergebnis der Online-U-Wertberechnung auf *www.energiesparhaus.at*, die Wärmeverluste durch die innen und außen ankoppelnden Luftbewegungen sind dabei nicht berücksichtigt)

Deshalb haben Maßnahmen zur Dämmung beim energetischen Optimieren eines Gebäudes den höchsten Stellenwert. Eine Dämmung außen ist der innen immer vorzuziehen, denn damit haben Sie die besseren Möglichkeiten und es geht keine Wohnfläche verloren. Wenn Sie ein altes Reihenhaus haben, die Dämmung auf den Nachbargrund hinüberragen würde und der „böse" Nachbar das nicht will, haben Sie natürlich Pech und können sich dann für innen etwas überlegen. Den Wärmeverlust durch eine Heizkörpernische können Sie durch eine Innendämmung etwas begrenzen, solange Sie noch keine Außendämmung planen.

Wenn Sie die Außenwände dämmen, ist es in der Regel empfehlenswert, gleichzeitig die Fenster zu erneuern. Denn bei nachträglichem Fenstertausch wird es schwierig, den fugendichten Anschluss der Fensterrahmen an die Dämmplatten hinzubekommen. An den Fensterlaibungen sind mindestens zwei bis vier Zentimeter Dämmstoffdicke empfehlenswert. Auch die Anschlussstellen unter den Fensterbrettern verdienen es, beachtet zu werden.

Da fehlerhaft ausgeführte Dämmungen zu schweren Bauschäden führen können, ist es sehr zu empfehlen, sich genau zu informieren, wie der ausgewählte Dämmstoff anzubringen ist, und sehr sorgfältig zu arbeiten oder gleich bewährte Fachleute zu beauftragen. Die müssen dann auch für verdeckte Mängel haften. Auf keinen Fall darf feuchte Innenraumluft oder Feuchtigkeit von außen in die Dämmung gelangen. Auch wenn dieser undichte Bereich klein ist, führt das früher oder später zu einer durchfeuchteten Dämmschicht, die dann ihre Aufgabe nicht mehr erfüllen kann, und auch die Wand selbst wird zwangsläufig feucht.

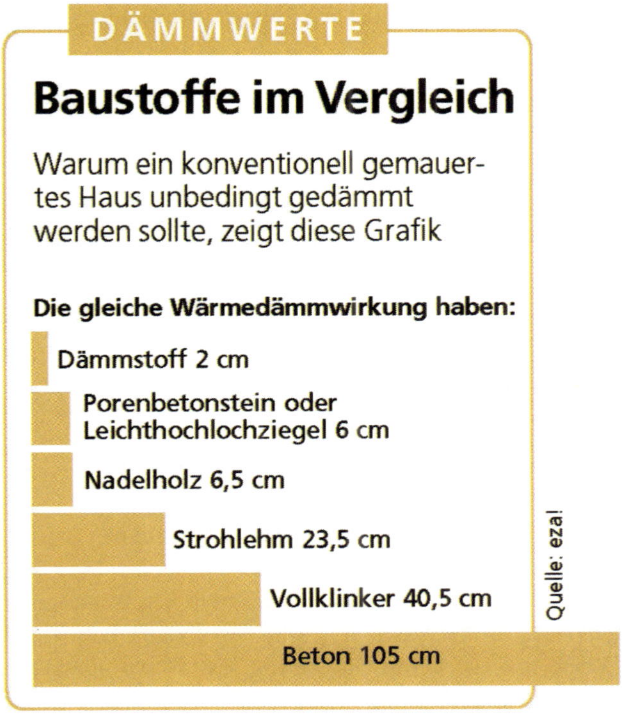

Abb 1.43: (Grafik: Bausparkasse Schwäbisch Hall)

Um beim Neubau den Passivhausstandard zu erreichen, ist eine 15 bis 30 Zentimeter dicke Dämmung erforderlich, was dann zu bunkerartigen Wandstärken führt. Jedoch bieten zwei Hersteller bauaufsichtlich zugelassene Dämmstoffe an, die bei gleicher Dämmwirkung sechs- bis zehnmal dünner sind

als herkömmliche Materialien: va-Q-tec aus Würzburg und Porextherm aus Kempten. Bei ihren (noch zu teuren) Produkten handelt es sich um sogenannte Vakuum-Isolations-Paneelen (VIP), die aus fünf bis zehn Mikrometer kleinen Kieselsäure-Partikeln bestehen. Diese werden zu festen Platten gepresst und in einer Vakuumkammer in Folie eingeschweißt. Nur zehn Prozent der kleinen Partikel bestehen aus Feststoff, der Rest sind Hohlräume.
Zwar lässt das Vakuum im Lauf der Zeit nach, da immer etwas Luft ihren Weg durch die Folie findet. Aber die Hersteller versprechen für ihr Produkt eine Lebensdauer von mehreren Jahrzehnten. Und selbst ohne Vakuum soll das Material bessere Dämmwerte bieten als konventionelle Stoffe. Es kostet allerdings fünf- bis zehnmal mehr als diese, so dass es bisher normalerweise nur dort angewendet wird, wo es nicht anders geht.

1.8.2 Innendämmung

Eine Außendämmung ist einer Innendämmung immer vorzuziehen. Sie ist jedoch nicht immer möglich. Beispielsweise bekommen Eigentümer denkmalgeschützter Bauten keine Genehmigung für eine Außendämmung. Sie müssen sich mit einer Innendämmung behelfen. Nachteile der Innendämmung sind:

- Je dicker sie ist, desto mehr Wohnfläche geht verloren.
- Die Verluste durch Wärmebrücken über an die Außenwände angrenzende Innenwände nehmen stark zu.
- Zwischen Dämmung und Wand kann sich Tauwasser bilden.

Wird aus diesem Grund die Innendämmung raumseitig mit einer Dampfbremse versehen, kann sich das Raumklima verschlechtern. Denn dann können diese Wände die Luftfeuchtigkeit nicht mehr regulieren. Ein Ausweg sind sogenannte feuchteadaptive Dampfbremsen. Das sind Folien aus Polyethylen oder Polyamid, die im Winter bei trockener Umgebungsluft als Dampfsperren wirken und im Sommer, bei feuchterer Luft, Dampf fast ungehindert durchlassen. Die wirksamste Möglichkeit zur Regulierung der Luftfeuchtigkeit ist es, ausreichend zu lüften oder eine Lüftungsanlage einzubauen.

Taupunkt und Schimmelbildung

Luft enthält Wasser in Form von unsichtbarem Wasserdampf. Je kälter die Luft ist, desto weniger Feuchte kann sie aufnehmen: Die überschüssige Feuchte schlägt sich draußen als Tau oder im Winter als Reif nieder. Die Grenztemperatur, bei der bei einer bestimmten Luftfeuchte die relative Luftfeuchtigkeit 100 Prozent erreicht, heißt Taupunkt-Temperatur. Schimmelwachstum beginnt jedoch schon früher: Pilzsporen können auskeimen und wachsen, wenn über eine längere Zeit auf einer Oberfläche die relative Luftfeuchte über 70 bis 80 Prozent steigt. Deshalb ist es angebracht, statt der Taupunktkurve eine Schimmelpunktkurve bei der Gestaltung des Wandaufbaus zu beachten. Bei 20 °C und 50% relativer Luftfeuchte liegt die Taupunkt-Temperatur bei 9,3 °C, aber die Gefahr von Schimmelbildung besteht bereits unter 12,6 °C.

Kommt feuchte Raumluft an Oberflächen, die kühler sind als die Lufttemperatur, kann sie sich dort beim Vorbeistreichen abkühlen, die dann überschüssige Feuchte schlägt sich dort als Kondensat nieder: besonders an Wärmebrücken. Außerdem kann sich auch im Verborgenen Schimmel bilden, wenn bei Innendämmungen Raumluft doch hinter die Dämmung dringen kann.

1.8.3 Kerndämmung

Bauphysikalisch optimal ist eine Kerndämmung zwischen Grundmauer und Fassade. Zweischalige Gebäude sind vor allem in Norddeutschland verbreitet. Zur Dämmung können nur dauerhaft wasserabweisende Materialen verwendet werden: festes Dämm-Material wie zum Beispiel Schaumglas (nur beim Neubau) oder Schüttgut. Bei Altbauten blasen oder schütten Spezialfirmen den Dämmstoff in den Hohlraum zwischen den Mauern. Damit es nicht zu Feuchteproblemen kommt, darf die Vorsatzschale nicht dampfdicht sein (keinesfalls Hartbrandklinker oder bestimmte Anstriche). Die Luftschicht im Hohlraum muss durchgängig sein. Lassen Sie deshalb prüfen, ob sich Schutt- und Mörtelreste zwischen den Schalen befinden. An Fensterlaibungen und Übergängen zwischen den Schalen bleiben jedoch vielfach Wärmebrücken bestehen. Deshalb sind Sie gut beraten, sämtliche Arbeiten zur Kerndämmung Spezialfirmen zu überlassen, die über Erfahrung in der Ausführung und die notwendigen Geräte verfügen.

1.8.4 Dachdämmung

Einen nicht begehbaren Dachboden können Sie mit Dämmplatten oder einer Schüttung leicht selbst dämmen.
Bei der Dämmung auf, zwischen oder unter den Sparren sieht der fachgerechte Aufbau von außen her folgendermaßen aus:

- Zuerst eine Folie als Windsperre dicht anbringen.
- Dann folgt das Dämm-Material, das auch über die Dachsparren hinausragen darf, die in diesem Fall von der Dämmung eingehüllt/überdeckt werden. Mindestens 18 Zentimeter Dämmstoffdicke ist ein guter Wert.
- Zuletzt lückenlos die Dampfsperre aufbringen, alle Nahtstellen der Folie mit geeignetem Klebeband luftdicht verbinden und sie am Rand mit Spezialklebeband befestigen. Das hat zur Giebelwand hin eine Armierung (Gitterstruktur). Wenn Sie den Giebel innen noch verputzen, kann warme Innenluft nicht mehr in die Dämmung eindringen.

Foto: Bausparkasse Schwäbisch Hall / Isover G+H

Abb 1.44: Den Dachboden können Sie kostengünstig sehr leicht selbst dämmen, wenn Sie ihn nicht für Wohnzwecke nutzen. Der Dämmstoff wird verlegt, ausgerollt oder als Schüttung aufgebracht. Auf Betondecken sind Dampfsperren oder Dampfbremsen dabei nicht erforderlich. (Foto: Bausparkasse Schwäbisch Hall)

Wenn jetzt zusätzlich noch eine Innendämmung (zum Beispiel Querlattung, dazwischen weiteres Dämm-Material, darüber Gipskartonplatten oder Holz) angebracht wird, ist die 20%-Regel zu beachten. Sie besagt, dass raumseits einer Dampfbremse nicht mehr als 20 Prozent der Dämmung (genauer: des Gesamtwärme-Durchlass-Widerstands) angeordnet sein sollen. Dann dringt kein Tauwasser in die Konstruktion ein, weil die Temperatur an der Oberfläche der Dampfbremse bei 20 Grad Raumtemperatur und 50 Prozent relativer Luftfeuchte mindestens 12,6 Grad erreicht (DIN 4108, Diffusionsberechnung nach Glaser). Wenn diese Grenztemperatur unterschritten würde, könnte sich im Verborgenen Schimmel bilden.

Abb 1.45: Schwarzer Schimmel im Dach: Die Dampfsperre war nicht luftdicht am Putz angeschlossen. (Foto: Erich Keller)

Die bestmögliche Heizungsanlage ergibt sich aus dem durch die Wärmedämmung reduzierten Wärmebedarf des Gebäudes. Moderne Gas-Brennwertkessel passen ihre Leistung stufenlos dem Wärmebedarf an, anders ist es bei einer Öl- oder Pelletheizung: Nur die passende Leistungsstufe kann die Anforderungen optimal erfüllen. Den Einbau einer Wärmepumpe in einen Altbau mit dem mehrfachen Heizenergiebedarf eines Passivhauses sehe ich aus Kostengründen als kritisch an. Wenn die Strompreise weiter wie bisher steigen und die Subvention der Wärmepumpe wegfällt, besteht die Gefahr, dass Ihnen die Heizkosten über den Kopf wachsen – besonders in einem harten Winter. Näheres finden Sie im Heizungskapitel.

1.9 Dämmstoffe im Vergleich

Auf dem Markt gibt es drei Klassen von Dämmstoffen: Sie können sich für erdölbasierte, mineralische und organische aus nachwachsenden Rohstoffen entscheiden.
Erdölbasierte Dämmsysteme werden in Großserie produziert, der Hauseigentümer kann unter zahlreichen ausführenden Fachbetrieben auswählen. Diese Dämmsysteme haben ein sehr gutes Preis-Leistungsverhältnis. Mineralische Dämmstoffe liegen preislich nur wenig über erdölbasierten, aber die Auswahl an verarbeitenden Betrieben ist geringer. Nachwachsende Dämmstoffe sind noch wenig verbreitet, obwohl sie aus ökologischer Sicht besonders wertvoll sind.
Hochwertiger Dämmstoff von einem Zentimeter Dicke dämmt genau so gut wie 15 Zentimeter dickes Ziegelmauerwerk oder eine Kiesbetonwand, die 50 Zentimeter dick ist. Je niedriger der U-Wert, desto schlechter leitet das Bauteil Wärme, folglich ist die Wärmedämmung des Bauteils umso besser.

Physikalische Maßeinheiten

Die Wärmeleitfähigkeit ist ein Maß dafür, wie gut ein Material dämmt. Sie wird in Watt pro Meter (Dämmstoffdicke) und pro Grad Kelvin (Temperaturdifferenz zwischen außen und innen) gemessen. Das heißt, je kleiner dieser Lambda-Wert ist, desto besser ist das Material als Dämmstoff. Sie finden diese Angabe als Wärmeleitfähigkeitsgruppe (WLG) mit drei Ziffern auf der Verpackung. Übliche Werte für Fassadendämmung sind WLG 035 und WLG 040, das heißt $\lambda = 0{,}035$ W/mK beziehungsweise $\lambda = 0{,}04$ W/mK. Folglich ist bei einem kleineren WLG-Wert eine geringere Dämmstärke ausreichend, um den gewünschten Dämmstandard zu erzielen.

Aus Anzahl und Art der kombinierten Baustoffe, deren Dicke und Wärmeleitfähigkeit lässt sich der Wärmedurchgangskoeffizient errechnen. Dieser U-Wert gibt den Wärmeverlust eines Bauteils wie Wand oder Fenster in Watt pro Quadratmeter und Grad Kelvin an. Das U steht für „Unit of Heat Transfer“. Früher hieß dieser U-Wert „k-Wert“.

Anforderungen der EnEV 2007
Höchstwerte der Wärmedurchgangskoeffizienten beim erstmaligen Einbau, Ersatz und Erneuern von Bauteilen:

Bauteil	Maximaler Wärmedurchgangs-koeffizient für Wohngebäude Umax in W/(m2K)
Außenwände	0,35 bis 0,45
Außen liegende Fenster, Fenstertüren und Dachflächenfenster	1,7
Außen liegende Fenster, Fenstertüren und Dachflächenfenster mit Sonderverglasungen	2,0
Verglasungen	1,5
Sonderverglasungen	1,6
Vorhangfassaden	1,9
Vorhangfassaden mit Sonderverglasungen	2,3
Decken, Dächer und Dachschrägen	0,3
Flachdächer	0,25
Decken und Wände gegen unbeheizte Räume oder Erdreich	0,4 bis 0,5

Info

Optimierter Wärmeschutz

Bauteil	U-Wert (in W/m²K)	Dämmstoffstärke (in cm) Wärmeleitgruppe 035
Außenwände	0,2 - 0,1	16 - 32
Steildächer	0,2 - 0,1	20 - 36
Flachdächer	0,2 - 0,1	18 - 34
oberste Geschossdecke	0,2 - 0,1	18 - 34
Kellerdecke	0,4 - 0,2	8 - 16
Fenster	1,2 - 0,8	-

Die Energieagentur NRW empfiehlt, mit den hier angegebenen Werten deutlich über den Mindestwärmeschutz der Energieeinsparverordnung (EnEV) 2007 zu gehen.

Die Materialkosten sind verhältnismäßig gering, spätere Nachbesserungen sind dagegen sehr aufwendig.

Vor- und Nachteile gängiger Dämmmaterialien

Produkt	Wärmeleitzahl λ [W/mK]	Rohdichte [kg/m³]	Rohstoff	Kosten [€/m²] bei U-Wert 0,2
Flachs	0,040	20 - 40	Nachwachsendes pflanzliches Produkt, Brandschutz mit Borax oder Wasserglas	25
Hanf	0,045	20 - 25	Nachwachsender Rohstoff, zum Brandschutz mit Soda behandelt, Polyester als Stützmaterial	25
Hobelspäne	0,055	90 - 110	Hobelspäne sind Sägewerksabfälle, Soda zur Imprägnierung, Zement als Brandschutz, sehr geringer Energieaufwand zur Herstellung	18 - 23
Holzfaserdämmung, lose	0,045	30 - 60	Resthölzer, Borsäure als Brandschutz, hoher Energieaufwand bei der Herstellung	17 - 23
Holzfaserdämmplatte	0,040 – 0,060	170 - 230	Resthölzer, Borsäure als Brandschutz, hoher Energieaufwand bei der Herstellung	40

:insatzbereich	Eigenschaften
)ach: Zwischensparrendämmung, Wand:)ämmung bei mehrschaligem Wand- ufbau zwischen konstruktiven Hölzern,)ecke: Filz als Trittschalldämmung und 'lies als Hohlraumdämmung lose verlegt	Plus: gute Wärmedämmung und Feuchte-Regulierungsfähigkeit, mittlerer sommerlicher Wärmeschutz, formbeständig, schimmelresistent, insektensicher, ideales Material zum Ausstopfen von kleinen Spalten (die raue Faser reduziert Luftströme drastisch). Minus: Nagetiere können darin wohnen
iehe Flachs	Plus: gute Wärmedämmung und Feuchte-Regulierungsfähigkeit, formbeständig, schimmelresistent, insektensicher Minus: kann von Nagetieren bewohnt werden
)ach, Decke, Wand: Einblasen oder chütten in Hohlräume	Plus: mittlere Wärmedämmung, sehr guter sommerlicher Wärmeschutz, gute Feuchte-Regulierungsfähigkeit, schimmelresistent und insektensicher, fugenfreier Einbau möglich Minus: Nagetiere können sich einnisten
)ach, Decke, Wand: Einblasen in kons- :uktive Hohlräume	Plus: gute Wärme- und Schalldämmung, guter sommerlicher Wärmeschutz, gute Feuchte-Regulierungsfähigkeit, schimmelresistent und insektensicher, fugenfreier Einbau möglich Minus: nicht vor Nagetieren sicher
)ach: Aufdach- und Zwischensparren- ämmung, Decke: Platten lose verlegen, 'rittschalldämmung, Wand: Platten erschrauben, Außenwanddämmung bei 'erbundsystemen	Plus: mittlere bis gute Wärmedämmung, sehr guter sommerlicher Wärmeschutz, gute Schalldämmung und Feuchte-Regulierungsfähigkeit, druckbelastbar, resistent gegen Insekten und Schimmelpilze Minus: Einnisten von Nagetieren möglich

Produkt	Wärmeleitzahl λ [W/mK]	Rohdichte [kg/m³]	Rohstoff	Kosten [€/m²] bei U-Wert 0,2
Holzwolle-Leichtbauplatte	0,093	360	Resthölzer und Zement oder Magnesit	87
Kalzium-Silikatplatte	0,065	300	Quarzsand und Kalk sind ausreichend vorhanden, Zellulosefasern ein Recyclingprodukt	25[1]
Kokosfaser	0,045 – 0,050	75 - 125	Ausreichend vorhandener, wertvoller Rohstoff; Monokulturen und lange Transportwege	44
Kork (Granulat, Backkork, Platten)	0,040 – 0,050	55 - 500	Rinde der Korkeiche, begrenzt vorhanden	35 - 360
Mineralfaser	0,035 – 0,050	15 - 80	Harze oder Altglas kommen ausreichend vor, die Herstellung erfordert viel Energie	9 – 21
Exandiertes Perlit - Wärmedämmung - Trittschalldämmung	 0,045 – 0,050 0,060 – 0,073	 50 – 100 130 - 490	Vulkanisches Perlitgestein aus Griechenland, kommt ausreichend vor	20 – 45

1 50 mm Innendämmung reicht nicht für einen U-Wert von 0,2

Einsatzbereich	Eigenschaften
Wand, Decke; meist nur in Verbindung als Putzträger (Akustikplatte)	Plus: sehr guter sommerlicher Wärmeschutz, gute Schalldämmung und Feuchte-Regulierungsfähigkeit, formbeständig, insekten- und schimmelresistent, nagertiersicher, druckbelastbar Minus: geringe Wärmedämmeigenschaften
Innendämmung und Feuchtesanierung, wird mit Spachtel auf den Untergrund geklebt	Plus: mittlere Wärmedämmung, sehr gute Feuchte-Regulierungsfähigkeit, gute Schalldämmung, saugt Wasser, verhindert Schimmelbildung, ist fäulnisfest Minus: –
Dach: Zwischensparrendämmung, Wand: Einlegen zwischen Holzkonstruktion, Decke: Hohlraum- oder Trittschalldämmung	Plus: mittlere bis gute Wärmedämmung, gute Feuchte-Regulierungsfähigkeit, feuchte- und formbeständig, insektensicher und schimmelresistent Minus: kann von Nagetieren bewohnt werden
Dach, Wand, Decke; Verbundsystem, Trittschalldämmung	Plus: gute Wärmedämmung, sommerlicher Wärmeschutz und Feuchte-Regulierungsfähigkeit, feuchtebeständig, insektensicher und schimmelresistent Minus: kann von Nagetieren bewohnt werden
Dach: Auf- und Zwischensparrendämmung, Decke: Trittschalldämmung, Wand: bei Wärmeverbundsystem und hinterlüfteter Fassade verdübeln oder verkleben	Plus: sehr gute Wärmedämmung, gute Schalldämmung, preisgünstig, schimmelresistent Minus: geringer sommerlicher Wärmeschutz, keine Feuchte-Regulierungsfähigkeit, bei Nagetieren als Wohnung beliebt
Dach, Decke, Wand: Einfüllen in Hohlräume als Schüttdämmung	Plus: gute Wärme- und Schalldämmung, guter sommerlicher Wärmeschutz, unverrottbar, fäulnissicher, insektensicher Minus: eventuell nachträglich mit Kunstharz oder Bitumen imprägniert

Produkt	Wärmeleitzahl λ [W/mK]	Rohdichte [kg/m³]	Rohstoff	Kosten [€/m²] bei U-Wert 0,2
Polystyrolplatten	0,025 – 0,040		Krebsverdächtiges Styrol, das anfangs noch ausdünsten kann, Erdölvorkommen begrenzt; bei Bodenisolierung ist die Trittfestigkeit zu beachten	10
- EPS		15 – 30		
- XPS		25 - 40		
Polyurethan	0,020 – 0,025	30	Erdgas, Erdöl, Phosgen, energieintensive Herstellung, endliche Erdölvorkommen	18
Schafwolle	0,040	20 - 25	Naturprodukt, ausreichend vorhanden, Flammschutz durch Boraxbehandlung	30 - 50
Schaumglas	0,040 – 0,055	110 - 160	Silikate, Altglas reichlich vorhanden, Herstellung energieintensiv bei über 1600 °C	52 - 110
Zellulosedämmstoff	0,040		Zeitungspapier, Borsalze für den Brandschutz, sinnvolle Verwendung des Altpapiers	
- lose		25 – 60		18 – 21
- Platten		70 - 100		24

Einsatzbereich	Eigenschaften
Dach: Aufdachdämmung, Decke: Trittschalldämmung, Wand: bei Wärmeverbundsystem verdübeln oder verkleben, Keller oder Bodenplatte: Perimeterdämmung	Plus: gute Wärme- und Schalldämmung, preisgünstig Minus: geringer sommerlicher Wärmeschutz, keine Feuchte-Regulierungsfähigkeit, kann von Nagetieren zerfressen werden, es kann in der Verarbeitungsphase zu Schäden kommen, wenn sich das dunkle Material bei Sonnenstrahlung aufheizt
Dach: Aufdachdämmung, Decke: Trittschalldämmung, Wand: bei Wärmeverbundsystem verdübeln oder verkleben	Plus: sehr gute Wärmedämmung, gute Schalldämmung, schimmel- und feuchtebeständig, druckbelastbar Minus: geringer sommerlicher Wärmeschutz, keine Feuchte-Regulierungsfähigkeit, kann von Nagetieren zerfressen werden
Dach: Zwischensparrendämmung, Wand: zwischen konstruktiven Hölzern, Decke: Trittschall-, Hohlraum-, Fugen- und Rohrleitungsdämmung	Plus: gute Wärme- und Schalldämmung, sehr gute Feuchte-Regulierungsfähigkeit, mittlerer sommerlicher Wärmeschutz, formbeständig, insekten- und nagetiersicher, schimmelresistent Minus: eventuell Pestizidrückstände
Flachdach, Perimeterdämmung (Fundament), Unterbau für zweischalige Wand mit Kerndämmung, Innendämmung; Platten werden verklebt	Plus: gute Wärmedämmung, guter sommerlicher Wärmeschutz, wasserdicht, dampfdicht, gut geeignet bei hoher Druckbeanspruchung und Feuchte, formbeständig, fäulnissicher, ungeziefer- und nagerresistent, unverrottbar, praktisch nicht brennbar Minus: teurer als die Konkurrenzprodukte
Dach, Wand, Decke: Einbau von Fachfirmen mit Spezialgeräten in konstruktiven Hohlräumen (lose), beim Dach auch als Zwischensparrendämmung (Platten)	Plus: gute Wärmedämmung, guter sommerlicher Wärmeschutz, sehr gute Feuchte-Regulierungsfähigkeit und Schalldämmung, langlebig, insektensicher und schimmelresistent Minus: Einnisten von Nagetieren möglich

Quelle: Energieagentur Nordrhein-Westfalen

Außerdem gibt es noch die Verbundsysteme:

- Hartschaum und Mineralfaser
- Mehrschicht-Leichtbauplatten
- Wärmeverbundsysteme.

Bei Wärmedämmung-Verbundsystem-Fassaden ist oft die Haltbarkeit ein Problem (siehe folgenden Abschnitt über die Schwachpunkte von Dämmstoffen).

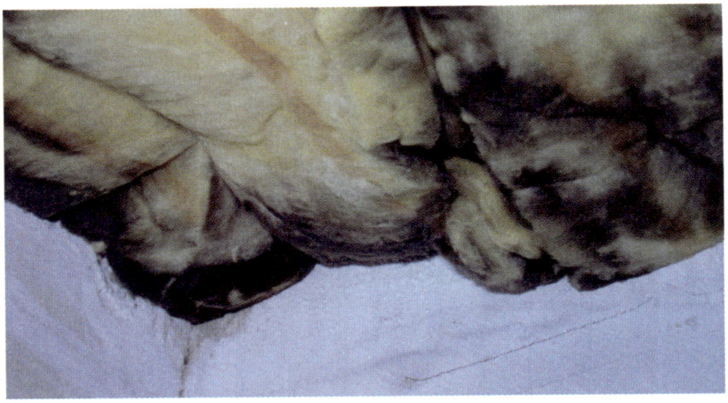

Abb 1.46: Schwarze Bereiche in der Dämmung verraten jahrelange Durchströmung. (Foto: Erich Keller)

Info

Brandschutzklassen

Beitrag zur Entwicklung eines Vollbrandes

A1 – Vollbrand kann nicht verursacht werden

A2 – Vollbrand kann nicht verursacht werden

B – Vollbrand wird noch nicht verursacht, aber wesentlicher Beitrag zum Brand

C – Vollbrand wird in einem Zeitraum von 10 bis 20 Minuten verursacht

D – Vollbrand wird in einem Zeitraum von 2 bis 10 Minuten verursacht

E – Vollbrand wird in einem Zeitraum von 2 Minuten verursacht

F – Es erfolgt keine Bestimmung des Brandverhaltens, beziehungsweise der Baustoff besitzt keine durch Prüfung nachgewiesene Brandschutzfunktion ▸

Info

Rauchentwicklung

s1 – vernachlässigbar

s2 – schwach

s3 – stark

Abtropfverhalten

d0 – kein brennendes Abtropfen innerhalb der ersten 10 Minuten

d1 – kein brennendes Abtropfen mit einer Nachbrennzeit größer als 10 Sekunden innerhalb der ersten 10 Minuten

d2 – weder d0 noch d1

Info

Auf jeder Dämmstoffpackung stehen Stoffart und Lieferform, Typkurzbezeichnung, Wärmeleitfähigkeitsgruppe, Nennmaße, technische Richtlinien, Hersteller und Herstellungsdatum, Brandverhalten nach DIN 4102 Teil 1, Übereinstimmungszeichen.

Typkurzbezeichnung

T, TK	Trittschalldämmstoffe
WD	Wärmedämmstoffe mit Druckfestigkeit (für Dach, Fußboden)
WV	Wärmedämmstoffe, die scher- und abreißfest sind (für Außenwand)
WL	Wärmedämmstoffe ohne Druckfestigkeit (für Zwischensparrendämmung)
W	Wärmedämmstoffe ohne Druckfestigkeit (für Wände, Decken)
WS	Wärmedämmstoffe mit erhöhter Druckbelastung für Sondereinsatzgebiete (Parkdecks)

Hinweis

Naturdämmstoffe, Schaumglas und erdölbasierte Produkte sind problemlos recycelbar. Anders sieht es bei Mineralwolle aus, wenn sie feucht wird, wird sie unbrauchbar und muss als Sondermüll unter hohen Kosten entsorgt werden.

Checkliste

Außendämmung

- Gibt es baurechtliche Einschränkungen wie Gebäudeabstand oder Grenzbebauung, die Sie einzuhalten haben? Zum Beispiel darf die zusätzliche Außendämmung nicht ohne Zustimmung des Nachbarn in dessen Grundstück hinüberragen.
- Sind erhöhte Schall- oder Brandschutzanforderungen zu erfüllen?
- Ist das gewählte Dämmsystem in allen Bestandteilen bauaufsichtlich zugelassen?
- Ist es notwendig, spätere Befestigungen vorab einzuplanen?
- Sind Zusatzmaßnahmen für saubere bauliche Anschlüsse geboten? Das betrifft die Einbindung von Fenstern, Dach, Balkon und Vordach.
- Enthalten die vorliegenden Angebote alle erforderlichen Nebenleistungen?
- Können Sie finanzielle Förderprogramme in Anspruch nehmen?

Typische Schäden und Schwachpunkte von Dämmstoffen: Was Hersteller gerne verschweigen

Witterungseinflüsse greifen viele Dämmstoffe nachhaltig an. Das nebenstehende Bild aus einem Sanierungsfall zeigt einen durch anhaltende Einwirkung von Wasser und Wasserdampf völlig aus der Form geratenen und damit wirkungslosen Mineralfaserdämmstoff, der sehr viel Wasser aufgenommen hat. Hinterlüftete Vorhangfassaden sind winddicht zu dämmen, etwa durch wasserabweisende Kaschierungen ohne offene Dämmplattenstöße und Fehlstellen. Sie sollten lückenlos an die Unterkonstruktion anschließen. Der Luftspalt zur Hinterlüftung der vorgehängten, hinterlüfteten Fassade muss gemäß DIN 18516 durchgehend mindestens 2 Zentimeter dick sein.

Bei offenzelligen Dämmstoffen sind Belüftung und Luftströmung hinter der Verkleidung Voraussetzungen für eine funktionierende Dämmung. Das Fraunhofer-Institut für Bauphysik hat festgestellt, dass es sonst immer zu Wärmeverlusten und Luftkonvektionseinflüssen kommt. Wenn die Dämmung auch noch aus der Form gerät, ist es um den Wärmeschutz schlecht bestellt.

Abb 1.47: Feuchtigkeit ist hinter eine Fassadenverkleidung gedrungen. Die durchnässten Überreste der Mineralfaserdämmung sorgen früher oder später für eine feuchte Wand. (Foto: privat)

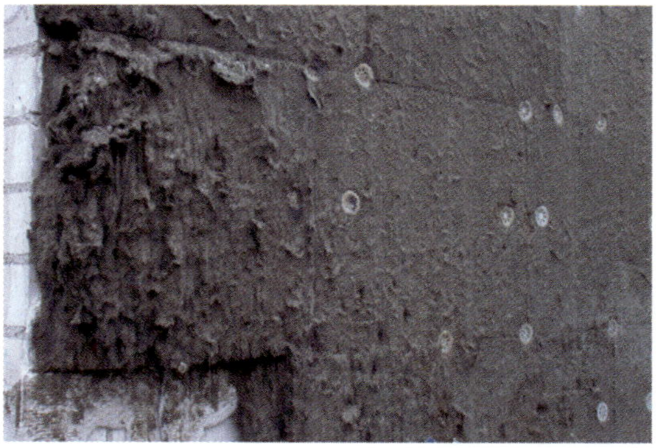

Abb 1.48: Durchnässte Mineralfaserplatten; schon wenige Prozent Feuchtigkeit im Dämmstoff verschlechtern die Dämmeigenschaften deutlich. (Foto: privat)

Abb 1.49: Schon in der Bauphase hat dieses Wärmeverbundsystem so viel Wasser aufgenommen, dass es sich wellt (Steppdeckeneffekt) und dadurch seine Dämmfunktion kaum noch erfüllen kann. (Foto: privat)

Abb 1.50: Ziemlich aus der Form geratene Mineralfaserdämmung, die unter der Fassadenverkleidung hervorquillt. (Foto: privat)

Ein weiteres Problem stellen Tiere dar: Testergebnisse zeigen, dass es kaum einen Dämmstoff gibt, der dem Nagetrieb von Mäusen und anderen Schädlingen standhält. Das gilt zum Beispiel für Mineralfaserdämmstoffe, aber auch in Hobelspänen, Holzwolle und Holzfaserdämmplatten nisten sich gerne Nager und Insekten ein.

Abb 1.51: Hier haben sich offenbar die Mäuse richtig ausgetobt. Die Dämmung ist teilweise völlig weggefressen, was an diesen Stellen zu hohen Wärmeverlusten führt. Die meisten Dämmstoffe bieten Mäusen und Insekten wenig Widerstand. (Foto: privat)

Was Insekten oder Nager aus erdölbasierten Produkten machen können, zeigt das Beispiel einer zerfressenen Polystyroldämmung.

Abb 1.52: Von der Dämmung ist nicht mehr viel übrig: von Insekten angefressenes Polystyrol. (Foto: privat)

Gravierende Risiken schlummern in erdölbasierten Produkten im Brandfall. Die dabei entstehenden Gase sind hochgiftig und lebensgefährlich für die Hausbewohner. Alles, in das sie eindringen, muss als Sondermüll entsorgt werden. Kommt es in einem mit Polystyrol oder Polyurethan gedämmten Heizungskeller zu einem Brand, bei dem sich große Mengen giftiger Brandgase im gesamten Haus ausbreiten und sich Stoffe wie Dioxin bilden, muss schlimmstenfalls das ganze Haus als Sondermüll entsorgt werden. Derartige Baustoffe wie auch Mineralwolle zersetzen sich bei den im Brandfall üblichen Temperaturen sehr gut. Das nebenstehende Foto zeigt einen Brandschaden am Bühnenturm in Bonn.

Abb 1.53: Bei Deckarbeiten auf dem Dach zügelte die Flamme eines Propangasbrenners in den Fassadenhinterlüftungsraum und entzündete die Mineralfaser-Dämmung. (Foto: privat)

Ein Brand breitet sich nicht ausschließlich durch offene Flammen aus. Besonders gefürchtet sind Schwel- und Glimmbrände, da sie den Brand im Verborgenen transportieren. Dabei können Brandzersetzungsprodukte entstehen, die ein zündfähiges Gemisch bilden, das später weit entfernt entflammt.
Diese Probleme haben Sie mit Schaumglas als Dämmstoff nicht. Die Materialprüfanstalt Braunschweig hat nachgewiesen, dass der Schmelzpunkt von Schaumglas bei mindestens 1000 °C liegt und eine Schaumglas-Probe, die in einem Test bis zu etwa 1000 °C beflammt wurde, durchschnittlich mehr als die Hälfte der 90 Minuten dauernden Belastung unverändert überstanden hat.

Abb 1.54: Auftragen des Klebers auf eine Schaumglas Dämmplatte mit einer Traufel und Verlegen der Platten im Verbund. (Fotos: Deutsche FOAMGLAS)

Auch entsprechend behandelter Zellulosedämmstoff hat gute Eigenschaften im Brandfall: Die Oberfläche einer beflammten Probe verkohlt, aber sie selbst verbrennt nicht. So wie Korkeichen durch eine dicke Korkrinde einen Waldbrand überleben können, verhalten sich Baustoffe wie Holz und Schaumglas ähnlich.

1.10 Kriterien für die Handwerkerauswahl

In Deutschland entsteht durch Fehler am Bau jährlich ein Schaden von 16,4 Milliarden Euro, wie eine Studie von BauInfoConsult im Jahr 2007 ergab. Das Marktforschungsunternehmen befragte Architekten, Bauunternehmer und Sanitär-Heizung-Klima-Installateure nach ihrer Einschätzung, wie viel Prozent des Jahresumsatzes in der deutschen Baubranche auf durch Fehler verursachte Kosten zurückzuführen seien. Architekten führten durchschnittlich 15 %, Bauunternehmer 16 % und SK-Installateure sogar 22 % des Jahresumsatzes auf Fehler zurück. Bei einem Gesamtumsatz von 109 Milliarden Euro in der Baubranche ergibt sich so eine aus Fehlern resultierende Summe von mindestens 16,4 Milliarden Euro. Die Ursachen sind schlampig ausgeführte Arbeiten, nicht eingehaltene Vereinbarungen und Verbesserungsvorschläge, die die Planer nicht erreichen. Außerdem beurteilte die Mehrheit der 763 Befragten die Kommunikation unter den Baubeteiligten als unzureichend und sah in der oft fehlenden Bewertung des Bauablaufs eine weitere Ursache für unnötige Mehrkosten.

Eine Untersuchung des Bauherren-Schutzbunds (BSB) hat ergeben, dass Altbausanierungen genauso häufig von Baumängeln und Pfusch betroffen sind wie Neubauten. Die Experten der unabhängigen Verbraucherorganisation fanden rund 20 Mängel pro Haus. Altbausanierer müssen durchschnittlich 27.000 Euro dafür bezahlen, dass Mängel nachträglich beseitigt werden.

Bei der Ausführung der Wärmedämmung wird teilweise katastrophal gepfuscht, beobachten Energieberater immer wieder. „Luftdichtigkeit und dauerhaft luftundurchlässiger Anschluss von Bauteilen und Bauteil-Übergängen sind für viele Bau- und SHK-Handwerker noch Fremdworte und werden von ihnen mit Unverständnis beiseite gewischt", beobachtet Energieberater Erich Keller, der mit seinen vielen Praxiserfahrungen zu diesem Buch beigetragen hat. Auch Architekten planen manchmal falsch und sorgen so für vermeidbare Wärmebrücken. Wenn infolge solcher Fehler Feuchte in der Dachkonstruktion kondensiert, kommt es zu starken Wärmeverlusten – oft ohne erkennbare Ursache. Untrügliche Anzeichen für Baumängel sind Schimmelbildung an der eiskalten Wand, schwer nachzuweisende, krankmachende Pilzsporen im Haus oder sogar Wasserpfützen unter dem Dach. Ein guter Rat an alle Bauherren ist, erst nach gründlichen Qualitätsprüfungen am Bau zu zahlen, da sonst bei Mängeln nur der lange Weg über das Gericht bleibt. Vielen, so Keller, seien die Kosten von etwa 1.500 Euro für die Qualitätssicherung des Hauses zu hoch. Bei der größten Investition ihres Lebens sparten sie an der falschen Stelle und gäben andererseits viel Geld für Extras im neuen Heim oder für ihr neues Auto aus.

Fehlerquellen

Wenn nicht sorgfältig gearbeitet wird, kann es für den Bauherrn sehr teuer werden. Treten Schwachstellen gehäuft auf, müssen die Hausbewohner entweder mit hohen Heizkosten und Zugluft leben oder einen fünf- bis sechsstelligen Eurobetrag aufwenden, um die Leckstellen nachträglich abdichten zu lassen. Manchmal arbeiten eingewiesene Heimwerker besser als Profi-Handwerker, da sie mehr Geduld aufbringen.

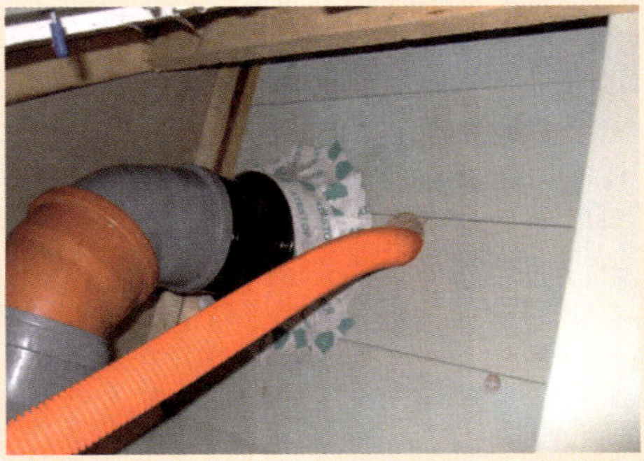

Abb 1.55: Rohrdurchführungen durch die Luftdichtheitsebene sind die schwierigsten Anschlüsse. Sie gelingen am besten in vielen kleinen Schritten. Das rote Installationsrohr ist noch nicht verklebt. (Foto: Erich Keller)

Abb 1.56: Sorgfältig abgedichtete Rohrdurchführungen durch die Luftdichtheitsebene (Foto: Erich Keller)

Abb 1.57: Auch Hohlprofile, hier das untere Ende eines Kunststoff-Fensterrahmens, müssen luftdicht verschlossen werden, um Durchströmung zu unterbinden. (Foto: Erich Keller)

Abb 1.58: Klebebänder müssen spannungsfrei in Falten geklebt werden, sonst löst sich die Klebung unter Zug. (Foto: Erich Keller)

Abb 1.59: Zugspannungen haben die zu knappe Klebung aufgerissen. (Foto: Erich Keller)

Abb 1.60: Die Klebungen der Dampfsperre halten nicht auf dem noch feuchten Putz, die Folie hat sich abgelöst. (Foto: Erich Keller)

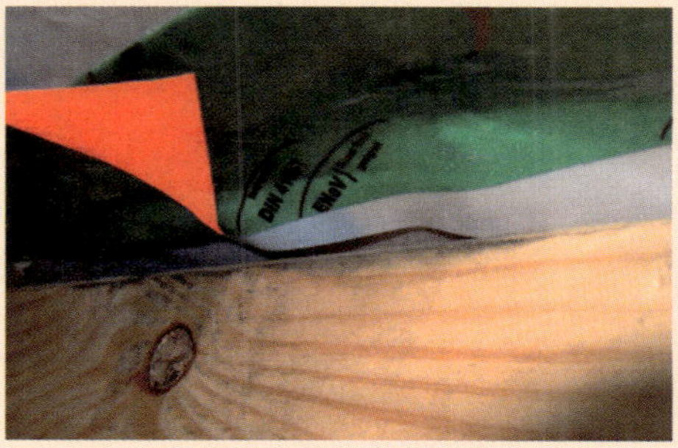

Abb 1.61: Luftdichtheit erfordert sorgfältige Arbeit bis ins letzte Detail. Sonst tropft das hinter der Folie kondensierte Wasser herunter und es gibt hässliche Wasser- und Schimmelflecken. (Foto: Erich Keller)

Ein Beispiel: Bei der Luftdichtigkeitsprüfung an einem angeblichen Niedrigenergiehaus in Holzrahmenbauweise stellt der Energieberater fest, dass er buchstäblich durch die Wand pusten kann: Die Winddichtung ist falsch ausgeführt worden, was die Heizkosten durch unkontrollierten Luftaustausch fast verdoppelt. Außerdem schafft es die entsprechend klein ausgelegte Heizung in einem strengen Winter nicht, das Haus warm zu bekommen. Eine Sanierung des Hauses würde eine fünfstellige Summe erfordern, da die gesamte Wärmedämmung abgebaut und die Winddichtung fachgerecht angebracht werden müsste.

Eigentlich müssten Qualitätskontrollen auf den Baustellen so alltäglich werden wie in jeder anderen industriellen Fertigung. Inzwischen gibt es Verbände, die für die Zertifizierung der Luftdichtigkeit gesorgt haben und sich für eine qualitativ korrekte Energieberatung einsetzen. Einen kompetenten Sachverständigen oder Qualitätssicherer finden Bauherren über das Bundesamt für Wirtschaft oder die Deutsche Energieagentur (Adressen im Anhang).

Eine professionelle Bauabnahme ist auch im Interesse der Handwerker. Wenn diese nicht nach dem Stand der Technik arbeiten, kann dies für sie sogar existenzbedrohend werden, denn die Haftung für verdeckte Mängel oder Organisationsverschulden beträgt fünf Jahre.

So finden Sie gute Handwerker

Wenden Sie sich am besten an Architekten, Fachhandwerker oder an die Handwerkskammer und sprechen Sie auch mit Bekannten, wenn Sie empfehlenswerte Betriebe suchen. Betriebe vor Ort geben sich in der Regel mehr Mühe – Pfusch spricht sich schnell herum –, außerdem sind die kürzeren Wege von Vorteil. Prüfen Sie mindestens drei Referenzen pro Anbieter, idealerweise sollten diese Referenzprojekte nicht allzu lange zurückliegen. Für einen ersten Eindruck von der Zuverlässigkeit der Handwerker genügt schon ein Anruf, dabei können Sie auch nach besuchten Schulungen und Zusatzqualifikationen fragen. Haben die Handwerker eine weitere Anfahrt, kann es Probleme bei Nachbesserungen geben.

Testfragen

Folgende Fragen liefern Anhaltspunkte, um die Kompetenz der Handwerker zu prüfen:

- Können Sie mir spontan aktuelle Adressen von Kunden nennen?
- Warum haben Sie sich auf genau dieses Fachgebiet spezialisiert?
- Welche Ausbildung und welche Abschlüsse haben Sie?
- Von welcher Weiterbildung haben Sie besonders profitiert?
- Wo und wann und war Ihre letzte Weiterbildung?
- Wie sieht die optimale Lösung aus?

Abb 1.62: Dachdecker (Foto: Gesellschaft für Handwerksmessen)

Abb 1.63: (Foto: Deutsche FOAMGLAS)

Abb 1.64: (Foto: Deutsche FOAMGLAS)

Prüfen Sie die Bau- und Leistungsbeschreibung in allen Einzelheiten, um nicht in eine der vielen Fallen zu tappen, die in diesen Verträgen für Bauherren lauern. Wenn jedes wichtige Detail schriftlich festgehalten wird, muss die Baufirma den Bau genau so ausführen, wie Sie es wollen, und Sie schützen sich vor unliebsamen Überraschungen in Form von unerwarteten Rechnungen für Leistungen oder Materialien, die zwar notwendig sind, aber im Bauvertrag nicht definiert sind. Wenn nicht regelmäßig ein Baufachmann sich um die Vertragserfüllung kümmert, besteht die Gefahr, dass das Projekt außer Kontrolle gerät. Für etwa 1,5 % der Bausumme können Sie, je nach Zeitaufwand, einen eigenen Bauleiter engagieren. Im Idealfall begleitet dann ein Architekt oder Bauingenieur das Bauvorhaben von der Planung bis zur Schlussabnahme. Damit können Sie mangelhafte Bauausführung, teure Folgeschäden und eine Menge Ärger vermeiden. Da Bauträger und Handwerker einen solchen „Aufpasser“ höchstwahrscheinlich nicht gerne sehen, empfiehlt es sich, dessen Einschaltung und Mitspracherecht von Anfang an im Bau- oder Bauträgervertrag zu vereinbaren.

Abb 1.65: Holzhandwerker in Aktion (Foto: Messe Friedrichshafen)

Hinweis

Nähere Informationen zur Vertragsgestaltung geben beispielsweise die Verbraucherzentralen.

Tipp

Ein Fertighaus ist eine gute Alternative zu einem Stein auf Stein gemauerten Haus. Zum einen sind aufgrund der Vorfertigung der Komponenten (wie Wandelemente) viele der hier aufgeführten Fehler weitgehend ausgeschlossen. Zum anderen steht das Haus schon in wenigen Tagen. Einige Fertighausfirmen bieten gute Niedrigenergiehäuser an, zum Teil erreichen sie sogar den Passivhausstandard.

Wenn der Bauherr auf der Baustelle präsent ist und wichtige Bauabschnitte auf Fotos festhält, kann die Qualität der Arbeiten auch später noch ohne großen Aufwand kontrolliert werden – was zum Beispiel nach abgeschlossener Installation einer Fußbodenheizung nicht möglich ist.

Ihr stärkstes Druckmittel im Konfliktfall ist das Zurückhalten von Geld. Sie sind gut beraten, nach Baufortschritt und erst nach Abnahme der einzelnen Gewerke zu zahlen. Tritt ein Mangel auf, haben Sie das Recht, mindestens das Dreifache des für die Mängelbeseitigung notwendigen Betrags zurückzuhalten. Ein typischer Mangel ist etwa der Versuch, mit Bauschaum einen luftdichten Anschluss zwischen Haustür und Mauer herzustellen, obwohl sich Bauschaum dafür gar nicht eignet. Bauherrenverbände empfehlen zusätzlich, einen Sicherheitseinhalt festzuschreiben. Mit dieser Vereinbarung müssen Sie ungefähr 5 % der Bausumme erst vier oder fünf Jahre nach Abnahme der jeweiligen Leistung zahlen. So können Sie Druck auf die Unternehmen ausüben, bei mangelhaften Arbeiten schnell nachzubessern. Wenn Sie notwendige Nachbesserungen nicht schriftlich festhalten, haben Sie nichts gegen die von Ihnen beauftragte Firma in der Hand.

Die Abnahme der einzelnen Gewerke oder des ganzen Gebäudes ist ein äußerst wichtiger Termin: Der Auftraggeber begutachtet mit dem Bauleiter oder dem Handwerker alle ausgeführten Arbeiten und bespricht mit ihnen etwaige Nachbesserungen. Schließlich unterschreibt der Hauskäufer ein Abnahmeprotokoll, in dem er die korrekte Arbeit bestätigt. Damit wird die Beweislast umgekehrt, und er muss von nun an gegebenenfalls beweisen, dass die Handwerker doch nicht richtig gearbeitet haben. Im Zweifelsfall ist es besser, einen Experten zur Abnahme mitzunehmen.

Es empfiehlt sich, alle Zahlungen nur gegen schriftliche Rechnung per Überweisung vorzunehmen sowie alle Rechnungen und Belege aufzuheben. Wer wissentlich oder unwissentlich einen nicht in die Handwerksrolle eingetragenen Handwerker beschäftigt oder bar ohne Rechnung bezahlt, muss mit Bußgeldern rechnen. Das gilt auch für Subunternehmen von Bauunternehmen. Keine Schwarzarbeit sind unentgeltliche Gefälligkeitsleistungen und Nachbarschaftshilfe, aber in diesen Fällen ist es sehr wichtig, dass alle Beteiligten unfallversichert sind.

Über die Gewährleistung ist der Auftragnehmer innerhalb einer bestimmten Frist (meist 4 Jahre) auch zur nachträglichen Beseitigung von auftretenden Mängeln verpflichtet.

Tipp

Sollten trotz aller Vorsichtsmaßnahmen Mängel auftreten, sollten Sie nicht gleich vor Gericht gehen. Die Einschaltung eines unabhängigen Sachverständigen, der den Mangel begutachtet und die Erfolgschancen einer Klage abschätzt, lohnt sich für den Bauherrn oftmals mehr. Nicht jede fehlerhafte Bauausführung führt auch zu einem Anspruch auf Preisminderung oder Nachbesserung.

Hinweis

Wenn Sie Bauarbeiten in Schwarzarbeit erledigen lassen, gehen Sie ein sehr hohes Risiko ein, Sie haften schließlich selbst für Fehler und Versäumnisse. Das gilt auch für die Auftragsvergabe an Handwerker aus Osteuropa. Nach einem Urteil des Bundesgerichtshofs sind auch von Ihnen engagierte Freunde und Bekannte nicht schadenersatzpflichtig, wenn fehlerhaft gearbeitet wird.

1.11 Checkliste energiesparendes Haus

Allgemein

- Haben Sie den baulichen Zustand erfasst und bewertet?
- unabhängige Energieberatung genutzt?
- über Fördermittelberatung informiert?
- Energieverbrauchskennwert bestimmt?
- bei umfangreicher Sanierung: Planer eingeschaltet?
- Notwendigkeit einer Baugenehmigung geklärt?
- für die Einholung der Angebote eine Beschreibung der auszuführenden Maßnahmen erstellt?
- mindestens drei Angebote eingeholt?
- Bauvertrag abgeschlossen?
- bei mehreren Gewerken: Gibt es eine Bauleitung?
- Qualitätskontrollen vorgesehen?

Gebäudehülle

- Haben Sie beheizte Räume und Lage der Wärmedämmung festgelegt?
- Anforderungen der Energie-Einspar-Verordnung bezüglich der U-Werte eingehalten?

- Nachrüstverpflichtungen geprüft?
- Fenster in der Dämmstoffebene angeordnet oder Laibungen gedämmt?
- Dämmung an Mauerkronen und unter dem Dachkasten nicht vergessen?
- Luftdichtung im Dach lückenlos ausgeführt?
- vor Innendämmung Fachplaner zu Rate gezogen?
- Aufarbeitung der Fenster geprüft?
- Dämmung und Dichtung von Rollladenkästen bedacht?
- Fenstereinbau ohne Bauschaum?
- Sonnenschutz für große Fensterflächen (besonders nach Süden) und von Dachfenstern bedacht?
- bei Feuchtigkeit im Keller Fachmann zu Rate gezogen?

Heizung und Warmwasserbereitung

- Haben Sie geprüft, wo erneuerbare Energien nutzbar sind? (solare Heizungsunterstützung, solare Warmwasserbereitung, Holzheizung, Wärmepumpe)
- Anschlussmöglichkeit an Fern- oder Nahwärme aus Heizkraftwerken geprüft?
- Schornsteinmodernisierung notwendig?
- Aufstellung des Kessels in einem beheizten Raum möglich?
- Verzicht auf die Warmwasserzirkulation möglich?
- Anforderungen der Energie-Einspar-Verordnung geprüft und eingehalten?
- Rohrdämmungen lückenlos ausgeführt?
- jährliche Wartung beauftragt?
- Betriebsanleitung erhalten?
- Absenkung oder Abschaltung der Heizung in der Nacht und bei Abwesenheit eingestellt?
- Entscheidung über Art der Lüftung getroffen?

Bei Einsatz einer Lüftungsanlage:

- für Zu- und Abluftanlage: luftdichte Gebäudehülle vorhanden?
- für Zu- und Abluftanlage: mindestens 80 % Wärmerückgewinnung?
- Bedarfslüftung (nach Duschen oder beim Kochen) einstellbar?
- in die Bedienung eingewiesen (Filtertausch)?
- Wartungsvertrag abgeschlossen?

(Quelle: Deutsche Energie-Agentur)

2 Heizsysteme

Vorbemerkungen

Das ist neu an der 45-seitigen Energie-Einspar-Verordnung EnEV 2007/2008, die seit dem 1. Oktober 2007 gilt: Wer ab Mitte 2008 ein Gebäude oder eine Wohnung verkaufen oder neu vermieten will, ist verpflichtet, den potenziellen Käufern oder Mietern auf Verlangen einen Energieausweis zu zeigen.

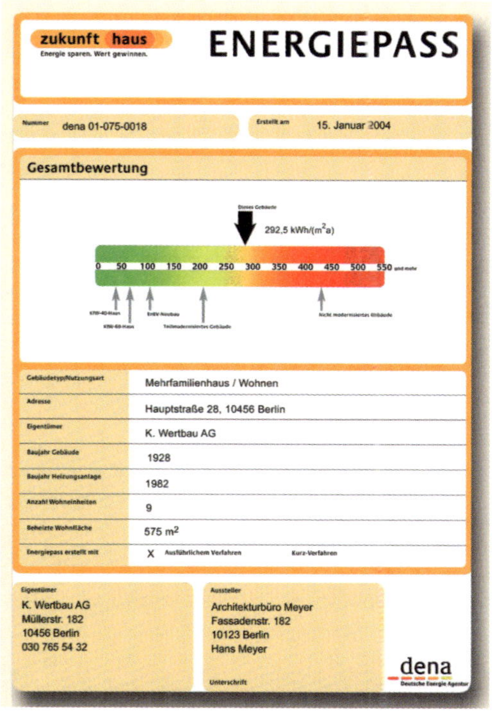
zukunft haus
Energie sparen. Wert gewinnen.

ENERGIEPASS

Nummer dena 01-075-0018 — Erstellt am 15. Januar 2004

Gesamtbewertung

Dieses Gebäude 292,5 kWh/(m²a)

0 50 100 150 200 250 300 350 400 450 500 550 und mehr

KfW-40-Haus, KfW-60-Haus, EnEV-Neubau, Teilmodernisiertes Gebäude, Nicht modernisiertes Altbaude

Gebäudetyp/Nutzungsart	Mehrfamilienhaus / Wohnen
Adresse	Hauptstraße 28, 10456 Berlin
Eigentümer	K. Wertbau AG
Baujahr Gebäude	1928
Baujahr Heizungsanlage	1982
Anzahl Wohneinheiten	9
Beheizte Wohnfläche	575 m²
Energiepass erstellt mit	X Ausführlichem Verfahren Kurz-Verfahren

Eigentümer
K. Wertbau AG
Müllerstr. 182
10456 Berlin
030 765 54 32

Aussteller
Architekturbüro Meyer
Fassadenstr. 182
10123 Berlin
Hans Meyer
Unterschrift

dena
Deutsche Energie-Agentur

Abb 2.1: Energieausweis (Grafik: dena)

Bei Neubauten enthält der Energieausweis den rechnerisch ermittelten Primärenergiebedarf für die Wärmeversorgung des Gebäudes. Dabei ist auch der Stromverbrauch für Lüftungsanlagen, Heizung und Heizungspumpen zu erfassen. Selbst die beim Energietransport und bei der Umwandlung auftretenden Verluste werden berücksichtigt. Entsprechend schlecht schneiden Stromheizungen ab, denn schon im Kraftwerk entstehen rund 60 % Verlust.

Für Altbauten genügt es, aus dem Energieverbrauch für Heizung und Warmwasser der letzten Jahre einen Mittelwert zu bilden. Nach wie vor erhalten Wärmedämmung und Anlagentechnik von Gebäuden den gleichen Stellenwert, wenn es darum geht, die vorgeschriebenen Verbrauchsgrenzwerte einzuhalten. Bei Altbausanierungen ist jedoch der Austausch energieverschwendender Heizkessel oft mit dem kleinsten Aufwand und den geringsten Kosten verbunden. Der Bundesverband des Schornsteinfegerhandwerks gibt an, dass in Deutschland rund 1,5 Millionen Öl- und Gasheizungen in Betrieb sind, die älter als 23 Jahre sind und ausgemustert werden sollten, da sie übermäßig viel verbrauchen. Deshalb berücksichtige ich in diesem Kapitel nicht nur Heizsysteme mit alternativen Energieträgern, sondern auch Öl- und Gaszentralheizung.

2.1 Energieträgervergleich

Ihr Heiztyp
Die Wahl des Energieträgers und Heizsystems hängt von vielen Kriterien ab. Die für Sie beste Lösung hingegen hängt hauptsächlich ab von:

- Ihrer Entscheidung, welche der folgenden Merkmale Sie für besonders wichtig halten,
- Ihren Vorstellungen von Wohnkomfort.

Erneuerbarkeit des Energieträgers
Nachhaltige Nutzung vorausgesetzt, sind erneuerbare Energieträger wie Holz und Pellets theoretisch beliebig lange verfügbar, sie werden wahrscheinlich sogar direkt in Ihrer Region produziert.
Ein Klein-Blockheizkraftwerk (BHKW) kann je nach Bauart mit verschiedenen Brennstoffen betrieben werden und erzeugt bei einem Wirkungsgrad von über 90 % neben der benötigten Wärme zusätzlich Strom.
Die Erneuerbarkeit des Energieträgers gilt nur eingeschränkt für die Wärmepumpe, die Umgebungs- oder Erdwärme nutzt, denn die Pumpe braucht Strom, der in der Regel aus nicht erneuerbaren Energieträgern erzeugt wird.
Für Öl und Gas gibt es hier keine Pluspunkte.

Hinweis

Ein Liter Heizöl, ein Kubikmeter Erdgas und 2,08 Kilogramm Holzpellets haben jeweils den gleichen Energieinhalt von rund 10 Kilowattstunden.

Heizkomfort

Der Heizkomfort hängt zum einen davon ab, wie groß für Sie der Aufwand ist, den Energieträger zu beschaffen und zu lagern, die Heizung zu bedienen, Rückstände zu entsorgen und die Anlage zu warten. Hier schneiden Wärmepumpe, Gas- und Ölheizung gut ab, ähnlich das Klein-BHKW. Die Pelletheizung ist etwas aufwendiger zu betreiben. Und wenn Sie mit Stückholz heizen wollen, müssen Sie sich körperlich schon ein bisschen anstrengen.

Abb 2.2: Schnitt durch einen Feststoffbrennkessel (Grafik: Bosch Thermotechnik GmbH)

Zum anderen ist die Frage wichtig, welche Art Heizung Sie als angenehm empfinden. Finden Sie die Strahlungswärme eines Kachelofens, dessen Flamme Sie durch Glas hindurch beobachten können, einfach unübertroffen? Oder möchten Sie gar nichts von der Heizung bemerken, also auch keine Heizkörper sehen? Vielleicht bevorzugen Sie dann eine Fußbodenheizung oder eine in Wand oder Decke versteckte Flächenheizung. „Stinkt" Ihnen ein Ölkeller? Haben Sie einen Gasanschluss, aber keinen Lagerraum?

Abb 2.3: Kaminofen für Stückholz (Foto: Bausparkasse Schwäbisch Hall)

Kosten

Das sind die Kosten für die Beschaffung der Heizanlage und den Energieträger, beziehungsweise das Brennmaterial. Nebenstehend sehen Sie die sich stetig nach oben entwickelnden Preise bei Gas, Heizöl, Holzpellets und Strom in den vergangenen Jahren.

Nur Holzpellets kosten fast durchgängig rund 4 Cent pro Kilowattstunde. Im Jahr 2006 gab es aufgrund von Lieferengpässen eine Preissteigerung um bis zu 25 %. Weil aber die Produktionskapazitäten in Deutschland inzwischen verdoppelt wurden, ist das alte Preisniveau zurückgekehrt. Die Ölpreissteigung um rund 40 % im Jahr 2007 ist in dieser Grafik noch nicht enthalten.

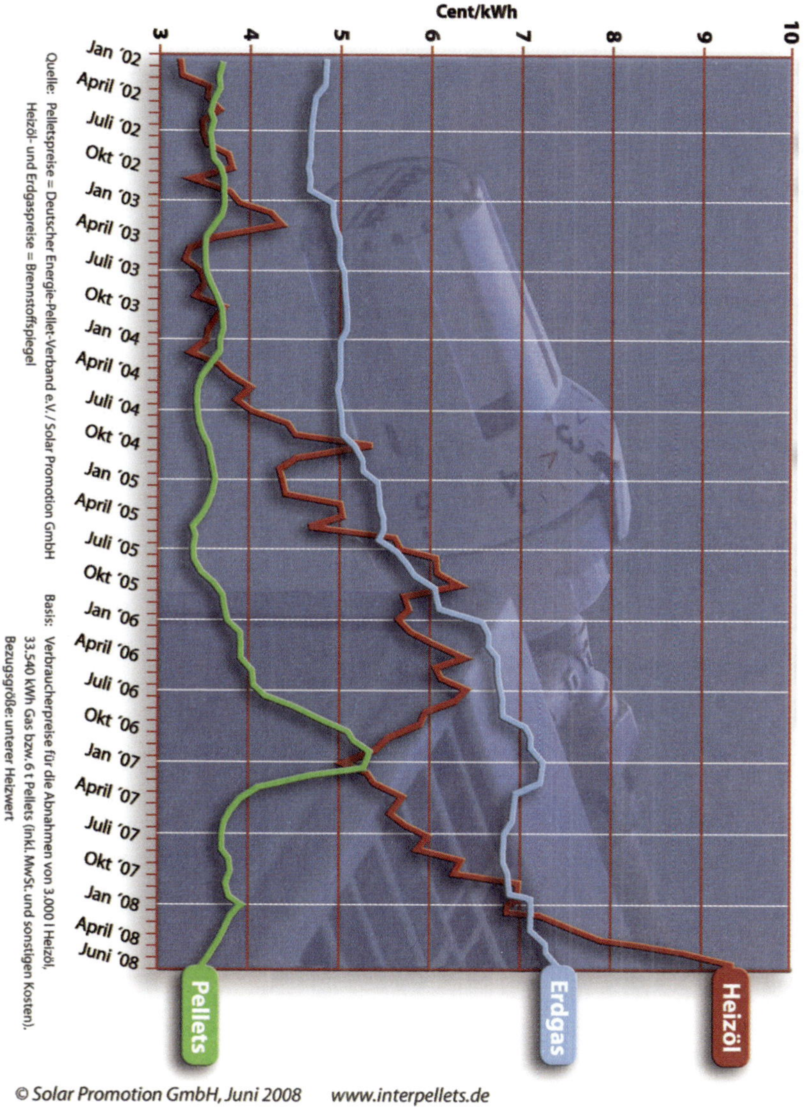

Abb 2.4: Energiepreisentwicklung in Deutschland (Grafik: Energieagentur NRW)

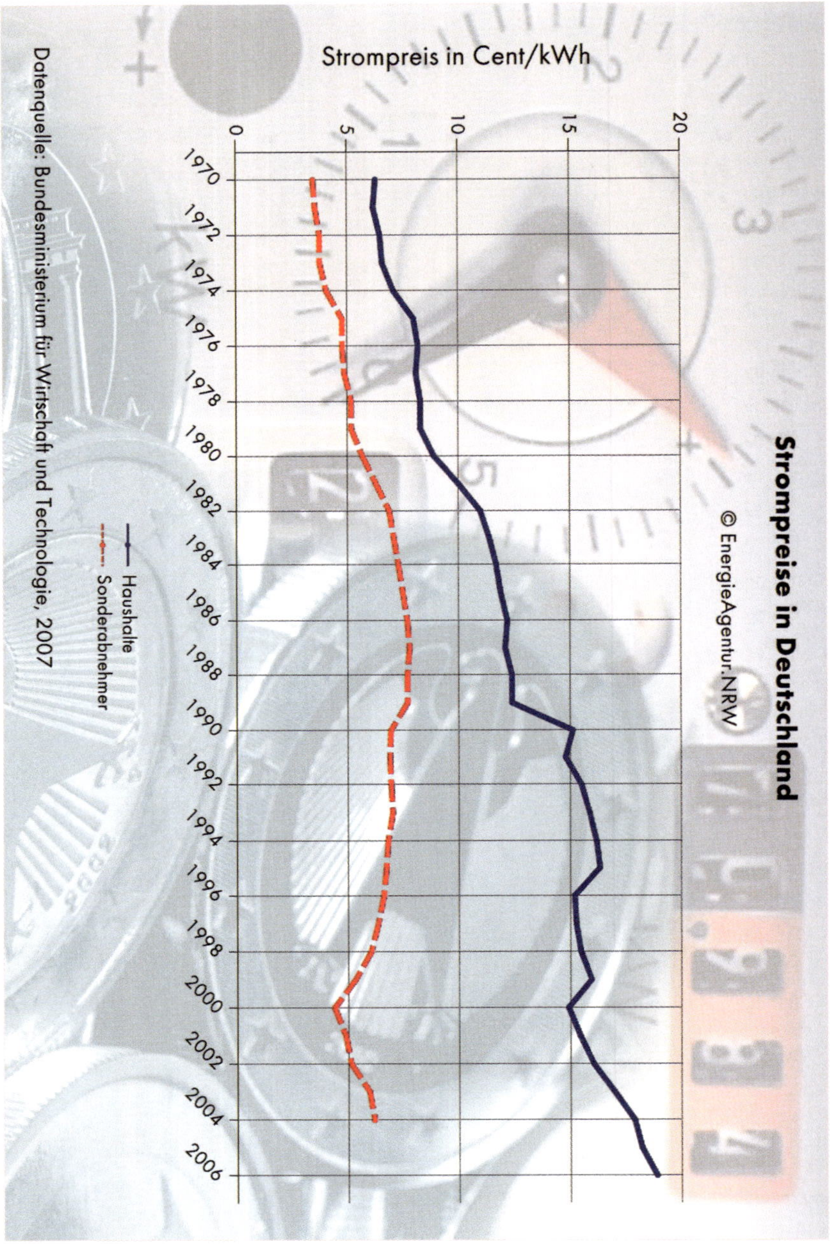

Abb 2.5: Entwicklung der Strompreise (Grafik: Energieagentur NRW)

Beim nachwachsenden Energieträger Holz gibt es auch keine Lieferprobleme wie gelegentlich bei Öl und Gas. Der Ölkonzern Shell bewertete schon 2004 seine Ölvorräte neu und kam zu dem Ergebnis, dass die bis dahin bekannten Zahlen um 20 % nach unten korrigiert werden mussten. Auch andere Betreiber von Ölfeldern kämpfen mit immer schlechter werdenden Förderbedingungen: So nehmen die Fördermenge und der natürliche Druck im weltweit zweitgrößten Feld Burgan in Kuwait stetig ab.
Eine Analyse der „Energy Watch Group" aus dem Jahr 2007 ist zu dem Ergebnis gekommen, dass die Ölförderung sehr schnell zurückgehen und etwa bis zum Jahr 2030 nur noch die Hälfte des heutigen Wertes erreichen wird (siehe *www.aspo-deutschland.org*). Auch der saudische König Abdullah erklärte in einem Interview, dass der Ölboom vorüber sei und die industrialisierte Welt sich auf eine Anpassung des Lebensstils vorbereiten müsse.

Meine Meinung

Da bei immer stärkerer Nachfrage, zum Beispiel in China und Indien, trotz aller Anstrengungen die Ölförderung zunehmend sinkt, rechne ich damit, dass wir heute erst am Anfang einer Entwicklung drastisch steigender Energiepreise stehen.

Bei einer Ölheizung muss der Betreiber unbedingt eine Öltankversicherung abschließen, wenn er sich nicht ruinieren will, falls seine Öltanks einmal auslaufen und die Umgebung verseuchen sollten (zum Beispiel bei Hochwasser, das auch durch den Klimawandel verursacht wird).
Augenblicklicher Stand der Investitionskosten bei der Anschaffung in Euro (untere Grenze, Quelle: Viessmann):

Wärmepumpe Sole/Wasser	27.800,-
Wärmepumpe Luft/Wasser	20.300,-
Klein-Blockheizkraftwerk* (BHKW)	15.000,-
Pelletkessel	12.500,- mit Fördereinrichtung
Kachelofen	8.000,-
Brennwertkessel Öl** oder Gas	4.300,-
Niedertemperaturkessel Öl** oder Gas	4.000,-

* elektrische Leistung 5,5 kW, thermische Leistung 12,5 kW; zuzüglich Einbindung in das Stromnetz, weitere Option: Abgaswärmetauscher, der die thermische Leistung um etwa 3 kW erhöht

** falls nicht bereits vorhanden: zuzüglich Kosten für Tank

Die Montagekosten für einen Kessel sind oft ähnlich hoch wie die Kosten für den Wärmeerzeuger selbst. Ein Wasserspeicher kostet je nach Ausführung und Größe zwischen 600 und 1800 Euro. Wenn Sie die Heizanlage mit einem Sonnenkollektor auf dem Dach kombinieren, empfiehlt sich ein Solarspeicher, der das Wasser erwärmt, speichert und schichtet. Komplette Solarpakete für Warmwasser mit Kollektor, Speicher und Regelung gibt es ab 5000 Euro.

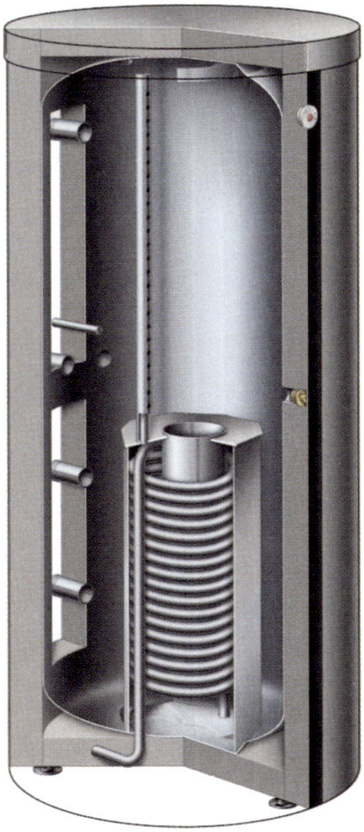

Abb 2.6: Heizwasser-Pufferspeicher mit einem Wärmetauscher mit Schichtladesystem zur Einbindung einer Solaranlage zur Heizungsunterstützung. (Grafik: Viessmann)

Wenn Sie in einem Altbau einen veralteten Kessel gegen einen neuen tauschen, kommen weitere Kosten auf Sie zu: Wenn der Schornstein nicht an die tieferen Abgastemperaturen eines Niedertemperaturkessels angepasst wird, kühlen die Abgase auf dem Weg nach draußen zu stark ab, es bildet sich Feuchtigkeit auf der Schornstein-Innenwand, und Bauschäden drohen. Die Schäden können durch einen kleineren Schornsteinquerschnitt oder eine neu montierte Abgasleitung verhindert werden. Das Abgassystem von Brennwertkesseln muss unbedingt unempfindlich gegen Feuchtigkeit sein. Gut sind kombinierte Luft-Abgas-Systeme, die dem Brenner am Abgas vorgewärmte Luft zuführen.

Abb 2.7: Wenn ein Niedertemperatur- oder Brennwertkessel einen Standardheizkessel ersetzt, muss der bereits vorhandene Schornstein an die nun wesentlich niedrigeren Abgastemperaturen angepasst werden. Andernfalls gibt es Feuchteschäden. (Foto: Bausparkasse Schwäbisch Hall)

Ein weiterer wichtiger Aspekt ist die Eignung für die vorgegebene Bausubstanz. Wer einen schlecht gedämmten Altbau mit hohem Wärmebedarf mit einer Wärmepumpe heizt, wird mit den späteren Betriebskosten sicher nicht zufrieden sein. Wenn ein einzelnes Niedrigenergiehaus mit einem Klein-BHKW beheizt wird, ist das höchstwahrscheinlich auch nicht sinnvoll, da der Motor oft nicht im optimalen Bereich arbeiten wird und häufig taktet, was ihm überhaupt nicht bekommt. Das BHKW wird seine normale Lebensdauer kaum erreichen, und der Wartungsdienst hat immer viel zu tun.
Ein Passivhaus mit sehr geringem Wärmebedarf eignet sich viel eher für den Einsatz einer Wärmepumpe. Und überall, wo gleichmäßig Wärme abgenommen wird, ist ein Klein-BHKW sinnvoll: zum Beispiel wenn es als gemeinsame Heizzentrale gleich mehrere Niedrigenergiehäuser beheizt – und vielleicht im Sommer außer dem Brauchwasser noch ein kleines Schwimmbecken erwärmt oder wenn die solarthermische Kühlung eingesetzt wird (siehe auch Kapitel „Lüftung und Kühlung").

Raumbedarf für Heizung und Energieträger

In der folgenden Aufzählung nimmt der Raumbedarf für das Heizsystem und das Brennstofflager zu: Den geringsten Raum beansprucht die Wärmepumpe, über Gasheizung, Ölheizung, Klein-BHKW, Pelletheizung, Kachelofen, hin zur Stückholzheizung, die den größten Raumbedarf hat.

Umweltverträglichkeit

Die lokalen Auswirkungen auf die Umwelt sind freigesetzter Staub, Stickoxide, Kohlenmonoxid und unverbrannte Kohlenwasserstoffe. Hierbei ist die Wärmepumpe am Einbauort absolut am saubersten. Bei den anderen Systemen werden mit Gas weniger Schadstoffe frei als mit Heizöl, das wiederum besser abschneidet als Pellets und Holz.

Bei der globalen Klimawirksamkeit – der CO_2-Bilanz – sieht es anders aus: Holz und Holzpellets verbrennen CO_2-neutral, bei der Stromerzeugung für die Wärmepumpe mit fossilen Brennstoffen ist das nicht der Fall. Außerdem müssen beim durchschnittlichen Wirkungsgrad der heutigen Kraftwerke ungefähr drei Kilowattstunden Primärenergie eingesetzt werden, um eine Kilowattstunde Strom zu erzeugen. Noch etwas schlechter sieht die CO_2-Bilanz beim Gas aus, Schlusslicht ist Heizöl.

Bei den Feinstaub-Emissionen verhält es sich folgendermaßen: Moderne Ölheizungen verursachen weniger als zwei Milligramm Feinstaub pro Kubikmeter Abluft, Gasheizungen noch weniger, bei Holzpellet-Anlagen sind es zwischen 5 und 20 Milligramm, und Scheitholz-Kaminöfen überschreiten teilweise mit über 150 Milligramm Ruß pro Kubikmeter Abluft sogar den zulässigen Grenzwert.

Die Verfügbarkeit aller Energieträger ist bisher selten ein Thema gewesen. Eine Ausnahme war zum Beispiel die Ölkrise Anfang der siebziger Jahre. Weitere politische Turbulenzen oder inflationäre Preissteigerungen in der Zukunft infolge knapper werdender Öl- und Gasvorräte kann niemand ausschließen.

Wichtiger Hinweis

Die Installation des Heizkessels, des Abgasstranges und der Brennstoffleitungen für Öl oder Gas beziehungsweise der Fördereinrichtungen für Pellets sind auf jeden Fall Aufgaben für Fachleute, ebenso die Inbetriebnahme und Abnahme der Heizung. Die Lebensdauer und Betriebssicherheit Ihrer neuen Heizung steigt, wenn sie einmal im Jahr durch eine Fachfirma gewartet wird. Lassen Sie sich bei der ersten Inbetriebnahme die Bedienungsanleitung für die Heizungsanlage einschließlich der Regelungstechnik aushändigen und erklären.

Da Warmwasser als Trinkwasser zu den Lebensmitteln zählt, dürfen nur Fachbetriebe mit Zulassung der Deutschen Vereinigung des Gas- und Wasserfaches e.V. (DVGW) Installationen ausführen. Auch die jährliche Wartung der Anlage ist Sache von Fachleuten.

2.2 Heizkörper oder Flächenheizung

Heizkörper

Die Wärmeverluste der Räume, die beheizt werden sollen, bestimmen die Größe der Heizkörper. Folglich können die Heizkörper in Niedrigenergiehäusern vergleichsweise klein sein. Andererseits sind auch die Vor- und Rücklauftemperaturen der Heizungsanlage entscheidend. Heizkörper von Solaranlagen, Wärmepumpen und Brennwertkesseln müssen größer sein als die anderer Heizsysteme, um die insgesamt niedrigeren Vor- und Rücklauftemperaturen durch eine größere Oberfläche zu kompensieren.

Wenn plötzlich der Wärmebedarf durch Sonneneinstrahlung fast gedeckt wird, sollte der Heizkörper schnell reagieren können, was sich nur mit geringem Wasserinhalt und flinker Regelung bewerkstelligen lässt.

Fußboden- und Wandheizung

Fußboden- und Wandheizungen bieten sich bei Heizungsanlagen mit systembedingt niedrigen Vorlauftemperaturen an, zum Beispiel bei Wärmepumpen oder bei der Heizungsunterstützung durch Sonnenkollektoren. Fußboden- und Wandheizungen haben auf jeden Fall den optischen Vorteil, dass auf mehr oder weniger große und schöne Heizkörper verzichtet werden kann.

Der Bodenbelag über einer Fußbodenheizung sollte Wärme gut leiten. Das heißt: Fliesen und Parkett sind gut geeignet, Teppichböden eher weniger. Viele empfinden eine Wand- oder Deckenheizung als besonders angenehm, da sie mit ihrem hohen Strahlungsanteil für eine ausgeglichene, behagliche Temperaturverteilung im Raum sorgt.

Luft-Zentralheizung

In Passivhäusern mit ihrem sehr geringen Wärmebedarf wird auf Heizkörper ganz verzichtet. In der Regel sorgen Luftheizungssysteme für angemessene Raumwärme. Die Luftheizung übernimmt gleichzeitig Heizungs- und Lüftungsaufgaben. Es genügt, die angesaugte Außenluft leicht zu erwärmen.

Vor- und Nachteile verschiedener Heizkörper

Fußboden-Heizelement

+ hoher Strahlungsanteil
- hohe Speichermassen, dadurch reaktionsträge

Heizplatte

+ hoher Strahlungsanteil
+ geringer Wasserinhalt, dadurch reaktionsschnell

Konvektor
+ geringer Wasserinhalt, dadurch reaktionsschnell
- fast nur Konvektion (Wärmeabgabe über Luftstrom)

Radiator
- hoher Konvektionsanteil
- hohe Speichermassen, dadurch reaktionsträge

Wand- und Deckenheizung
+ hoher Strahlungsanteil
+ flinker als Fußbodenheizungen

Info

Die Firma Jupiter aus Belm bei Osnabrück bietet für Wand- und Fußbodenheizungen ein System, das sowohl im Neubau als auch bei Altbausanierungen verwendbar ist. Es besteht aus vorgefertigten, drei Zentimeter dicken Holzfaserelementen mit integrierten Aluminium-Wärmeleitblechen; das Heizwasser fließt durch Metall-Kunststoff-Verbundrohre. Der Hersteller verspricht, dass sein System nicht das übliche Trägheitsverhalten herkömmlicher Fußbodenheizungen aufweist.

Abb 2.8: Moderner Radiator (Foto: Bosch Thermotechnik GmbH)

Abb 2.9: (Foto: Bosch Thermotechnik GmbH)

2.3 Zentral heizen mit Öl oder Gas

Stand der Technik

Ältere Heizkessel entsprechen nicht mehr dem Stand der Technik. Sie arbeiten unabhängig von der gerade abgerufenen Heizleistung immer mit der gleichen Kesseltemperatur und vergeuden damit viel Energie. Wenn die vorgeschriebenen Abgasverluste nicht mehr eingehalten werden, verlangt der Gesetzgeber, den Kessel auszutauschen und die Heizung dem Stand der Technik gemäß zu ersetzen. Wenn der Kessel genau so warm wird wie ein Heizkörper, ist das ein Alarmzeichen, das auf überhöhte Bereitschaftsverluste hindeutet. Die Kesselummantelung darf nur lauwarm werden.

Vielfach sind alte Regelungen anzutreffen, die mit zu hohen Temperaturen gefahren werden. Es ist in jedem Fall günstiger, wenn die Vorlauftemperatur, also die Temperatur des vom Kessel gelieferten Heizwassers, immer möglichst niedrig ist. Je höher die Vorlauftemperatur liegt, desto größer werden auch die Verluste über Wärmeabstrahlung, heiße Abgase und Leitungen sein.

Beim Niedertemperaturkessel passt ein Regler die Temperatur in Abhängigkeit von der Außentemperatur – zwischen 75 °C an sehr kalten Tagen und etwa 45 °C bei mildem Wetter – dem Wärmebedarf an: An Tagen mit geringem

Heizbedarf reduzieren sich dadurch die Kesselverluste erheblich. Die üblichen Temperaturen von 70 °C im Vorlauf und von 50 °C im Rücklauf passen auch zum Altbau. Jahresnutzungsgrade von bis zu 95 % sind so erreichbar. Das heißt, der Niedertemperaturkessel wandelt über das Jahr gesehen 95 % der im Öl oder Gas gespeicherten Energie in Wärme um. Das Abgas ist etwa 150 bis 200 °C heiß.

Der Brennwertkessel ist das zweite der heute bei Zentralheizungen weit verbreiteten Heizsysteme, die ihre Leistung dem Bedarf anpassen. Bei der Verbrennung entstehen Kohlendioxid, Stickoxide und Wasserdampf. Ein Wärmetauscher kühlt die Abgase auf eine Temperatur von unter 55 °C bei Gas und unter 46 °C bei Heizöl, damit der Wasseranteil überwiegend kondensiert.

Bei der Kondensation wird die gleiche Energiemenge, die für die Verdampfung aufgewendet werden muss, wieder frei, was den Wärmegewinn weiter steigert und Jahresnutzungsgrade von maximal 109 % ermöglicht. Diese physikalisch unsinnige Zahl ergibt sich zum einen daraus, dass der Energiegewinn von etwa 11 % bei Erdgasgeräten und 6 % bei Ölkesseln aus der Kondensation früher nicht nutzbar war. Zum anderen beziehen sich alle Wirkungsgradangaben immer noch auf den Heizwert eines Brennstoffes bei „normaler", vollständiger Verbrennung und hoher Abgastemperatur.

Abb 2.10: Kondensierter Wasserdampf im Wärmetauscher eines Brennwertgeräts (Foto: Viessmann)

Dieser theoretische, hohe Wirkungsgrad wurde in der Vergangenheit jedoch nicht immer erreicht. Der BUND für Umwelt und Naturschutz Deutschland e. V. und der Bund der Energieverbraucher e. V. haben die Wirkungsgrade von Brennwertgeräten kritisch unter die Lupe genommen, nachdem sich zahlreiche Verbraucher an die Verbände gewendet hatten. So wurde bei einem nicht gedämmten Brennwertgerät ein Wirkungsgrad von nur knapp über 70 % gemessen – das ist erheblich niedriger als ein Wirkungsgrad von über 90 %, den schon Niedertemperaturkessel erreichen. Andere Verbraucher, die ziemlich gute Gasheizkessel gegen Brennwertgeräte ausgetauscht hatten, wunderten sich, dass dadurch der Verbrauch nicht abnahm. Fachleute der Verbände stellten folgende Ursachen fest:

- fehlende Dämmung der Brennwertgeräte,
- überwiegend zu kleine Wasserinhalte der Kessel von nur 2 bis 20 Litern, dadurch takteten diese Geräte bis zu 50.000 Mal pro Jahr,
- falsche Prüfmethoden und Messverfahren beim europäischen CE-Zeichen,
- praxisorientierte Angaben des Umwälzpumpen-Stromverbrauchs fehlten.

Wichtig

Zwingende Voraussetzung für einen guten Wirkungsgrad einer Brennwerttechnik-Heizungsanlage ist ein gut gedämmter Kessel mit großem Wasserinhalt.

Damit der Brennwerteffekt ständig nutzbar ist, sind niedrigere Vor- und Rücklauftemperaturen als beim Niedertemperaturkessel erforderlich. Bei Fußbodenheizungen ist die Kondensationswärme auch an extrem kalten Tagen mit maximaler Vorlauftemperatur nutzbar. Deshalb ist der Jahresnutzungsgrad eines Brennwertgerätes mit einer Flächenheizung spürbar höher als mit Radiatoren.

Die Warmwasserbereitung ist bei Kaltwassertemperaturen von 10 bis 15 °C ganzjährig mit Brennwertnutzung möglich. Der Lebensdauer der Heizungsanlage ist es sehr zuträglich, wenn die Heizungsfachkraft einen Warmwasserspeicher einplant. Der Brenner hat gute Arbeitsbedingungen, wenn er nur zum Nachheizen anspringt, sobald der Speicher weitgehend ausgekühlt ist, und die Heizungsregelung so programmiert ist, dass bestimmte Mindestlaufzeiten des Brenners nicht unterschritten werden.

Sie finden Brennwertkessel als Standgeräte und sogenannte Thermen im Angebot. Oft sind Thermen an der Wand hängende Geräte mit nur geringem Wasserinhalt, in denen oft eine Mindest-Heizwassermenge umgewälzt werden muss. Das heißt, die Umwälzpumpe hat viel zu tun und verbraucht viel Strom dabei. Zwar lassen sich durch Einbau eines Pufferspeichers und eines Pumpen-Zeitrelais die Brennerlaufzeiten bei gleichzeitiger Reduktion des Stromverbrauchs verlängern, dennoch ist ein Gerät ohne Mindest-Wasserumlaufmenge die bessere Wahl.

Das Kondensat ist saures Wasser – etwa ein Liter pro Tag und Kilowatt Brennerleistung – und belastet das Abwasser. Deshalb besteht die gesetzliche Vorschrift, dass es bei großen Gaskesseln und Öl-Brennwertkesseln chemisch neutralisiert werden muss. Das Kondensat von Öl-Brennwertgeräten enthält chemisch aggressive Schwefelsäure, wenn nicht schwefelarmes Heizöl verbrannt wird.

Vorhandene Öl-Niedertemperaturkessel können durch Nachschalten eines Abgaswärmetauschers auch den Brennwerteffekt nutzen. Dieses Verfahren ist zwar nicht ganz so effektiv, aber immerhin findet die Abgaskondensation außerhalb des Kessels statt, und die Korrosionsgefahr durch saures Kondensat sinkt.
Deshalb müssen die Abgasanlagen von Brennwertkesseln unempfindlich gegen Feuchtigkeit und Korrosion sein. Aber auch herkömmliche Schornsteine lassen sich durch den Einbau spezieller Aluminium-, Edelstahl-, Keramik-, Glas- oder Kunststoffrohre geringeren Durchmessers für den Brennwertbetrieb umrüsten. Ebenfalls vorteilhaft ist die Installation eines Luft-Abgas-Schornsteins, der die Verbrennungsluft über den Schornstein ansaugt. Die durch das Abgasrohr vorgewärmte Luft erhöht den Wirkungsgrad der Heizung.
Im Neubau wird das Brennwertgerät oft in einem frostfreien Dachraum aufgestellt. Man hofft, dadurch Kosten zu sparen, weil nur ein kurzer Schornstein nötig ist und vielleicht sogar auf einen Keller verzichtet werden kann. In den nebenstehenden Abbildungen sind gebräuchliche Abgassysteme dargestellt.

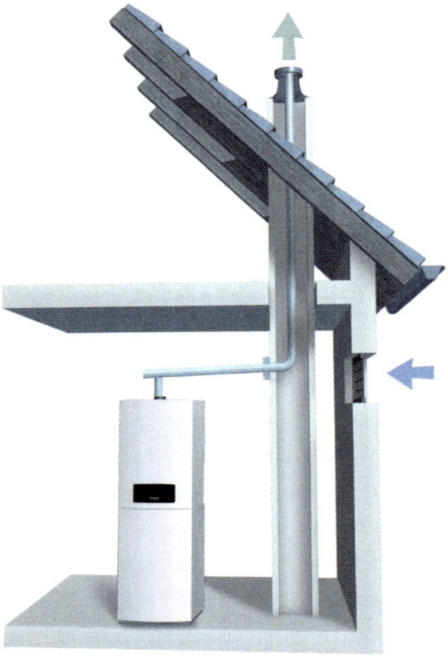

Abb 2.11: Gas-Brennwertkessel mit Raumzuluft (Grafik: Bosch Thermotechnik GmbH)

Abb 2.12: Gas-Brennwertkessel mit Rohr-in-Rohr-Zuluft (Grafik: Bosch Thermotechnik GmbH)

Abb 2.13: Öl-Brennwertkessel mit Kunststoffabgasrohr (Grafik: Bosch Thermotechnik GmbH)

Schornsteinfegermeister raten jedoch davon ab, auf einen herkömmlichen Schornstein zu verzichten. Ihre Argumente für den Schornstein sind:

- Sie sind bei der Wahl des Heizsystems flexibel; es gibt keines, das nicht an einem Schornstein oder in Kombination mit einem Schornstein betrieben werden kann.
- Sie müssen sich nicht auf einen Brennstoff festlegen, ein späterer Wechsel ist kein Problem.
- Sie können eine weitere Feuerstelle neben Ihrer Heizung anschließen, so etwa einen Holzofen.
- Schornsteine sind nicht teuer, wenn Sie direkt einen Schornsteinbauer beauftragen.
- Schornsteine werden immer häufiger auch als Zuluftversorgung für raumluftunabhängige Öfen eingesetzt, besonders in sehr luftdichten Häusern.

2.4 Heizen mit Pflanzenöl

Die Firma Ryll-Tech aus Perleberg in Brandenburg bietet einen Hochtemperatur-Brennwertkessel für Pflanzenöl an, der sich „besonders gut für den Ersatz von alten Heizanlagen eignet". Die vorhandenen, meist auf hohe Vorlauftemperaturen ausgelegten Heizflächen können unverändert bleiben.
Alle Versuche, herkömmliche Brenner auf das CO_2-neutrale Bio-Öl umzustellen, sind bisher gescheitert, denn die Düsen verkleben und die Zündelektroden verkokeln. Da der Brenner von Ryll-Tech weder Düsen noch Zündelektroden hat, verbrennt er nach Aussage des Herstellers problemlos alle Arten von Pflanzenöl – auch beliebige Mischungen. Pflanzenöl ist frei von Schwefel, Schwermetallen und Radioaktivität und hat eine höhere Energiedichte als Holz, Stroh oder Biogas.

Energiedichte in Kilowattstunden pro Liter

Benzin	8,6
Pflanzenöl	9,2
Heizöl	9,8

Der Brenner eignet sich auch für Heizöl oder Gas. Vorlauftemperaturen bis 90 °C sind möglich. Da das Abgas nur etwa 35 °C warm ist, kommt die Heizanlage mit einer Abgasleitung aus Kunststoff aus. Nach Herstellerangaben hat der Pflanzenöl-Heizkessel einen Wirkungsgrad von über 99 %.

Die Firma Neue Energie Technik (NET), Salzburg, bietet Pflanzenölbrenner an, die sich auch für das Umrüsten vorhandener Heizkessel eignen. Der kleinste Brenner hat etwa 30 Kilowatt Heizleistung und kostet rund 4000 Euro plus Mehrwertsteuer. Aufgrund starker Nachfrage kostet ein Liter Rapsöl derzeit etwa 1,10 Euro (Quelle: *www.oelbestellung.de*). Als Brennstoff eignet sich neben Rapsöl auch Biodiesel (RME/AME) oder gebrauchtes Frittieröl. Es gibt auch eine Reihe von Herstellern, die Blockheizkraftwerke für den Energieträger Pflanzenöl anbieten (siehe Abschnitt 2.6 „Blockheizkraftwerke (BHKW)“).

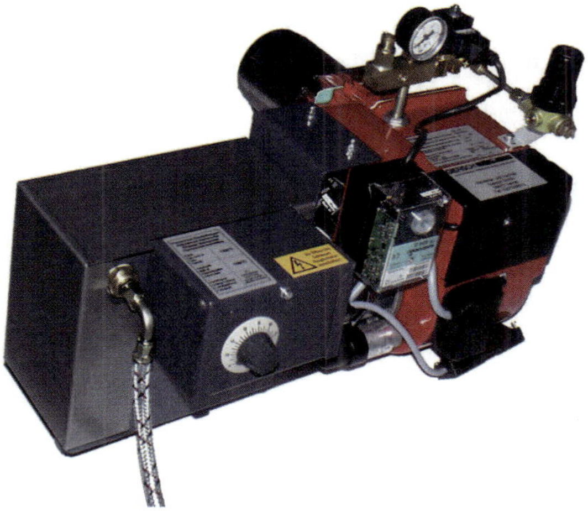

Abb 2.14: Für Pflanzenöl geeigneter Brenner (Foto: NET)

2.5 Heizen mit Holzpellets oder Scheitholz

Holz verbrennt immer CO_2-neutral, das heißt, es wird bei der Verbrennung genau die Menge Kohlendioxid freigesetzt, die beim Wachstum der Bäume im Holz gebunden wurde. Wenn Holz ungenutzt im Wald verrottet, gelangt dieselbe CO_2-Menge in die Luft wie beim Verbrennen. Die Versorgungssicherheit mit heimischem Holz ist gut. Derzeit werden in Deutschland nur rund 60 % des jährlichen Zuwachses an Holz genutzt.
Holzpellets sind kleine zylindrische Presslinge aus Holzspänen oder Waldrestholz. Sie sind naturbelassen und enthalten keinerlei Bindemittel oder sonstige Fremdstoffe. Sie sind zwischen 20 und 50 Millimeter lang bei einem Durchmesser von 6 bis 8 Millimeter. Der Heizwert eines Kilogramms Pellets entspricht ungefähr dem von 0,48 Litern Heizöl. Sie können in Öfen oder Zentralheizungssystemen verheizt werden.

Abb 2.15: Holzpellets werden aus Sägespänen, Hobelspänen oder Holzabfall in Zylinderform gepresst, bei einem Durchmesser von 4 bis 10 Millimetern sind sie 20 bis 50 Millimeter lang und entweder als Sackware erhältlich oder sie werden per LKW lose angeliefert. (Foto: Viessmann)

Der Energieaufwand für die Herstellung von Holzpellets ist sehr gering, weniger als 3 %, bezogen auf den Endenergieinhalt. Umweltverschmutzungen, die bei Öl in Folge von Tankerunfällen und Lecks in Pipelines immer wieder vorkommen, sind bei Pellets ausgeschlossen. Außerdem ist auch die Gefahr von Explosionen, Bränden und Grundwasserverunreinigungen, die beim Lagern von Öl und Gas besteht, bei Pellets deutlich geringer oder vielmehr gar nicht vorhanden. Aufgrund ihrer hohen Energiedichte brauchen sie so wenig Lagerraum, dass normalerweise eine Lieferung pro Heizsaison genügt. Da sie rieselfähig sind, kann ein Tankwagen sie liefern und in den Vorratskeller pumpen. Eine automatisch betriebene Förderschnecke oder ein Gebläse befördern sie von dort zum Brenner.

Bei Pelletheizungen regelt ein Computer bei ständig geschlossenem Brennraum die Brennstoffzufuhr und sorgt für optimale Verbrennung. Deshalb sind die Emissionen niedrig und Wirkungsgrade um die 90 % möglich. Die Zeitschrift *test* hat jedoch festgestellt, dass es beim Stromverbrauch der Heizkessel verschiedener Anbieter sehr große Unterschiede gibt. Auch der Stand-By-Verbrauch ist im schlechtesten Fall sechsmal so hoch wie beim sparsamsten System.

Im Normalfall fallen bei der Verbrennung nur wenige Rückstände an, der Aschekasten ist in der Heizperiode nur einige Male zu leeren. Wenn aber in den Pellets auch nur Spuren von Sand enthalten sind, bildet sich schnell Schlacke,

und der Verbrauch steigt drastisch. Dazu kann es kommen, wenn das Restholz im Wald mit schwerem Gerät aufgenommen worden ist. Derselbe Effekt tritt auf, wenn viele Holzpellets beim Einlagern zerbröseln, weil sie mit Überdruck in den Lagerraum eingeblasen werden und die Prallmatte auf der dem Befüllstutzen gegenüberliegenden Seite fehlt oder zu unnachgiebig ist. Denn Bruchstücke verbrennen viel schneller als Pellets, die der Normlänge entsprechen.
Ein Holzpelletkessel mit Regelung und Fördersystem kostet mindestens 10.000 Euro, zuzüglich der Kosten für die Montage, das Lager und einen Pufferspeicher. Rabatte von Installateuren, Zuschüsse des Bundesamts für Wirtschaft und Ausfuhrkontrolle (BAFA) und der Kreditanstalt für Wiederaufbau reduzieren den Gesamtaufwand deutlich. Links zu Internetportalen mit den aktuellen Konditionen finden Sie im Anhang.

Wichtig

Der Förderantrag ist vor dem Kaufvertrag zu stellen, andernfalls gibt es keinen Zuschuss.

Qualität von Holzpellets

Die DIN-Norm 51731 – in Österreich ÖNORM M 7135 – legt die Qualitätsanforderungen für Pellets fest. Seit dem Jahr 2002 gibt es ein zusätzliches DINplus-Zeichen, das die Vorzüge der beiden Normen vereint und zusätzliche Kriterien für Abriebfestigkeit und Prüfverfahren aufstellt. Deshalb sollten Sie beim Kauf unbedingt auf das Normzeichen achten beziehungsweise sich die entsprechende Qualität vom Händler garantieren lassen. Die Qualität der Pellets ist umso besser,

- je glatter und glänzender ihre Oberfläche ist,
- je weniger Längs- und Querrisse zu sehen sind,
- je geringer der Staubanteil und
- je einheitlicher ihre Größe ist.

Einzelöfen

Die für Wohnräume angebotenen Pelletöfen haben eine Leistung von 5 bis 15 Kilowatt. Sie besitzen einen vom Brennraum abgetrennten Vorratsbehälter, der regelmäßig von Hand befüllt werden muss – zum Beispiel mit Sackware. Der Vorrat reicht je nach Heizbedarf zwischen 24 und 100 Stunden. Der Anschluss an einen Pelletvorratsraum für eine automatische Befüllung ist auch möglich. Durch den Einbau einer Wassertasche und den Anschluss an ein Heizsystem können Einzelöfen auch zu Zentralheizungen erweitert werden. So kann das in der Wassertasche erwärmte Wasser andere Räume oder das Brauchwasser erwärmen. Für Häuser mit sehr niedrigem Energiebedarf ist das ausreichend. Da der Ofen immer ungefähr 20 % der Wärme direkt im Wohnraum abgibt, ist er im Sommer überflüssig, und ein anderes Heizsystem, etwa eine Solaranlage, erwärmt das Brauchwasser. In einem Passiv- oder Sonnenhaus ist es in der Regel kein Problem, von März bis Oktober den Wärmebedarf mit einer thermischen Solaranlage zu decken.

Noch komfortabler ist der Einsatz einer witterungsgeführten Regelung in Verbindung mit einem Pufferspeicher. Je nach Sonneneinstrahlung laden entweder die Sonnenkollektoren oder der Pelletofen den Speicher mit Wärme auf. Der Regler entscheidet anhand der Speichertemperatur, ob die Sonne genug Wärme liefert oder ob der Einzelofen eingeschaltet werden muss.

Abb 2.16: Pelletkaminofen (Foto: Bosch Thermotechnik GmbH)

Heizkonzept Sonnenhaus

In einem Sonnenhaus liefert eine großflächige thermische Solaranlage mehr als 50 % des gesamten Wärmebedarfs für Raumheizung und Warmwasser. Dazu trägt ein Pufferspeicher entscheidend bei. Er muss entsprechend groß sein, da ein Kubikmeter Wasser beim Aufheizen von 30 auf 90 °C nur 70 Kilowattstunden Wärmeenergie speichert. Die Experten vom Sonnenhaus-Institut versichern, dass in einem von ihnen gebauten Einfamilienhaus ein Speicher mit zehn Kubikmetern Inhalt, der im Oktober noch auf 90 °C aufgeheizt wird, bei etwa drei bis fünf weiteren Sonnentagen genug Wärme liefert, um ohne Zuheizen über den November zu kommen.

Ist die Nachheizung des Pufferspeichers erforderlich, übernimmt in den meisten Fällen ein Holzofen mit Wassereinsatz im Wohnraum diese Aufgabe. Die raumweise regelbare Strahlungswärme verteilt ein Flächenheizsystem.

Pelletzentralheizungen

Selbstverständlich ist es genauso möglich, Pelletzentralheizungen mit thermischen Solaranlagen zu kombinieren. Es gibt halbautomatische Zentralheizungen, deren Vorratsbehälter von Hand aufzufüllen sind. Ein Vorratsvolumen von mindestens 400 Litern – das entspricht etwa 260 Kilogramm Pellets – sorgt dafür, dass der Nutzer nicht allzu oft nachzufüllen hat.

Abb 2.17: Schnitt durch einen Pelletofen (Grafik: Paradigma)

Abb 2.18: Edelstahlbrennkammer für Holzpellets (Foto: Viessmann)

Abb 2.19: Funktionsschema einer Pelletheizung, kombiniert mit einer solarthermischen Anlage (Grafik: Wagner&Co, Cölbe)

Abb 2.20: Vollständiges Pellet-Solar-Paket: Holzpelletkessel, Sonnenkollektoren und großer Wasserspeicher. (Grafik: Wagner&Co, Cölbe)

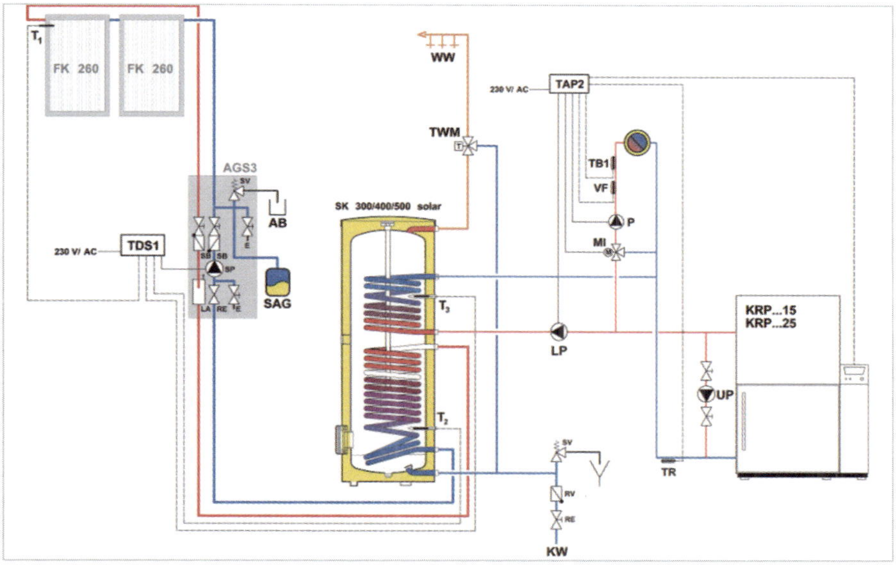

Abb 2.21: Schaltschema einer Pellet-Solar-Anlage (Grafik: Junkers)

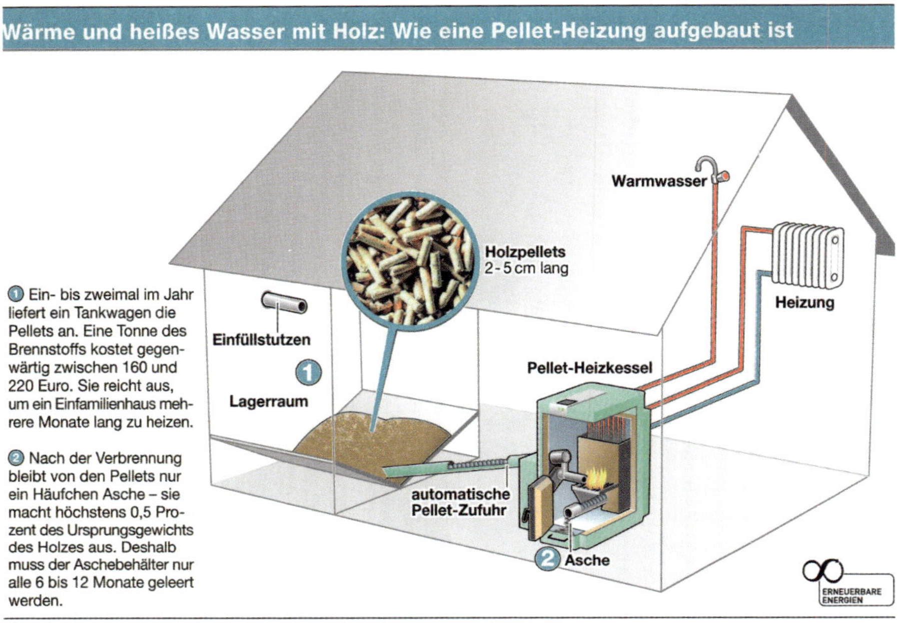

Abb 2.22: Aufbau einer Pelletheizung (Grafik: Carmen e. V.)

Abb 2.23: Ein in einem Anbau extern untergebrachtes Holzpelletlager. (Grafik: ÖkoFEN)

Abb 2.24: Schema eines Hauses mit Pelletheizung und externem, unterirdischen Pelletspeicher. (Grafik: Mall)

Vollautomatische Heizungen transportieren die Pellets über eine Förderschnecke oder eine Saugvorrichtung vom Lagerraum zum Heizkessel. Im Idealfall ist der Lagerraum so groß, dass der Pellettankwagen nur einmal im Jahr gerufen werden muss. Die Saugaustragung hat gegenüber der Förderschnecke den Vorteil, dass der Lagerraum nicht unmittelbar neben dem Heizungsraum liegen muss. So sind Entfernungen bis zu 20 Metern oder Höhenunterschiede überbrückbar. Als Pelletlagerraum kann dann auch ein Erdtank im Garten oder ein Silo in einem Anbau dienen. In diesem Fall transportiert die Saugvorrichtung einmal am Tag Brennstoff in einen zwischengeschalteten Vorratsbehälter und von dort vollautomatisch in den Brennraum.

Wenn Sie eine Förderschnecke und einen Kellerraum als Lagerraum verwenden, erhöht der Einbau eines tragfähigen Schrägbodens die Menge der Pellets, die die Förderschnecke austragen kann, wesentlich. Danach stehen noch rund zwei Drittel des Raumvolumens für die tatsächliche Lagerung zur Verfügung.

Es ist auf jeden Fall empfehlenswert, sich vor dem Bau- beziehungsweise Umbaubeginn des Heiz- und Lagerraums über die geltenden Vorschriften zu Pelletlagerung, Verbrennungsluftzuführung und Abgasabführung bei der zuständigen Bauaufsichtsbehörde oder beim Bezirkschornsteinfegermeister zu erkundigen.

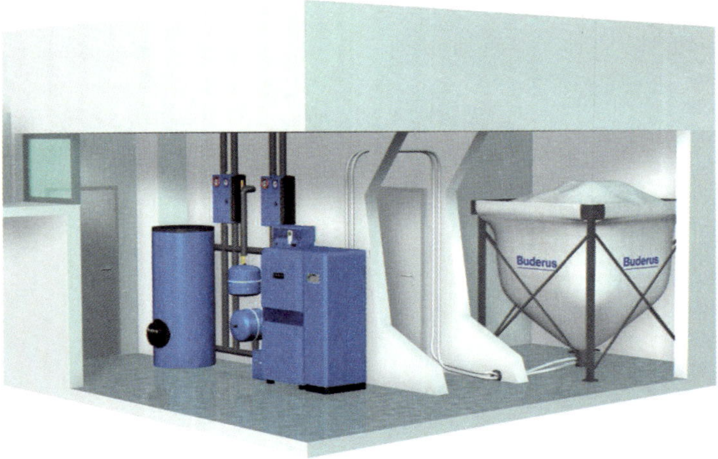

Abb 2.25: Ein Saugsystem transportiert die Pellets zum Brenner. (Grafik: Bosch Thermotechnik GmbH)

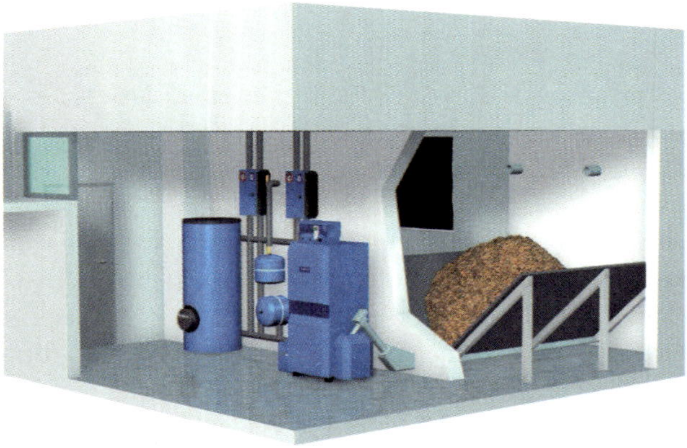

Abb 2.26: Alternativ transportiert ein Knickschneckensystem die Pellets. (Foto: Bosch Thermotechnik GmbH)

Abb 2.27: Schematischer Schnitt durch einen Pellet-Heizkessel mit Pelletlager und Saugvorrichtung (Grafik:ÖkoFEN)

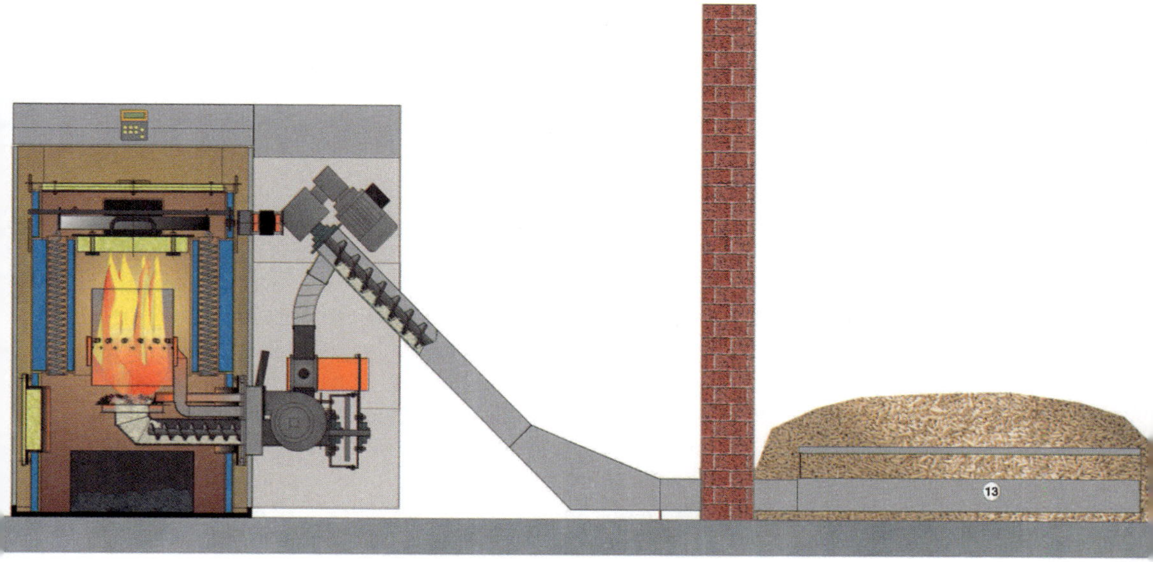

Abb 2.28: Schematischer Schnitt durch einen Pellet-Heizkessel mit Pelletlager und Förderschnecke (Grafik: ÖkoFEN)

Abb 2.29: Schema eines Pelletsilos mit Saugvorrichtung (Grafik: Wagner & Co, Cölbe)

Empfehlungen für den Heiz- und Lagerraum

Lagervorschriften für Holzpellets gibt es in Deutschland bisher nicht. Wenn Sie sich zum Beispiel an den österreichischen Verordnungen orientieren, machen Sie auf keinen Fall etwas falsch bei der Lagerung.

Experten empfehlen:

Umfassungswände und Geschossdecke des Heiz- und Lagerraums sollten der Feuerwiderstandsklasse F 90 (DIN 4102), die Türen und Einstiegsöffnungen mindestens T 30 (sicherer ist T 90) entsprechen. Türen und Einstiegsöffnungen sollten außerdem nach außen aufgehen und mit einer Dichtung versehen sein. Mindestens drei Zentimeter dicke Holzbretter müssen die Innenseite der Türöffnung im Pelletlagerraum sichern: Die Bretter verhindern, dass die Pellets gegen die Brandschutztür drücken. Im Pelletlagerraum dürfen sich aus brandschutzrechtlichen Gründen keine Elektroinstallationen wie Lichtschalter, Steckdosen, Lampen oder Verteilerdosen befinden. Als Licht im Lagerraum kommt nur eine explosionsgeschützte Beleuchtung in Frage. In Griffweite der Lagerraumtür sollte sich ein Not-Aus-Schalter für die Heizanlage befinden.

Es ist sinnvoll, die Pellets von der schmalen Seite des rechteckigen Lagerraums einzublasen und den Befüllstutzen in der Mitte unterhalb der Decke zu montieren. So ist für eine optimale, gleichmäßige Befüllung des Raums gesorgt. Der Absaugstutzen sollte sich auf gleicher Höhe in mindestens 50 Zentimeter Abstand befinden. ▶

Auf der dem Befüllstutzen gegenüberliegenden Seite ist in 20 Zentimeter Abstand von der Wand eine Prallmatte senkrecht anzubringen. Sie soll die Beschädigung des Mauerwerks durch die mit Überdruck eingeblasenen Pellets verhindern.

Nur wenn der Lagerraum trocken und staubdicht ist, bleibt der Wassergehalt der Pellets dauerhaft unter 10 % und ein konstanter Heizwert garantiert. Außerdem könnten aufgequollene Pellets die Zuführung zum Kessel verstopfen.

Wichtig bei Lieferung mit einem Tankwagen

Die Staubbelastung ist minimal, wenn der Pelletlieferant ein Absauggebläse zum Absaugen der Luft verwendet. Aus sicherheitstechnischen Gründen ist die Heizungsanlage mindestens drei Stunden vor dem Befüllen des Lagerraums auszuschalten.

Der Tankwagenfahrer sollte den maximal 30 Meter langen Befüllschlauch möglichst gerade verlegen können, damit die Pellets sich nicht stauen. Wahrscheinlich kann nur geliefert werden, wenn der Fahrer von Außen an die Befüllstutzen herankommt. Des Weiteren benötigt er einen Stromanschluss mit 230 Volt in unmittelbarer Nähe, sodass er ein Absauggebläse für den beim Einblasen der Pellets entstehenden Staub anschließen kann.

Der Aufwand für eine Schornsteinsanierung bei der Umstellung auf eine Pelletheizung ist mit dem bei der Umstellung auf eine moderne Öl- oder Gasheizung vergleichbar.

Abb 2.30: Inbetriebnahme einer Holzpellet-Heizanlage (Foto: Junkers)

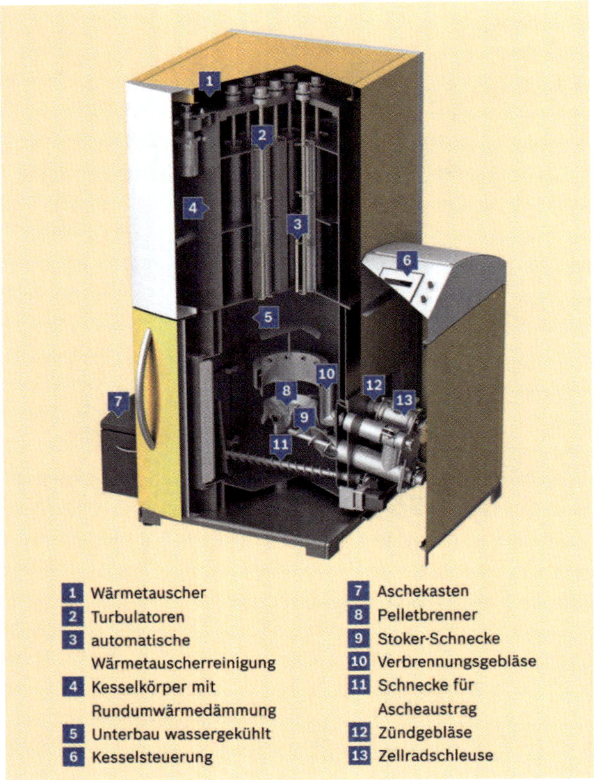

Abb 2.31: Schnittbild Holzpelletskessel (Grafik: Junkers)

Hochwertige Anlagen steuern mittels einer digital-elektronischen Überwachung das optimale Verhältnis von Pellets und Verbrennungsluft. Dadurch erreichen sie mit geringeren Emissionen einen hohen Wirkungsgrad von bis zu 95 %. Für einen risikoarmen Betrieb der Anlage sorgen zusätzliche Rückbrandsicherungen.

Gerade für Gebäude mit niedrigem Wärmebedarf ist der Einbau eines Pufferspeichers vorteilhaft: Das reduziert die Zahl der Brennerstarts und die Emissionen, da der Heizkessel immer im Volllastbetrieb laufen kann. Gleichzeitig steigt der Nutzungsgrad der Anlage.

Es gibt auf dem Markt auch Kombikessel, die Pellets und Scheitholz verbrennen können. Das Scheitholz ist bei ihnen manuell zuzuführen.

Seit November 2007 ist der weltweit erste Pelletbrennwertkessel auch in Deutschland erhältlich.

Abb 2.32: Schnittzeichnung durch einen Brennwert-Holzpellet-Heizkessel (Grafik: ÖkoFEN)

2.6 Blockheizkraftwerk (BHKW)

Das BHKW ist eine sogenannte Kraft-Wärme-Kopplungsanlage: Ein Verbrennungsmotor treibt einen Generator an, der elektrische Energie erzeugt. Die Wärme aus dem Generator, dem Motorblock, dem Ölkühler und den Abgasen geht nicht verloren, sondern dient der Energieversorgung. Dabei werden 80 bis 95 % der im Brennstoff enthaltenen Primärenergie genutzt. Der CO_2-Ausstoß ist um fast die Hälfte geringer als bei getrennter Erzeugung von Strom und Wärme.
Gängige Brennstoffe sind Erdgas, Flüssiggas, Heizöl, Biodiesel (RME), Biogas oder reines Pflanzenöl sowie Pellets. Bei der Produktion von einem Kilowatt Elektrizität gewinnt ein BHKW rund zwei Kilowattstunden Heizenergie. Das Betriebsgeräusch entspricht dem eines älteren Ölbrenners: 56 Dezibel sind so laut wie ein in normaler Lautstärke geführtes Gespräch.

Abb 2.33: Innenleben und Frontansicht eines Blockheizkraftwerks, Motor: links oben, Generator: rechts oben. (Foto: Bosch Thermotechnik GmbH)

Verschiedene Hersteller bieten heute Kleinanlagen an, die auch für kleinere Wohnobjekte geeignet sind. Da ein Klein-BHKW teurer als ein konventioneller Heizkessel und auch der Planungsaufwand höher ist, muss die BHKW-Anlage mindestens 3000 bis 3500 Stunden im Jahr in Betrieb sein. Die Anschaffungskosten von etwa 15000 Euro amortisieren sich in etwa zehn Jahren über die Wärme- und Stromgewinnung.

Am wirtschaftlichsten arbeiten Blockheizkraftwerke dort, wo über das ganze Jahr ein ausreichender Wärmebedarf besteht und gleichzeitig von dem erzeugten Strom viel verbraucht wird. Für den restlichen Strom zahlen die Energieversorger eine Einspeisevergütung, deren Mindesthöhe gesetzlich geregelt ist.

Besonders geeignet ist ein BHKW für:

- Handwerksbetriebe wie Metzgereien und Tischlereien,
- in Verbindung mit Kraft-Wärme-Kälte-Kopplung klimatisierte Gebäude,

- Häuser mit beheiztem Schwimmbad oder
- in einem Nahwärmenetz zusammengefasste Wohnhäuser.

Abb 2.34: Schemazeichnung der Einbindung eines Blockheitkraftwerks in das Strom- und Heizungsnetz. (Grafik: SenerTec)

Wenn keine 3000 bis 3500 Betriebsstunden im Jahr zusammenkommen, weil das Einfamilienhaus zu gut gedämmt ist, ist das Blockheizkraftwerk entsprechend weniger wirtschaftlich, wahrscheinlich treten auch vermehrt Defekte auf. Eine gute Alternative ist die Nutzung einer gemeinsamen Heizzentrale durch mehrere Hausbesitzer.

Ein Beispiel: Vier Doppelhaushälften in Talheim bei Heilbronn werden von einer gemeinsamen Heizzentrale, die sich in der Tiefgarage befindet, mit Strom und Wärme versorgt. Dort erzeugt ein BHKW mit 5,5 Kilowatt elektrischer Leistung und 12,5 Kilowatt thermischer Leistung die Wärme für 560 Quadratmeter Wohnfläche. Es kommt ohne zusätzlichen Spitzenlastheizkessel aus.
Außerdem hat die Heizungsbaufirma einen 1000-Liter-Pufferspeicher mit integrierter Warmwasserbereitung installiert. Durch die nachgeschaltete Brennwerttechnik beträgt die Abgastemperatur nur 50 °C, statt eines Kamins genügt eine Kunststoff-Abgasleitung.
Auch die Versorgungsanschlüsse für Strom und Gas liegen in der gemeinsamen Heizzentrale. Da die vier Häuser über einen gemeinsamen Gas- und Stromanschluss mit dem Energieversorger abrechnen, sparen die Eigentümer über 10.000 Euro Anschlusskosten. Der Strom- und Wärmeverbrauch der Eigentümer und Mieter wird über eigene Wärmemengen- und Stromzähler untereinander abgerechnet. Sie sind von der Öko- und Mineralölsteuer für Strom und Gas befreit und erhalten für nicht selbst verbrauchten Strom eine Einspeisevergütung von derzeit 11,98 Cent pro Kilowattstunde. Dieser Preis setzt sich folgendermaßen zusammen:

- 5,11 Cent/kWh KWK-Zuschlag, vom Bundesrat bis zum 31.12.2008 gebilligt,
- 5,98 Cent/kWh Baseloadstrom, gehandelt an der Leipziger Strombörse,
- 0,89 Cent/kWh vermiedene Netzkosten.

Das BHKW läuft rund 5000 Stunden im Jahr. Nach dem Ökostromgesetz erhalten Betreiber von Maschinen, die mit Biomasse oder Pflanzenöl laufen, sogar 15,65 Cent/kWh.

Hinweis

Diese günstige Regelung, dass ein Blockheizkraftwerk mehrere Parteien mit Strom und Wärme versorgen „darf", gilt erst seit kurzem. Zuvor musste jeder Hauseigentümer einen eigenen Stromanschluss haben, BHKW-Betreiber mussten ihren Strom entweder selbst verbrauchen oder in das Netz des Energieversorgers einspeisen.

Finanziell und ökologisch besonders vorteilhaft ist es, wenn die von einem BHKW erzeugte elektrische Energie noch eine Wärmepumpe antreibt.

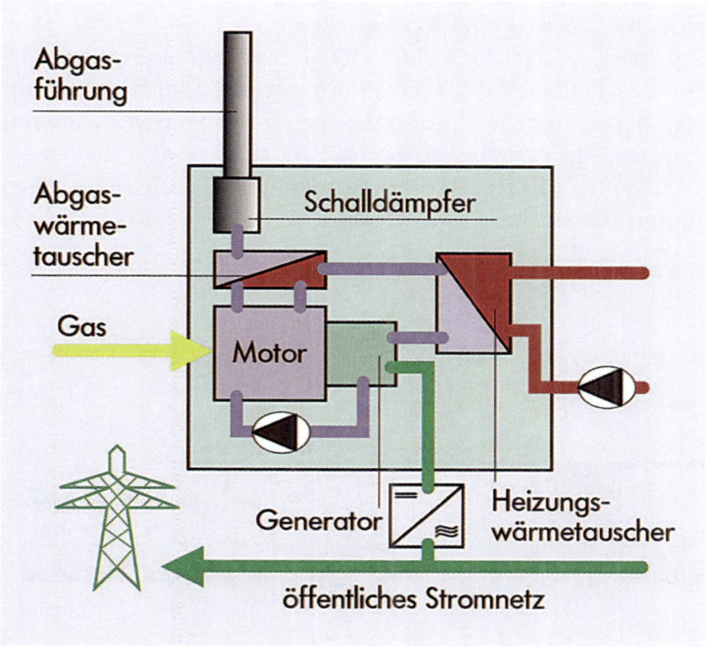

Abb 2.35: Schema der BHKW-Netzkopplung (Grafik: ASUE)

Salatöl in den Tank

Es ist technisch kein Problem, unbehandeltes Pflanzenöl als Brennstoff zu verwenden. Im Prinzip kann jeder Dieselmotor, der ein BHKW antreibt, auf Pflanzenölbetrieb umgerüstet werden. Das macht zum Beispiel die Firma Elsbett im mittelfränkischen Thalmässing. Wenn Sie ein derartiges BHKW mit großem Pufferspeicher dann noch mit einer thermischen Solaranlage kombinieren, haben Sie die komplette Hausversorgung mit erneuerbaren Energien.

Einige Hersteller bieten bereits in Serie hergestellte, mit Pflanzenöl betriebene Blockheizkraftwerke an: Zum Beispiel die Firma Raptor ein Pflanzenöl-BHKW mit 3 bis 7 Kilowatt elektrischer und 6 bis 14 Kilowatt thermischer Leistung, das zwischen 1,3 und 2,9 Liter Pflanzenöl pro Stunde verbraucht und unter 11.000 Euro plus Mehrwertsteuer kostet. Pflanzenöl kostet derzeit ungefähr soviel wie Heizöl. Ein weiterer Hersteller von Pflanzenöl-Blockheizkraftwerken ist die 1995 von Konrad Weigel gegründete Firma KW Energie Technik, nachdem Weigel 15 Jahre lang bei der Firma Elsbett-Konstruktion gearbeitet hatte.

Die Wartungsintervalle sind bei Pflanzenölbetrieb etwa 10 % kürzer als bei Diesel.

Wirtschaftlichkeit von Mini-Blockheizkraftwerken
Bei der Wirtschaftlichkeit spielen der elektrische Wirkungsgrad und die Wartungsintervalle eine entscheidende Rolle. Eine Wartung kostet im Durchschnitt etwa 350 Euro. Der Dachs von SenerTec zum Beispiel muss bei Gasbetrieb nur alle 3.500 Betriebsstunden gewartet werden – im Vergleich wäre das bei einem Auto alle 175.000 Kilometer. Mit Heizöl betriebene Blockheizkraftwerke haben kürzere Wartungsintervalle als mit Gas betriebene.

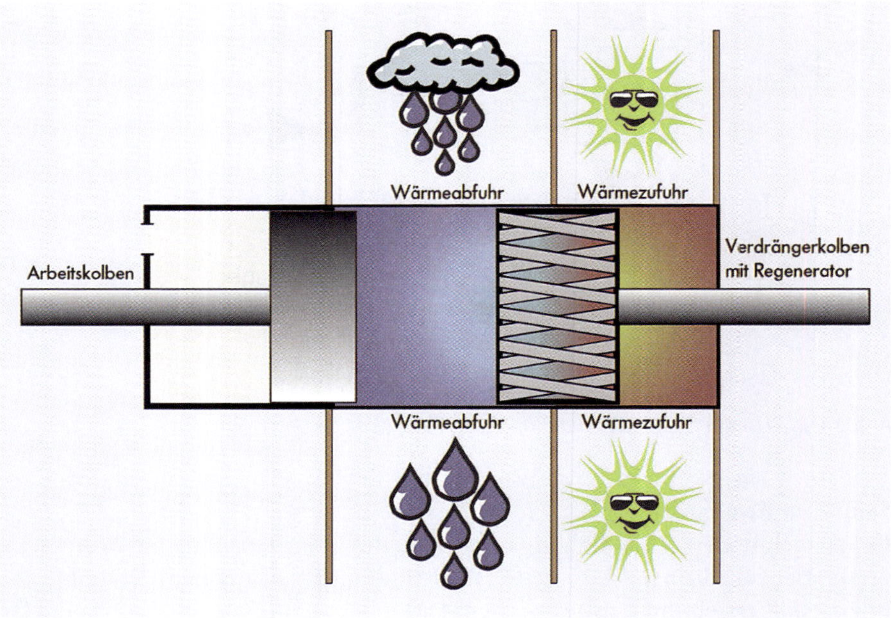

Abb 2.36: Ein Stirlingmotor verbrennt seinen Treibstoff nicht explosionsartig im Zylinder, sondern mit einer kontinuierlichen Flamme außerhalb. Das im Zylinder eingeschlossene Gas wird in einem geschlossenen Kreislauf zyklisch von zwei Kolben (Arbeits- und Verdrängerkolben) zwischen einer heißen Stelle (Erhitzer) und einer kalten Stelle (Kühler) hin- und hergeschoben. Das aufgeheizte Gas dehnt sich aus, das abgekühlte zieht sich zusammen. Hierdurch steigt der Druck. Dieser Gasdruck wirkt über den Arbeitskolben auf den Kurbeltrieb. Die mechanische Energie kann durch zwei Elektrogeneratoren in elektrische Energie umgewandelt werden. Zwischen dem Erhitzerkopf und dem Kühler befindet sich der Regenerator, der dem Gas auf seinem Weg von der heißen zur kalten Seite Wärme entzieht und beim Zurückströmen wieder zuführt. Solche Motoren laufen mit fast jedem Brennstoff, sogar mit Abwärme, sie haben sehr hohe Wirkungsgrade und verschleißen weniger. Mit ihnen kann elektrische Energie emissionsarm erzeugt werden. (Grafik: ASUE)

Diejenige Maschine, die den besten elektrischen Wirkungsgrad hat und damit pro Brennstoffeinheit den meisten Strom produziert, ist die wirtschaftlichste. Die folgenden Werte stammen aus Firmenprospekten:

Fabrikat	eco-power	steam-cell	micro-gen	Dachs	Solo Stirling	Sun-machine
Brennstoff	Gas	Gas	Gas	Gas/Öl	Gas	Pellets
Elektrische Leistung	4,7 kW	4,6 kW	1,0 kW	5,5 kW	9,5 kW	3,0 kW
Thermische Leistung	12,5 kW	22,0 kW	15,0 kW	12,5 kW	26,0 kW	10,5 kW
Elektr. Wirkungsgrad	25%	16%	4%	27%	24%	20%
Therm. Wirkungsgrad	66%	79%	67%	61%	65%	70%
Gas: Erdgas oder Flüssiggas						

Der österreichische Hersteller der mit einem Stirlingmotor angetriebenen Sunmachine gibt als Wartungsintervall enorme 80.000 Betriebsstunden an. Das BHKW ist jedoch mit 30.000 Euro auch besonders teuer. Die Firma Solo, die auch ein Stirlingmotor-BHKW angeboten hat, ist insolvent. Alle ihre Rechte und Patente hat die im schweizerischen Schaffhausen ansässige Stirling Systems AG übernommen.
Bei der Auswahl des Herstellers ist folglich große Vorsicht geboten. Wenn er plötzlich vom Markt verschwindet, haben Sie wahrscheinlich ein Garantie- und Service-Problem.

Investitionskosten
Das Beispiel des Dachs von SenerTec soll zeigen, welche Kosten neben den Anschaffungskosten der Heizkraftanlage noch anfallen. SenerTec ist Marktführer mit bisher rund 23.000 verkauften Mini-Blockheizkraftwerken. Die Maschine hat die Größe einer Waschmaschine, ist 500 Kilogramm schwer und hat eine Lebensdauer von etwa 20 Jahren.

Abb 2.37: Komponenten eines Klein-BHKW (Grafik: SenerTec)

Ingesamt kommen, je nach Anzahl der gewünschten Zusatzmodule, mindestens 23.000 Euro plus Mehrwertsteuer an Investitionskosten zusammen. Der Dachs ist von der Qualität her sozusagen „der Mercedes“ unter den Klein-Blockheizkraftwerken.

Posten	Preis in Euro ohne Mehrwertsteuer
Anschlussfertige BHKW-Anlage	um 15.000 €, je nach Brennstoffart
Wärmespeicher	1.117 bis 1.568 €, größenabhängig
Warmwasserspeicher 200 Liter	684 €
Warmwassermodul, Prinzip Durchlauferhitzer	1.574 €
Abgaswärmenutzung (Brennwerteffekt)	1.329 €
Heizkreisverteilung	350 bis 850 €
Montage/Einbindung Heizung	3.000 bis 4.800 €
Anschluss an das Hausnetz (Strom)	600 €

Posten	Preis in Euro ohne Mehrwertsteuer
Nachheizsystem Strom	550 €
Nachheizsystem Gas	2.900 €
Antragsverfahren	ab 350 €
Fracht und Aufstellung	250 bis 550 €, aufwandsabhängig
Inbetriebnahme und Einweisung	680 €

Es gibt drei Ausführungen von Blockheizkraftwerken:

- Netzparallelbetrieb: Das BHKW kann ausschließlich parallel zum öffentlichen Stromnetz betrieben werden. Ein Inselbetrieb bei Netzausfall ist nicht möglich.
- Netzparallelbetrieb mit Notstromfunktion: Das BHKW sichert auch bei Netzausfall die Stromversorgung. Die Umschaltung erfolgt automatisch.
- Inselbetrieb: Das BHKW kommt dort zum Einsatz, wo kein Anschluss an das öffentliche Stromnetz vorhanden ist.

Zuverlässige Stromversorgung

Wenn Sie ein Niedrigenergie-fähiges BHKW erwerben, sichern Sie sich damit einen wesentlichen Vorteil: Sie verfügen über ein eigenes, vom Netz des Energieversorgers unabhängiges kleines Kraftwerk, das auch bei Stromausfall weiter Strom und Wärme liefert. Ein Heizkessel oder eine Wärmepumpe fällt in so einem Fall einfach aus.

Ein paar Beispiele aus einer langen Liste von Stromausfällen der letzten Jahre weltweit: Als 1998 die Energieversorger in Kanada in einer Kälteperiode wochenlang keinen Strom liefern konnten, weil die Überlandleitungen nach Eisregen serienweise unter ihrer Eislast brachen, war das für viele Kunden sehr unbequem bis bedrohlich. Das Gleiche passierte im Winter 2007 im mittleren Westen der USA.

Im Jahr 2003 brach in Italien das überlastete Stromnetz mehrmals tagelang vollständig zusammen. Spätestens Ende des Jahres 2006 zeigte sich, dass auch das bisher im Großen und Ganzen zuverlässige deutsche Stromnetz an seine Grenzen stoßen kann: Das planmäßige Abschalten einer einzigen Hochspannungsleitung über die Ems hatte andere Netzkomponenten überlastet, was reihenweise zu Notabschaltungen wie bei einem Domino-Effekt führte: Millionen von Kunden in Westeuropa hatten für annähernd zwei Stunden keinen Strom.

Abb 2.38: Überlandleitungen mit riesigen Hochspannungsmasten sind ein Schwachpunkt, wenn das Wetter „verrückt spielt". Wesentlich sicherer, aber auch deutlich teurer sind unterirdisch verlegte Stromkabel. (Foto: E.on)

Der Liberalisierung des europäischen Strommarktes und der zunehmenden Einspeisung von Strom aus erneuerbaren Energien ist das deutsche Stromnetz nicht mehr gewachsen. Außerdem haben die Investitionen in die deutsche Stromversorgung seit den achtziger Jahren um etwa 40 % abgenommen, kritisiert der Verband der Elektroindustrie. Zum Beispiel sind Tausende Strommasten, die vor 1970 aufgestellt wurden, versprödet. Der erste brach bereits im November 2005 im Münsterland zusammen. Da die EU damit droht, den großen Stromkonzernen ihre Netze wegzunehmen, ist es nicht weiter verwunderlich, dass diese sich mit langfristigen Investitionen zurückhalten.

Wenn die Deutschen mehr dezentral erzeugten Strom in das Netz einspeisen wollen, müssen sie ihr Stromnetz komplett neu organisieren: Dies bedeutet, weg vom heutigen Verteilnetz mit wenigen Großkraftwerken hin zum intelligenten Austauschnetz mit sehr vielen kleinen Stromerzeugern.

Eine Studie des Darmstädter Öko-Instituts besagt, dass die Ökobilanz von Blockheizkraftwerken, sogar wenn sie mit fossilen Brennstoffen betrieben werden, immer noch besser ist als die von Photovoltaikanlagen.

Die 170-seitige Greenpeace-Studie „2000 Megawatt – sauber!" aus dem Jahr 2005 vergleicht zentrale und dezentrale Stromversorgung, das heißt, die heute übliche Stromversorgung mit Großkraftwerken wird einer technisch möglichen mit Kleinkraftwerken gegenübergestellt.

Das Ergebnis: Dezentral erzeugter Strom mit vielen kleinen, verteilten Kraftwerken mit Wärmeauskopplung, mit solaren und geothermischen Kraftwerken, würde 800 % mehr und dauerhafte Arbeitsplätze im Energiebereich schaffen und 14.000.000 Tonnen CO_2 pro Jahr einsparen, was gegenüber heute einer Reduktion um 93 % entspräche.

Abb 2.39: Ein Braunkohlekraftwerk mit kaum übersehbarem Schadstoffausstoß, wie es vielfach in Osteuropa zu finden ist. (Foto: BSW-Solar/Langrock)

Abb 2.40: Solares Nahwärmeprojekt in Speyer (Foto: Wagner&Co, Cölbe)

2.7 Heizen mit Warmluftkollektoren

Warmluftsysteme eignen sich gut für sehr hoch gedämmte Häuser, nur zeitweise genutzte Wochenendhäuser oder für Gebäude, die bereits ein Warmluftheizungssystem haben – zum Beispiel Altbauten mit eingebautem Kachelofen. Bei Sonnenschein können Sie damit Außenluft über einen Kollektor ansaugen und die Warmluft über ein einfaches Verteilersystem in die einzelnen Räume leiten. Es dient gleichzeitig zur Erwärmung der Luft, dem Luftaustausch und der Frischluftzufuhr. Anlagen mit Ventilator können sogar ohne Sonneneinstrahlung für Durchlüftung sorgen. Die solaren Luftkollektoren werden üblicherweise auf dem Dach installiert oder in die Fassade integriert. Pro Quadratmeter Kollektorfläche erzeugen sie zwischen 100 bis 350 Kilowattstunden Wärme pro Jahr. Optimal arbeiten sie in Verbindung mit einer Zu- und Abluftanlage. In den Übergangsmonaten sind die nutzbaren Solargewinne von Luftheizungen in unseren Breiten am höchsten.
Da es im Vergleich mit Wasserkollektorsystemen nicht so auf Dichtigkeit ankommt und es auch keine Druckprobleme gibt, können engagierte Heimwerker sie gut selbst installieren. Bei der Platzierung der Ansaugstelle für die Außenluft sollte sichergestellt werden, dass nur gute, unbelastete Luft hereinkommt. Mit einer zusätzlichen Solarbox, die einen Luft-Wasser-Wärmetauscher enthält, kann die Anlage im Sommer zusätzlich für warmes Wasser sorgen. Wenn vom Kollektor auf einen parallel geschalteten Erdwärmetauscher umgeschaltet werden kann, kühlt das Luftsystem die Räume.

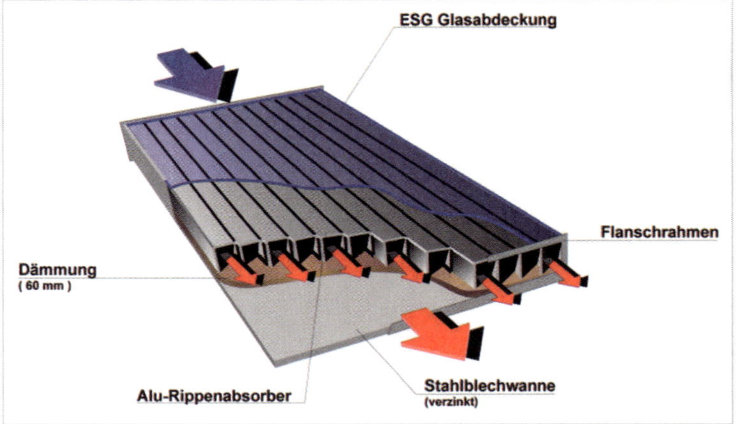

Abb 2.41: Schnitt durch einen Warmluftkollektor. Bei 20 Quadratmetern Kollektorfläche verspricht der Hersteller bis zu 1400 Liter Heizöleinsparung pro Jahr. (Grafik: Grammer-Solar GmbH)

▲ **Abb 2.42:** Im Vodergrund sehen Sie eine Berghütte, die durch einen Solar-Luftkollektor mit Wärme versorgt wird. (Foto: Grammer-Solar GmbH)

Abb 2.43: Ferienhaus mit Luftheizung (Foto: Grammer-Solar GmbH)

Luftkollektoranlagen können Räume heizen, sobald die Kollektortemperatur über der Raumtemperatur liegt. Das ist ein enormer Vorteil gegenüber herkömmlichen thermischen Solaranlagen, denn diese vermögen eine Zentralheizung nur dann zu unterstützen, wenn die Temperatur im Kollektor höher als im Heizungsrücklauf ist. Da Solarkollektoranlagen relativ viel Strom verbrauchen, ist eine intelligente Regelung, die dafür sorgt, dass mehr Energie in Form von Wärme gewonnen, als elektrische Energie für das Umwälzen der solar erzeugten Wärme benötigt wird, sinnvoll.
Konventionelle und solare Luftsysteme unterscheiden sich kaum. Deshalb sind für sie weitgehend konventionelle Komponenten verwendbar.

Luft als wärmeführendes Medium

Vorteile: Luft tropft nicht, gefriert nicht, kann frei strömen und kommt in ausreichender Menge vor.

Nachteile gegenüber Wasser: Luft hat eine geringere Dichte und Wärmekapazität, nimmt weniger Wärme auf, speichert und transportiert daher weniger Energie. Deshalb braucht Luft größere Volumenströme und Leitungsquerschnitte, der technische Aufwand bei der Erwärmung ist höher.

2.8 Wärmepumpe

Die Wärmepumpe arbeitet nach dem umgekehrten Prinzip eines Kühlschranks: Mit Hilfe der im Erdreich, in Gewässern oder der Umgebungsluft gespeicherten Sonnenenergie verdampft in einem Wärmetauscher ein flüssiges, bei niedriger Temperatur siedendes Arbeitsmittel, zum Beispiel Propan. Ein Verdichter bringt dieses Gas anschließend auf einen höheren Druck und somit auf höhere Temperatur. Dazu benötigt er Energie, die entweder ein Elektro-, Gas- oder Dieselmotor liefert. In der Regel wird elektrische Energie eingesetzt.
In einem zweiten Wärmetauscher gibt das Propan Wärme an eine Niedrigtemperaturheizung ab und verflüssigt sich dabei wieder: Der Kreislauf kann von Neuem beginnen.

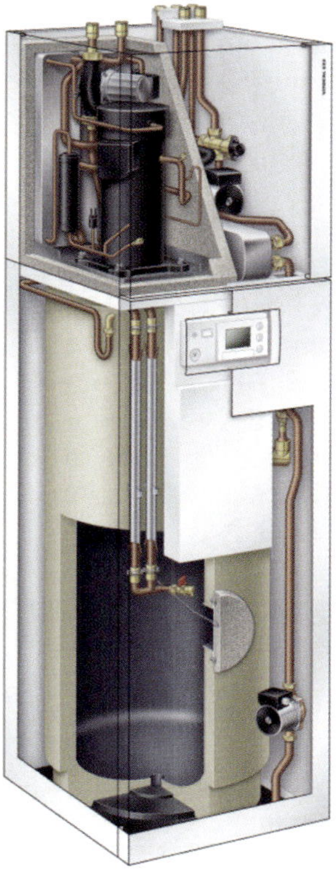

Abb 2.44: Schnittzeichnung einer Sole-Luft-Wärmepumpe (Grafik: Viessmann)

Abb 2.45: Inbetriebnahme einer Erdwärmepumpe (Foto: Junkers)

Die besten heute lieferbaren Wärmepumpen gewinnen aus einer Kilowattstunde Energie drei bis fünf Kilowattstunden Heizenergie und haben kaum noch etwas mit den unförmigen und teilweise unzuverlässigen Wärmepumpen aus den siebziger Jahren gemeinsam. Wogen die Geräte der ersten Generation noch über eine halbe Tonne, haben die heutigen nur noch ein Drittel des ursprünglichen Gewichts.

Erdreich/Geothermie

Hier nutzt die Wärmepumpe Erdschichten in Tiefen zwischen 1,2 und 100 Metern als Energiequelle. Die dort gespeicherte Wärme stammt aus direkter Sonneneinstrahlung, Niederschlägen und aus dem Erdinneren. Tiefere Bohrungen sind für Privatleute mit ihren Kleinprojekten zu teuer. Es gibt zwei Verfahren: Das erste nutzt einen Erdkollektor, der in einer Tiefe von etwa 1,2 Metern verlegt wird. Für das zweite muss eine Bohrfirma bis zu 100 Meter tief bohren, um anschließend eine Erdwärmesonde versenken zu können.

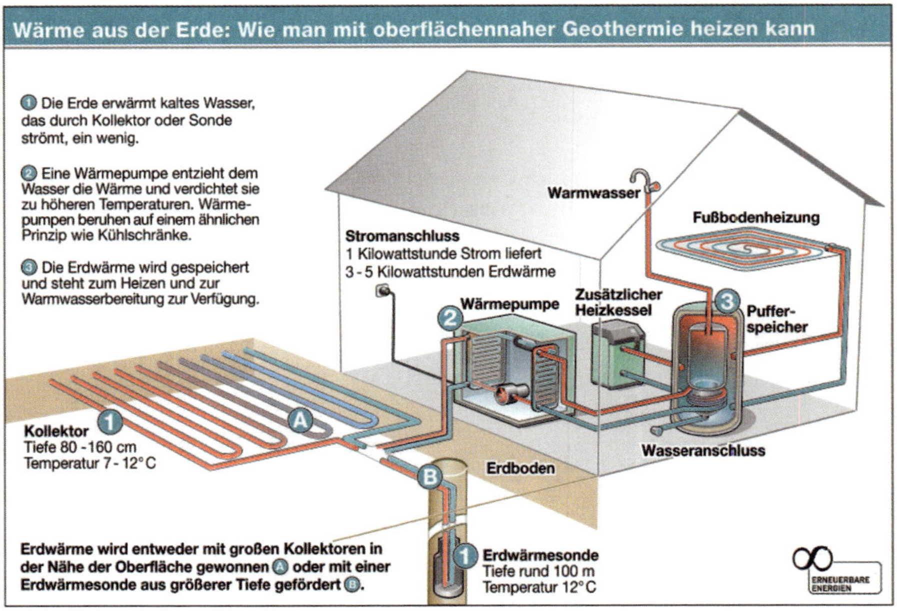

Abb 2.46: Heizen mit oberflächennaher Geothermie (Grafik: Carmen e. V.)

Abb 2.47: Erdsondenbohrung (Foto: Junkers)

Wärmeträger ist in beiden Fällen Sole, eine Mischung aus Wasser und Glykol zur Frostsicherheit. Daher kommt auch der Name Sole/Wasser-Wärmepumpe. Die Sole zirkuliert in einem geschlossenen Kunststoff-Rohrsystem, erwärmt sich im Erdreich, wird zur Wärmepumpe gepumpt und dort um etwa 4 °C abgekühlt. Wenn die Wärmepumpe eine Jahresarbeitszahl von vier schafft, reicht eine Kilowattstunde Strom, um 4 Kilowattstunden Wärme zu erzeugen. Der kostengünstige Erdwärmekollektor eignet sich besonders für Einfamilienhäuser mit niedrigem Wärmebedarf. Oft reicht es, die Baugrube für den Kollektor ein wenig zu erweitern. Das Rohrmaterial können Sie als Rollenware kaufen. Die Gesamtlänge des Kollektors ergibt sich aus dem Heizwärmebedarf des Gebäudes und den geologischen Gegebenheiten.

Wichtig

Wenn Sie die Fläche über dem Kollektor nicht versiegeln, kann warmes Regenwasser in den Boden eindringen. Der Erdkollektor bringt noch mehr Leistung, wenn Regenwasser darüber verrieselt wird.

Bei der Erdwärmesonde ist die Bohrtiefe gleichfalls von diesen beiden Größen abhängig.
Erdwärmeheizungen sind auch im Sommer nützlich. Wer über eine Wärmepumpenheizung mit Erdsonde verfügt, kann sich im Sommer über Kühlung fast zum Nulltarif freuen. Das Wasser kommt in der warmen Jahreszeit mit etwa 14 °C aus dem Boden und läuft nicht über die Wärmepumpe, sondern direkt in den Heizkreislauf. Somit wird die Fußbodenheizung zur Kühlfläche. Der Systemanbieter Waterkotte aus Herne liefert seine Wärmepumpen serienmäßig mit einer Regelung, die sich an heißen Tagen auf Kühlbetrieb umschalten lässt. Die Raumkühlung sei nahezu kostenlos, weil nur die Umwälzpumpe in Betrieb sei, versichert der Anbieter. Wirsbo-Velta, Systemanbieter aus Norderstedt, gibt an, dass die Raumtemperatur im Sommer so 4 bis 5 °C unter der Außentemperatur bleibt.
Alternativ hierzu werden auf dem Markt auch Wärmepumpen mit umschaltbarem Kältekreis, die zusätzlich die Kühlleistung der Sole erhöhen, angeboten.

Abb 2.48: Eine mit NC-Box ergänzte Wärmepumpe kann auch kühlen. (Foto: Viessmann)

Beim geologischen Dienst Nordrhein-Westfalen in Krefeld ist eine CD erhältlich, der Wärmepumpeninteressenten am geplanten Standort in NRW das geothermische Potenzial entnehmen können (über Internet: *www.gd.nrw.de*). Andere Bundesländer sind dabei, vergleichbares Datenmaterial zu erarbeiten.
Tiefenbohrungen sind jedoch mit etwa 60 Euro pro Bahrmeter und Sonde sehr teuer und dürften sich für Privatleute mit einem Einfamilienhaus kaum rechnen.

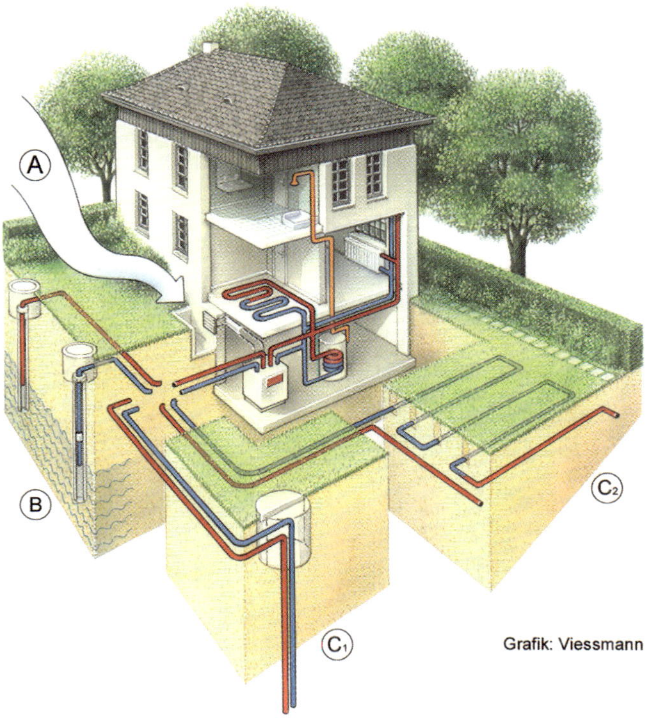

Alternative Wärmequellen für Vitocal 350:

A Wärmequelle Luft
B Wärmequelle Grundwasser
C_1 Wärmequelle Erdreich (Sonde)
C_2 Wärmequelle Erdreich (Erdwärmetauscher)

Abb 2.49: Verschiedene Wärmequellen für eine Wärmepumpe (Grafik: Viessmann)

Wasser

Wasser-/Wasserwärmepumpen nutzen die Wärme des Grundwassers, um Heizenergie zu gewinnen. Es sind mindestens zwei Brunnen erforderlich. Aus dem Zapfbrunnen wird Grundwasser nahezu gleichbleibender Temperatur entnommen, von der Wärmepumpe abgekühlt und über einen Schluckbrunnen wieder dem Grundwasser zugeführt. Vor der Entscheidung für dieses System muss eine Wasseranalyse klären, ob die Grundwasserqualität dafür ausreicht. Eventuell ist auch eine wasserrechtliche Genehmigung einzuholen.

Luft

Luft/Wasser-Wärmepumpen sind in Einfamilienhäusern beliebt zur Trinkwassererwärmung. Die Geräte haben einen Warmwasserspeicher und nutzen als Energiequelle beispielsweise die Luft in Kellerräumen, die dabei abgekühlt und entfeuchtet wird. Sie lassen sich auch anstelle eines einfachen Speichers als Wärmespeicher für ein Blockheizkraftwerk oder einen Öl- beziehungsweise Gaskessel nutzen – bei vergleichbaren Anschaffungskosten.

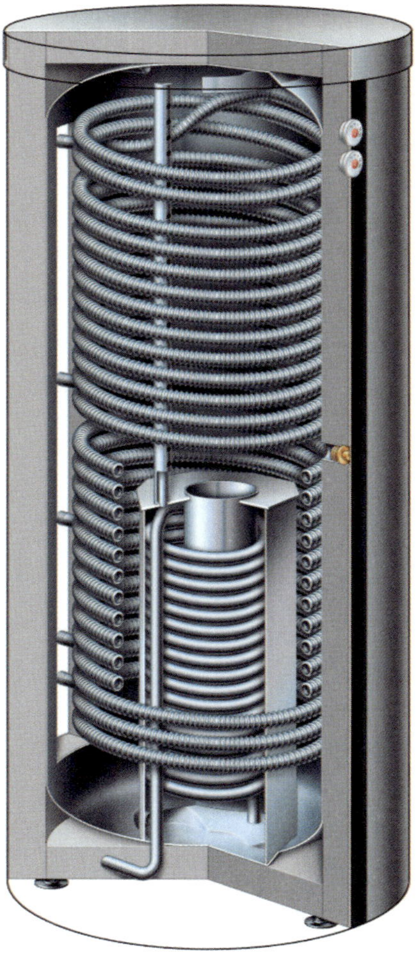

Abb 2.50: Kombispeicher für den gleichzeitigen Anschluss mehrerer Wärmeerzeuger. Neben Öl- oder Gasheizkesseln können auch Holzkessel, Solaranlagen und Wärmepumpen eingebunden werden. (Grafik: Viessmann)

Luft/Luft-Wärmepumpen eignen sich für besonders gut gedämmte Bauten wie etwa Passivhäuser. Sie nutzen die in der Abluft enthaltene Wärme zur Erwärmung der Frischluft. Häufig werden sie mit Wärmetauschern kombiniert.
Die Außenluft ist nur bedingt als Energieträger für eine Wärmepumpe geeignet. Gerade bei Minusgraden, wenn die Heizung besonders gebraucht wird, kann die Außenluft nichts zur Raumheizung beitragen. Dann muss ein weiteres Heizsystem einspringen, ein Gas- oder Ölkessel oder eine elektrische Zusatzheizung mit hohen Betriebskosten. Trotzdem entscheiden sich Altbaubesitzer auch für diese Variante.
Wenn Sie mit dem Gedanken spielen, eine Wärmepumpenheizung in einen Altbau einzubauen, ist es sehr empfehlenswert, alles genau durchzurechnen. Oft ist der Heizwärmebedarf eines Altbaus so hoch, dass sich eine Wärmepumpe nicht rechnet. Derzeit ist der Strompreis für Wärmepumpen noch subventioniert. Keiner garantiert Ihnen, dass es so bleibt. Schon ein strenger Winter kann für eine saftige Stromrechnung sorgen. Luft/Luft-Wärmepumpen funktionieren nur bei einer Temperatur über 5 °C. Eine Tiefenbohrung kostet Sie mindestens 6.000 Euro, und die großflächige Verlegung von Erdschleifen in 1 bis 2 Metern Tiefe verwüstet unter Umständen Ihren Garten.
Die Agenda21-Gruppe „Energie" im badischen Lahr hat in einem zweijährigen Feldtest (Testende: Dezember 2008) die tatsächlichen Wirkungsgrade der auf dem Markt angebotenen Wärmepumpensysteme untersucht. Sie hat dabei unter anderem mit der Ortenauer Energieagentur, dem Steinbeis-Transferzentrum, der Hochschule Offenburg, dem Handwerk und örtlichen Energieversorgern zusammengearbeitet. Insgesamt 33 Anlagen lieferten dabei Daten wie die monatlichen Wärme- und Elektrozählerstände.

Ergebnis Feldtest

Erdwärme-Wärmepumpen schneiden gut ab, Luft-Wärmepumpen sind kritisch zu bewerten (siehe *www.agenda-energie-lahr.de*).

Es gibt erhebliche Unterschiede zwischen den Leistungsmessungen auf den Wärmepumpen-Testständen und der Werbung auf der einen Seite und den unter realistischen Betriebsbedingungen erreichten Arbeitszahlen auf der anderen Seite.

Arbeitszahl

Die Arbeitszahl einer Wärmepumpe als wichtigste Kenngröße zur Beurteilung ihrer Effizienz ist definiert als das Verhältnis von nutzbarer Wärme und Bedarf an elektrischer Energie.

Nur bei einer **Arbeitszahl,** die **beträchtlich über 2,7** liegt, spart eine Wärmepumpe schädliches Kohlendioxid ein und rechtfertigt die hohen Zusatzinvestitionen von 8000 bis 16.000 Euro gegenüber einem Brennwertkessel. Denn heutige Großkraftwerke wandeln nur 30 bis 40 % der Primärenergie in elektrische Energie um. Die Abwärme blasen sie in der Regel ungenutzt über riesige Kühltürme in die Atmosphäre oder heizen Flüsse auf.

Abb 2.51: Ein typisches Großkraftwerk „entsorgt" die Wärme ungenutzt über einen riesigen Kühlturm. Auch beim Umspannen und dem Stromtransport durch Überlandleitungen geht viel Energie verloren. (Foto: E.on)

Spitzenreiter sind Erdwärme-Wärmepumpen, die in Verbindung mit einer Fußbodenheizung in diesem Test im Mittel eine Arbeitszahl von **3,5** erreichen, drei davon übertreffen sogar den Wert **4**.
Die Grundwasser-Wärmepumpen liegen mit einer Arbeitszahl von **3,4** fast gleichauf.
Luft-Wärmepumpen sind schon deutlich abgeschlagen mit einem Wert von **2,95**, den sie nur in Verbindung mit einer Fußbodenheizung erreichen. In Verbindung mit Radiatorheizkörpern – typisch für Altbausanierungen – erreichen Luft-Wärmepumpen nur eine Arbeitszahl von **2,3**, und das im wärmsten Winter 2006/2007 seit Aufzeichnung der Wetterdaten in der wärmsten Gegend Deutschlands. Das heißt, in einem kalten Winter in rauerem Klima brauchen Sie mit einer Luft-Wärmepumpe noch wesentlich mehr Strom als 1 Kilowattstunde, um 2,3 Kilowattstunden Heizwärme zu erzeugen.

Hinweis

Der Grund für die geringe Effizienz von Wärmepumpen in Verbindung mit Radiatoren ist das gegenüber Fußbodenheizungen wesentlich höhere Temperaturniveau des Rücklaufs, das die Wärmepumpe nur erreicht, wenn entsprechend viel zusätzliche elektrische Energie aufgewendet wird.

Kleine Warmwasser-Wärmepumpen erreichen im Durchschnitt eine Arbeitszahl von 1,7[1]. Die Initiatoren des Feldtests empfehlen daher Sonnenkollektoren für das Erwärmen von Brauchwasser. Unabhängig von der Effizienz einer Wärmepumpe entlastet es die Umwelt, wenn ihre Antriebsenergie aus erneuerbaren Energien zeitgleich erzeugter Strom ist, zum Beispiel Strom aus Wind- oder Wasserkraft.

Betriebskosten

Eine Wärmepumpe ist weitgehend wartungsfrei. Es ist empfehlenswert, gelegentlich die Komponenten der Wärmequelle und Wärmeverteilung zu kontrollieren. So ist etwa in der Wärmequellenanlage der Sole/Wasser-Wärmepumpe alle zwei bis drei Jahre zu prüfen, ob die Sole noch frostsicher ist. Insgesamt ist mit etwa 50 Euro Wartungskosten pro Jahr zu rechnen, ein im Vergleich zur Wartung einer konventionellen Heizung geringer Betrag.

1 Jahresarbeitszahlen nach dem zweiten Winter: Erdwärme 3,4; Grundwasser 3,0; Luft 2,8; Warmwasser-WP 1,9

Zu den niedrigen Betriebskosten trägt bei, dass Sie keine Öltankversicherung brauchen, keinen Kaminkehrer bezahlen müssen und die Hausratsversicherung günstiger ist, weil nirgendwo eine offene Flamme brennt.

Wärmepumpen-Betriebsarten

Monovalenter Betrieb: Eine Wärmepumpe deckt den gesamten Heizwärmebedarf.

Monoenergetischer Betrieb: zwei Wärmeerzeuger, die beide den gleichen Energieträger verwenden, zum Beispiel eine Wärmepumpe mit elektrischer Zusatzheizung.

Bivalenter Betrieb: zwei oder mehr Wärmeerzeuger mit unterschiedlichen Energieträgern, etwa eine Wärmepumpe kombiniert mit einem Gas-, Öl- oder Pelletkessel.

2.9 Wirtschaftlichkeit der Heizsysteme im Vergleich

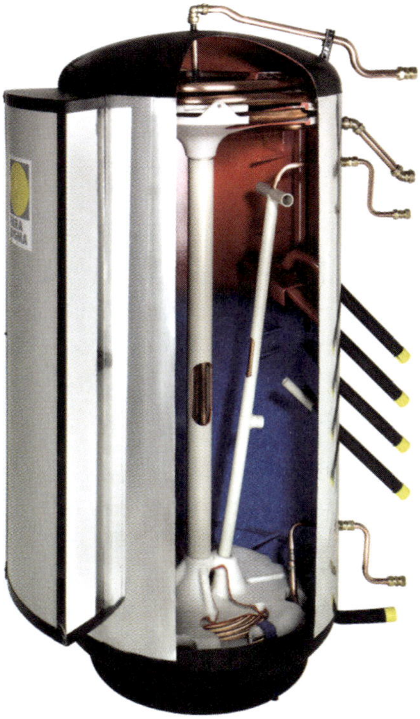

© PARADIGMA

Abb 2.52: Schnitt durch einen Schichtenspeicher (Grafik: Paradigma)

Dr. Ludger Eltrop von der Universität Stuttgart hat mit seinen Mitarbeitern vom Institut für Energiewirtschaft und Rationelle Energieanwendung (IER) die Heizkosten für verschiedene Heizsysteme untersucht. Bei den Berechnungen wurde von drei gleich großen Einfamilienhäusern mit jeweils 150 Quadratmetern Nutzfläche ausgegangen. Deren Wärmebedarf ist abhängig von ihrem Dämmstandard: Es handelt sich um einen Neubau in Niedrigenergiebauweise, einen energetisch sanierten Altbau und einen nicht renovierten Altbau; errechneter Heizanlagen-Leistungsbedarf 5 Kilowatt, 8 Kilowatt beziehungsweise 14 Kilowatt. Als Wärmebedarf für Warmwasser wurde für jedes der drei Objekte 12,5 Kilowattstunden pro Quadratmeter und Jahr angenommen. Dr. Eltrop hat folgende Heizsysteme betrachtet:

- Pelletkessel mit 200-Liter-Brauchwasserspeicher, Pelletlagerung und Austragung, Wärmeverteilung über Heizkörper
- Pelletkessel kombiniert mit 9 m² Aufdach-Sonnenkollektor und Schichtenspeicher, Wärmeverteilung über Heizkörper (20 % Solaranteil an Warmwasser- und Heizungsunterstützung beim Altbau und 25 % Solaranteil beim Neubau)
- 15 kW Scheitholzvergaserkessel mit 825-Liter-Pufferspeicher, Wärmeverteilung über Heizkörper
- Wärmepumpe mit Erdwärmesonden (vertikal, 2 mal 77 Meter für Altbau und 2 mal 55 Meter für Neubau, Sole-durchflossen), Brauchwasserspeicher, Wärmeverteilung über Fußbodenheizung (Vorlauftemperatur 35 °C)
- Umgebungsluft-Wärmepumpe mit Brauchwasserspeicher im Keller, Wärmeverteilung über Fußbodenheizung (Vorlauftemperatur 35 °C)
- Erdgas-Brennwertkessel mit Brauchwasserspeicher, Wärmeverteilung über Heizkörper
- Erdgas-Brennwertkessel kombiniert mit 9 m² Aufdach-Sonnenkollektor und Schichtenspeicher, Wärmeverteilung über Heizkörper (20 % Solaranteil an Warmwasser- und Heizungsunterstützung im Altbau und 25 % im Neubau)
- Heizöl-Niedertemperaturkessel mit Brauchwasserspeicher, Wärmeverteilung über Heizkörper
- Flüssiggaskessel mit Brauchwasserspeicher, Wärmeverteilung über Heizkörper

Als Lebensdauer der durch Annuitätendarlehen (gemäß KfW-Förderrichtlinien) finanzierten Anlagen wurde durchweg 20 Jahre angenommen. Die Zinssätze orientieren sich an den Förderrichtlinien der KfW.
Die betriebsgebundenen Kosten beinhalten Instandsetzung, Wartung, Schornsteinfeger, Versicherungen und Überwachung sowie Hilfsenergie (Stromverbrauch: 0,7 % der thermischen Arbeit bei Scheitholz-, Heizöl- und Gaskessel, bei automatisch beschickten Holzfeuerungen sind es 1,2 %).

Heizkostenvergleich: Stand Januar 2008
Objekt 1: Neubau Einfamilienhaus mit einem Heizungswärmebedarf von 45 Kilowattstunden pro Quadratmeter und Jahr und einem Jahreswärmebedarf von 8625 Kilowattstunden

Heizenergiequelle	Summe der Kosten pro Jahr in Euro (inkl. 19 % MwSt.)	
	verbrauchsgebunden	gesamt
Erdgas-Brennwert	725	2.040
Pellets	370	2.061
Umgebungsluft-WP	416	2.080
Flüssiggas	859	2.143
Heizöl NT	669	2.166
Erdgas-BW und Solar	584	2.227
Pellets und Solar	277	2.330
Erdwärme-WP	379	2.385

Angenommener Preis der Sonnenkollektoranlage: 3.600 Euro

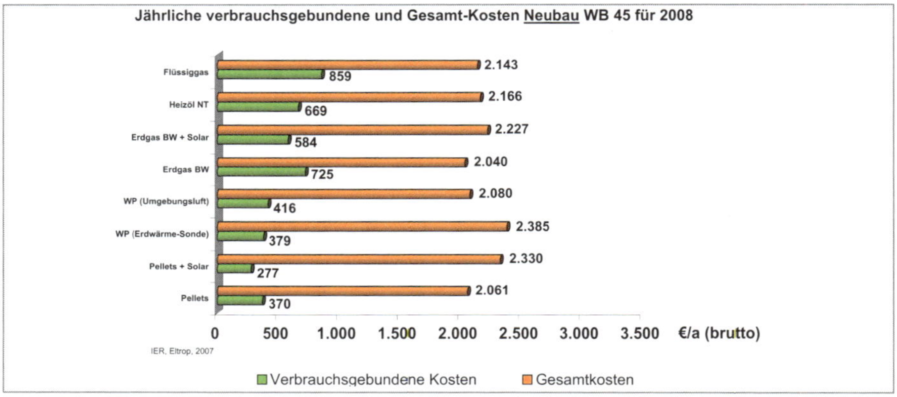

Abb 2.53: (Grafik: IER, Dr. Ludger Eltrop)

Objekt 2: Renovierter Altbau mit einem Heizungswärmebedarf von 70 Kilowattstunden pro Quadratmeter und Jahr und einem Jahreswärmebedarf von 12375 Kilowattstunden

Heizenergiequelle	Summe der Kosten pro Jahr in Euro (inkl. 19 % MwSt.)	
	verbrauchsgebunden	gesamt
Scheitholz	731	1.905
Heizöl NT	960	1.956

Heizenergiequelle	Summe der Kosten pro Jahr in Euro (inkl. 19 % MwSt.)	
	verbrauchsgebunden	gesamt
Erdgas-Brennwert	970	1.986
Erdgas-BW und Solar	808	2.051
Flüssiggas	1.139	2.109
Pellets	530	2.088
Umgebungsluft-WP	570	2.210
Pellets und Solar	424	2.298
Erdwärme-WP	511	2.595

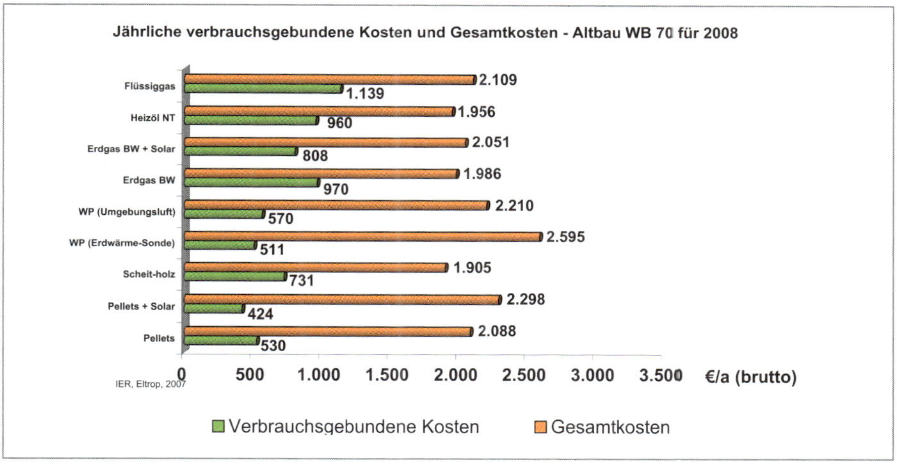

Abb 2.54: (Grafik: IER, Dr. Ludger Eltrop)

Der Grund für die gegenüber dem Neubau teilweise niedrigeren Gesamtkosten trotz höherer Verbrauchskosten liegt hauptsächlich darin, dass hier keine Kosten für die hausinterne Verteilung anfallen, da diese als schon vorhanden angenommen wurde.
So kostet im Neubau die hausinterne Verteilung etwa 3.250 Euro, wenn es sich um Heizkörper handelt, und für eine Fußbodenheizung etwa 5.100 Euro.
Objekt 3: Altbau mit neuer Heizung und einem Heizungswärmebedarf von 150 Kilowattstunden pro Quadratmeter und Jahr und einem Jahreswärmebedarf von 24375 Kilowattstunden

Heizenergiequelle	Summe der Kosten pro Jahr in Euro (inkl. 19 % MwSt.)	
	verbrauchsgebunden	gesamt
Scheitholz	1.439	2.645
Pellets	1.045	2.724
Erdgas-Brennwert	1.740	2.883
Heizöl NT	1.890	2.971
Flüssiggas	2.037	3.167

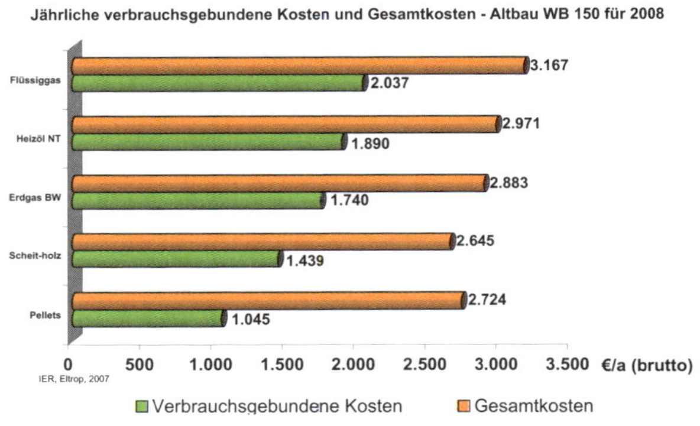

Abb 2.55: (Grafik: IER, Dr. Ludger Eltrop)

Dr. Eltrop hat bei dieser Altbauvariante ohne Renovierung die Wärmepumpe nicht berücksichtigt, da ihr Einsatz wegen des hohen Wärmebedarfs nicht sinnvoll ist. Ausführliche Tabellen mit den Ergebnissen der Rechnungen finden Sie im Anhang.

2.10 Sparen durch optimale Heizungseinstellung

Der konventionelle Teil von Heizanlagen arbeitet heute vielfach noch immer ineffizient, Schwachstellen sind:

- die mangelhafte Abstimmung der Wärmeverteilung und Übertragung in die einzelnen Heizzonen auf den tatsächlichen Bedarf,
- zu hohe Vorlauftemperaturen selbst mit witterungsgeführter Regelung,
- taktende Kessel,
- energieverschwendende Warmwasser-Zirkulationspumpen.

Bei Heizungsmodernisierungen wird oft missachtet, dass zu groß ausgelegte Heizungs- und Sanitärpumpen notorische Energieverschwender sind. So kann schon der Einfamilienhausbesitzer durch überdimensionierte Heizungspumpen zusätzliche Stromkosten von 100 Euro pro Jahr veranschlagen. Gebäudetechnikexperten beobachten, dass die Pumpen oft um den Faktor zwei bis drei überdimensioniert sind. Vielfach erneuern Heizungsbauer alte Pumpen einfach nach dem Typenschild, ohne die Charakteristik der Anlage zu bewerten. Oft meinen sie auch, durch entsprechende Leistungsreserven auf einen hydraulischen Abgleich verzichten zu können.

Tipp

Veraltete Technik ersetzen

Heizungspumpen gelten als veraltet, wenn sie länger als zehn Jahre in Betrieb waren. Die Stiftung Warentest hat ermittelt, dass alte Pumpen Stromkosten von 100 bis 150 Euro pro Jahr verursachen.

Neue Produkte verbrauchen jährlich Strom für 10 bis 30 Euro. Die besten geregelten Pumpen (Effizienzklasse A) passen ihre Leistung selbstständig den wechselnden Druckverhältnissen im Heizsystem an, kosten 300 bis 400 Euro und amortisieren sich durch ihren geringen Stromverbrauch schnell.

Hohes Einsparpotenzial bei Umwälzpumpen für Heizung und Warmwasser
Wenn bei mehrstufigen Pumpen versuchsweise die kleinste Leistungsstufe eingestellt wird, kann das zwischen 10 und 30 % Pumpenstrom sparen. Wenn der am weitesten von der Heizzentrale entfernte Raum dann nicht ausreichend beheizt wird, kann ein hydraulischer Abgleich weiterhelfen.
Der Einbau einer neuen, kleineren Pumpe lohnt sich meist, wenn die Pumpenleistung mehr als 3 Watt je Kilowatt Kesselleistung beträgt. Eine preiswertere Alternative ist, die Pumpe mit einem Vorschaltgerät zu versehen und damit ihre Drehzahl abhängig vom Wärmebedarf zu regeln. Das bringt Stromeinsparungen bis zu 50 %.
In einem neuen Einfamilienhaus genügt in der Regel eine Pumpenleistung von 30 Watt. Wenn Sie einen zentralen Speicher einplanen und die Leitungswege vom Warmwasserspeicher zum Bad und zur Küche kurz sind, können Sie auch auf eine Zirkulationsleitung mit Warmwasser-Zirkulationspumpe verzichten.
Elektronische Stromsparpumpen mit Synchronmotoren mit 5 bis 20 Watt Leistung sind stufenlos regelbar und brauchen gegenüber herkömmlichen Pumpen bis zu 80 % weniger Strom. Wenn Sie die Heizungspumpe im Sommer ausschalten, sparen Sie damit etwa 40 % Strom. Wenn die Pumpe alle vier Wochen für 10 Minuten läuft, wird verhindert, dass sie sich festsetzt.

Leitungsverluste lassen sich minimieren, indem die Leitungen im Neubau innerhalb der Gebäudehülle geführt und alle Heizungsleitungen, Pumpen, Armaturen und Absperrventile gut gedämmt werden. Besonders bei Brennwertanlagen sind Vor- und Rücklaufleitungen getrennt voneinander zu dämmen, um einen Wärme-Kurzschluss zwischen den Leitungen zu verhindern.

Regeln von Heizungsanlage und Raumtemperatur
Eine moderne, vollautomatische Regelung an der Heizanlage sorgt abhängig von der Witterung und den Gewohnheiten der Hausbewohner für die richtige Wärmemenge. Weitere Raumregler passen die Wärmeversorgung in den einzelnen Räumen der tatsächlichen Nachfrage an, bei Zentralheizungen sind das meistens die Thermostatventile. Die wichtigsten Einflussgrößen sind die Außentemperatur, die Abwärme von Personen und Elektrogeräten sowie die Sonneneinstrahlung.

Abb 2.56: (Foto: Bund der Energieverbraucher)

Das zentrale Regelgerät an der Heizanlage passt die Vorlauftemperatur der Außentemperatur an. Das heißt, es fährt die Kesseltemperatur herunter, wenn die Wärmenachfrage abnimmt. Wenn es auch die stufenlosen Umwälzpumpen und die Laufzeiten des Brenners steuert, werden der Energieverbrauch und die Emissionen der Anlage weiter vermindert.
Inzwischen sind auch sogenannte selbstlernende oder selbstoptimierende Regler auf dem Markt. Der Regler ermittelt nach mehrmaligem Aufheizen und Temperaturabsenken die optimalen Einstellwerte selbst. Er braucht dazu einen zusätzlichen Raumtemperaturfühler, der an geeigneter Stelle montiert werden muss.

Hinweis

Sind mehrere Thermostatventile im Raum vorhanden, sparen Sie nichts, wenn Sie einen oder mehrere niedriger einstellen. Die höher eingestellten Heizkörper müssen dann entsprechend länger heizen, um die gewünschte Raumtemperatur zu erreichen. Besonders spürbar ist das bei der morgendlichen Aufheizung: Sie dauert entsprechend länger, da nicht alle Heizkörper beteiligt sind.

Übrigens geht das Aufheizen auf Stufe „5“ nicht merklich schneller als auf Stufe „3“, da in beiden Fällen das Ventil bis kurz vor Erreichen der eingestellten Temperatur voll geöffnet ist. Auf Stufe „5“ wird jedoch die gewünschte Temperatur zunächst mit Sicherheit überschritten und damit unnötigerweise mehr Energie verbraucht. Kleine Kunststoffschieber können den Einstellbereich nach oben begrenzen.

Zeitprogrammierbare elektronische Thermostatventile ermöglichen es, bei längerer Abwesenheit die einzelnen Raumtemperaturen abzusenken und rechtzeitig wieder anzuheben.

Tipp

Wenn das Haus große Fensterflächen hat, ist es vorteilhaft, Außentemperaturfühler auf der Ostseite zu montieren. Das schützt vor Überhitzung und vor zu später Abschaltung der Heizung, besonders bei trägen Flächenheizungen.

Heizkurve

Die Heizkurve gibt an, wie sich die Vorlauftemperatur im Verhältnis zur Außentemperatur ändern muss, damit eine bestimmte Raumtemperatur erreicht wird. In nordeuropäischen Bauten ab Baujahr 1983 mit Heizkörperheizungen ist das 1,2-fache ein guter Wert. Fußbodenheizungen arbeiten mit einem Wert zwischen 0,4 und 0,6 optimal.

Nachtabsenkung

Eine Absenkung der Raumtemperatur in der Nacht oder auch während der Abwesenheit der Hausbewohner spart zwischen 5 und 10 % ohne Komforteinbußen. In sehr gut gedämmten Bauten können die Bewohner die Heizung während der Nacht sogar ganz abschalten. Moderne Regler berechnen den optimalen Heizbeginn selbst. Sie müssen nur die Zeit eingeben, zu der die normale Raumtemperatur erreicht sein soll.

Hydraulischer Abgleich

Wenn einzelne Räume ständig zu warm und andere zu kalt sind, Strömungsgeräusche in den Rohrleitungen zu hören sind oder der von der Heizung am weitesten entfernte Heizkörper nie richtig warm wird, deutet das darauf hin, dass die Druckverhältnisse im Heiznetz nicht stimmen.

Das in Deutschland übliche Pumpenwarmwassersystem soll die Wärme gleichmäßig, dem Bedarf entsprechend, in alle zu beheizenden Räume verteilen. Da das Wasser nach dem Prinzip des geringsten Widerstandes auf dem kürzesten Weg zurück zur Heizzentrale fließt, sieht es in der Praxis anders aus: Oft bekommen die entfernt und hydraulisch ungünstig gelegenen Heizkörper nur wenig von der Heizwärme ab. Praktiker schätzen, dass die Heizungsanlagen in etwa 80 bis 85 % des Gebäudebestands nicht entsprechend einreguliert sind, trotz der Verordnung VOB/C und der DIN-Norm 18380. Wenn zu große Wasservolumenströme unkontrolliert im Rohrnetz fließen, ist ein unnötig hoher Energieverbrauch der Anlage die Folge. Das Wasser kann so schnell durch das Rohrnetz rauschen, dass ihm zu wenig Zeit bleibt, seine Wärme abzugeben. Experten schätzen, dass zwischen 5 und 20 % Energie, in Einzelfällen bis zu 30 % durch den hydraulischen Abgleich eingespart werden können.

Das Problem ist nur lösbar, wenn ein Fachhandwerker für alle Heizkörper in einem Wärmeverteilungsnetz gleiche Widerstände erzeugt. Heute gibt es einfach zu bedienende Computerprogramme zur Auslegung von Rohrnetzen. Die Berechnungsschritte sind:

- Wärmebedarf raumweise ermitteln,
- Heizflächen und deren Volumenströme berechnen, dabei sind die tatsächlich sich einstellenden Rücklauftemperaturen zu berücksichtigen,
- mit den ermittelten Heizkörpervolumenströmen das Rohrnetz berechnen.

Die Industrie bietet voreinstellbare Thermostatventile und einstellbare Rücklaufverschraubungen an, damit das Fachpersonal die Volumenströme in den Leitungen und Heizkörpern optimal anpassen kann.

Besonders für bestehende Rohrleitungen gilt: Wenn in ihnen zu hohe Volumenströme und Differenzdruckverhältnisse auftreten, die Geräusche am Heizkörper verursachen, kann der Einbau von Strangregulierventilen oder Strangdifferenzdruckreglern Abhilfe schaffen. Richtig eingestellt, drosseln sie die Volumenströme auf das erforderliche Maß.

Der hydraulische Abgleich mit diesen hochwertigen Anlagenkomponenten amortisiert sich schon nach wenigen Jahren.

Für Betriebssicherheit, günstigen Wirkungsgrad, niedrige Emissionen und lange Lebensdauer der Heizanlage:

Checkliste Heizungswartung

Jährlich:

- Abgaswegeprüfung und Immissionsschutzmessung durch Schornsteinfeger
- Wartung und Reinigung durch SHK-Handwerker

Zu Beginn und Ende der Heizperiode:

- Kontrolle des Wasserdrucks, bei Bedarf Heizkörper entlüften und Wasser auffüllen sowie Lecks beseitigen
- Kontrolle der Zeit und der Temperatureinstellung am Regler
- Wenn nach der Heizzeit das Brauchwasser solar erwärmt wird: Ausschalten der Heizung einschließlich der Umwälzpumpen

Alle vier Wochen außerhalb der Heizperiode:

- Sofern dies nicht automatisch geschieht: Umwälzpumpen für etwa zehn Minuten einschalten, damit sie sich nicht festsetzen

Zur Erinnerung

Nach einem Stromausfall kann es nicht schaden, den richtigen Gang der Schaltuhren zu überprüfen.

Nach Reparaturen am Heiznetz den Druck prüfen und gegebenenfalls Wasser nachfüllen.

3 Thermische Solaranlagen

In unseren Breiten bringt es die Summe aus direkter und diffuser Sonnenstrahlung bis auf maximal ein Kilowatt pro Quadratmeter. Sonnenkollektoren wandeln bis zu 75 % der „eingefangenen“ Sonnenenergie in Wärme um und geben diese an ein Trägermedium weiter, entweder an Luft oder an Wasser, das oft das Frostschutzmittel Glykol enthält. Die so gewonnene Wärme kann das Brauchwasser aufheizen, die Heizung unterstützen oder das Wasser in einem Schwimmbad erwärmen. Außerdem lässt sich viel Strom einsparen, wenn Waschmaschine und Spülmaschine mit solar erwärmtem Wasser betrieben werden.

Abb 3.1: Niedrigenergiehaus mit Flachkollektoren (Foto: Viessmann)

Abb 3.2: Im Dach montiertes Kollektorfeld (Foto: Junkers)

Das Erwärmen von Wasser erfordert im Gebäudebestand etwa 10 bis 15 % der Heizenergie, in Niedrigenergiehäusern sogar bis zu 30%. Rund vier bis fünf Quadratmeter Kollektorfläche und ein Wasserspeicher mit 300 Litern Inhalt reichen aus, um den Warmwasserbedarf einer vierköpfigen Familie im Jahresmittel etwa zu 60 % zu decken. Es gibt gute Berechnungsprogramme, die Ihnen dabei helfen, die Wirtschaftlichkeit einer von Ihnen geplanten solarthermischen Anlage vorab zu prüfen, zum Beispiel vom Institut für Solartechnik im schweizerischen Rapperswil (siehe Anhang). In der Regel geht die Software von der – unrealistischen – Annahme aus, dass die Energiepreise während der etwa 20-jährigen Laufzeit der Anlage stabil bleiben, was zu einer eher pessimistischen Einschätzung ihrer Wirtschaftlichkeit führt.

Sonniges Deutschland

Im Süden scheint die Sonne zwar stärker, aber auch in Norddeutschland lässt sich die Sonnenenergie nutzen

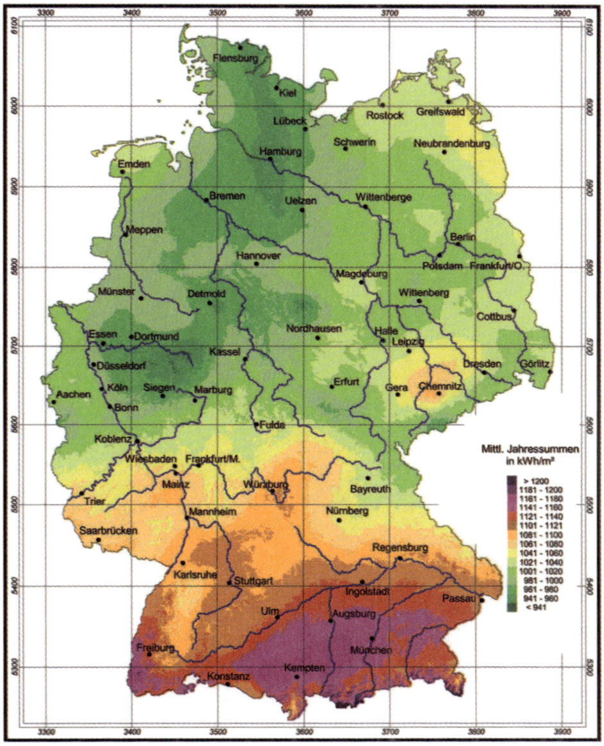

Abb 3.3: (Grafik: Bausparkasse Schwäbisch Hall)

Solarrechner für Anlagenbetreiber

Mit ESOP-Online stellt Viessmann ein internetbasiertes Berechnungsprogramm für thermische Solaranlagen zur Verfügung, das sich speziell an den Anlagenbetreiber richtet. Mit dem Online-Rechner können verschiedene Anlagenvarianten verglichen und deren Wirtschaftlichkeit gegenübergestellt werden. Nachdem Sie die notwendigen Parameter eingegeben haben, berechnet „ESOP-Online" die Richtwerte für die Einstrahlungsenergie und den daraus erzielbaren Systemertrag sowie den prozentualen Anteil der Deckung des Gesamtenergiebedarfs. ▶

„ESOP-Online“ gibt es in fünf Sprachen. Der Solar-Rechner ist unter der Internet-Adresse *www.viessmann.de/esop-online* abrufbar.

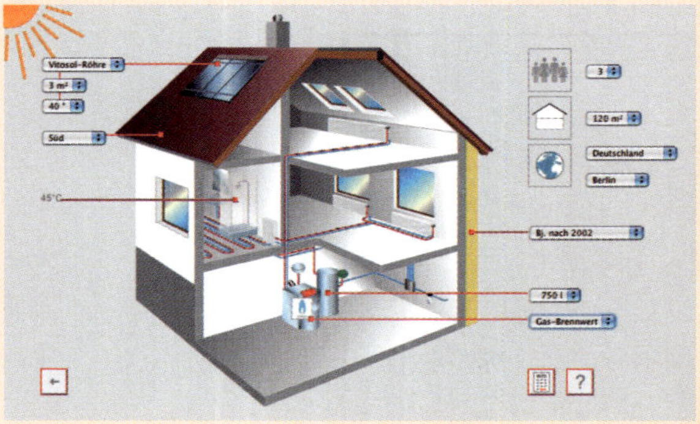

Abb 3.4: (Grafik: Viessmann)

3.1 Standort und Bedarf

Am Anfang steht die Standort- und Bedarfsanalyse. Vor dem Einholen erster Angebote ist es sinnvoll, sich über folgende Punkte klar zu werden:

- Soll die Anlage nur das Brauchwasser erwärmen oder auch die Heizung unterstützen? Wie hoch soll der solare Deckungsanteil sein?
- Wie hoch ist Ihr Warmwasserverbrauch?
- Wohin sollen die Kollektoren (ins/aufs Dach, Fassade, Garage) und der Warmwasserspeicher?
- Wie viel Fläche in welcher Lage eignet sich für die Kollektoren?
- Ist diese Montagefläche auch in einigen Jahren noch schattenfrei (Beispiel: Bäume, auch auf dem Nachbargrundstück)?
- Bei Dachmontage: Ist das Dach ausreichend tragfähig und in so gutem Zustand, dass in den nächsten 20 Jahren keine Reparaturen zu erwarten sind?
- Wo sollen die Leitungen zwischen Kollektoren und Speicher verlaufen und wie lang wird folglich der Solarkreis?
- Wie viel Raum ist für den Solarspeicher vorhanden (Speichervolumen, Stellfläche, Höhe, Türbreite)?
- Bei Heizungsunterstützung: Wie groß ist die beheizte Wohnfläche, welche Heizung ist eingebaut, Brennstoff, Jahresverbrauch, Vor- und Rücklauftemperatur, welche Heizkörpertypen?
- Sind Baugenehmigungen einzuholen?

Bei dieser Analyse ist das Formblatt „RAL-S2-Standortbeurteilung“ des RAL Gütezeichens Solarenergieanlagen 966 eine gute Gedächtnisstütze. Sie finden es auf der Internetseite *www.gueteschutz-solar.de*. Dieses Muster stammt vom „RAL Deutsches Institut für Gütesicherung und Kennzeichnung e. V.“ (RAL: Reichs-Ausschuss für Lieferbedingungen).

3.2 Anlagenkomponenten

Eine Solarwärmeanlage besteht aus folgenden Komponenten:

- Sonnenkollektoren,
- Solarspeicher,
- Ausdehnungsgefäß,
- Regelung,
- Sicherheitseinrichtungen,
- Pumpengruppe und
- Leitungen, zusätzlich eventuell
- Wärmemengenzähler und
- Datenlogger.

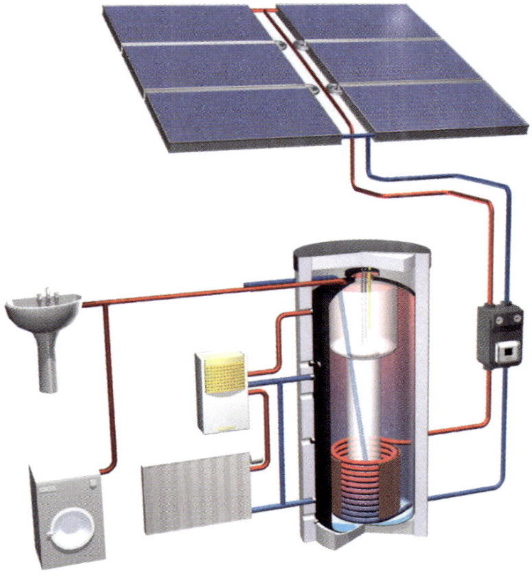

Abb 3.5: Schema der Warmwasserbereitung mit Sonnenkollektoren (Grafik: Wagner & Co, Cölbe)

Wichtigster Bestandteil des Sonnenkollektors ist der Absorber, der meistens aus mehreren schmalen Metallstreifen besteht. Sehr oft sind diese aus Kupfer oder Aluminium, nur reine Schwimmbadabsorber sind aus Kunststoff. Die Absorberstreifen leiten die Sonnenwärme in ein mit ihnen verbundenes Rohr, durch das das Wärmeträgermedium strömt. Umwälzpumpen und Regeleinrichtungen sorgen dafür, dass die Wärmeträgerflüssigkeit über einen Wärmetauscher Trinkwasser in einem Speicher erwärmt und das warme Wasser bei Bedarf den Verbraucher erreicht. Nur Speicherkollektoren, die gleichzeitig Kollektor und Trinkwasser-Speicher sind, benötigen keine Umwälzpumpen und Regeleinrichtungen.
Es gibt auch Anlagen, die keine Wärmeträgerflüssigkeit verwenden, sondern die Kollektoren direkt in den Heizungskreislauf einbinden. Entweder werden die Kollektoren bei Frostgefahr über dem Gefrierpunkt temperiert oder sie laufen selbständig leer (drain back). Hersteller solcher Anlagen sind unter anderem die Firmen Paradigma, Consolar und Wagner & Co.
Da schwarze Oberflächen einfallende kurzwellige Sonnenstrahlung besonders gut aufnehmen und kaum reflektieren, sind Absorber meistens schwarz. Ein großer Teil der aufgenommenen Sonnenenergie geht in Form von langwelliger Wärmestrahlung allerdings wieder verloren, da der Absorber eine höhere Temperatur erreicht als seine Umgebung. Diese Verluste gibt der Hersteller im Emissionsgrad des Kollektors an. Hocheffiziente Absorber haben eine selektive Beschichtung, die einerseits die Sonnenstrahlung gut durchlässt und andererseits die Emission von Wärmestrahlung weitgehend verhindert. Absorptionsgrade über 90 %, beziehungsweise Emissionsgrade unter 10 % sind die Regel.

Flachkollektor

Flachkollektoren bestehen aus Gehäuse, Absorber, Wärmedämmung und einer transparenten Abdeckung, die meistens aus eisenarmem Solarsicherheitsglas besteht. Das lässt kurzwellige Strahlung weitestgehend herein und nur wenig Wärmestrahlung heraus (Treibhauseffekt). Gemeinsam mit dem Gehäuse aus Aluminium, verzinktem Stahlblech oder glasfaserverstärktem Kunststoff schützt die Abdeckung den Absorber vor Witterungseinflüssen. Eine Wärmedämmung aus Polyurethan-Schaum, Mineralwolle oder Mineralfaser auf der Rückseite des Absorbers vermindert die Wärmeverluste durch Wärmeleitung. Aus sogenannten Vakuum-Flachkollektoren wird in Abständen von ein bis drei Jahren die Luft herausgepumpt, um die Konvektionsverluste im Kollektorkasten zu minimieren.
Bei Flachkollektoren haben Sie die freie Auswahl zwischen Indach- und Aufdach-Montage oder Freiaufstellung.

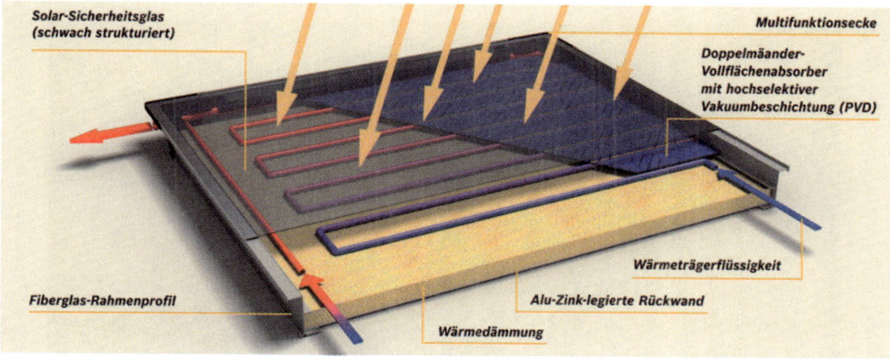

Abb 3.6: Flachkollektor(Grafik: Junkers)

Vakuum-Röhrenkollektor

Bei diesem Kollektortyp befindet sich der Absorberstreifen in einer evakuierten, druckfesten Glasröhre. Die Wärme transportierende Flüssigkeit durchströmt den Absorber entweder direkt in einem U-Rohr oder in einem Rohr-im-Rohr-System im Gegenstrom. Der Sonnenkollektor besteht entweder aus mehreren hintereinander geschalteten Röhren oder aus Röhren, die einseitig über eine Sammelleitung verbunden sind.

Beim sogenannten Heat-Pipe-Röhrenkollektor befindet sich in einem Wärmerohr eine schon bei geringen Temperaturen verdampfende Flüssigkeit. Bei Sonneneinstrahlung steigt der Flüssigkeitsdampf im Wärmerohr auf und gibt seine Wärme über einen Wärmetauscher (Kondensator) an ein Sammelrohr ab, das von Wärmeträgerflüssigkeit durchflossen wird. Dabei kondensiert der Dampf und fließt als Flüssigkeit wieder an das Wärmerohrende zurück. Dieser Verdampfungs- und Kondensationsprozess funktioniert nur, wenn die Röhren eine bestimmte Mindestneigung gegenüber der Horizontalen haben.

Es gibt zwei Arten der Röhrenkollektoranbindung an den Solarkreislauf: Entweder ragt der Wärmetauscher in das Sammelrohr hinein (nasse Anbindung) oder er leitet die Wärme und ist mit dem Sammelrohr verbunden (trockene Anbindung). Die trockene Anbindung hat den Vorteil, dass einzelne Röhren ohne Entleeren des gesamten Solarkreises austauschbar sind.

Vakuumkollektoren arbeiten selbst bei hohen Absorbertemperaturen oder bei niedrigen Einstrahlungen mit einem hohen Wirkungsgrad und erreichen höhere Temperaturen als Flachkollektoren, besonders in der Übergangszeit. Dafür sind sie auch entsprechend teurer.

Abb 3.7: Durch Hagel zerstörter Vakuumröhrenkollektor. Die Hagelkörner waren etwa so groß wie Tischtennisbälle. Der Hausbesitzer bleibt auf dem Schaden sitzen, da er keine Zusatzversicherung für den Kollektor abgeschlossen hat. Für Flachkollektoren ist diese Versicherung nicht nötig. Die Flachkollektoren in der Nachbarschaft überstanden den Hagel auch alle unbeschadet. (Foto oben: Paradigma; Foto unten: Reinhard Hoffmann)

Abb 3.8: Vakuumröhrenkollektoren (Foto: MP-TEC)

Kennzeichen guter Sonnenkollektoren

Schon 1995 meldete das Stuttgarter Test- und Entwicklungszentrum für Solaranlagen nach einer Untersuchung von kompletten solarthermischen Anlagen: „Die Systeme und Komponenten sind ausgereift." Das gilt jedoch nur für Konstruktionen, die hiesige Wetterbedingungen verkraften. Und die stammen in der Regel von mitteleuropäischen Herstellern und nicht von Billiganbietern, die ihre Ware aus südlichen Ländern beziehen.

So warnen Experten davor, beim Kauf von Flachkollektoren oder Vakuum-Röhrenkollektoren nur auf den scheinbar günstigen Preis zu achten oder allein auf die am neuen Kollektor ermittelten, guten Messwerte zu sehen. Hersteller hochwertiger Kollektoren, die über Jahrzehnte einen hohen Wirkungsgrad haben,

- verwenden hagelbeständiges Solarglas und UV-beständige, hochwertige Materialien wie Aluminium und Edelstahl;
- achten auf normgerechte Verglasung mit mindestens 12 Millimeter Überdeckung;
- lassen Dichtnähte und -schnüre nicht freiliegen;
- sorgen für dichte Kollektorgehäuse, damit die Absorberflächen nicht verschmutzen (Staub und Feuchtigkeit), denn dadurch nähme der Kollektorwirkungsgrad rapide ab;
- bauen in Belüftungsöffnungen Luftfilter ein, ▶

- verwenden keine Schrauben und Nieten am Gehäuse, damit kein Wasser einsickert;
- sorgen für eine dauerhafte, flexible Verbindung der Kollektoren untereinander, zum Beispiel mit gewellten Edelstahlrohren, die Temperaturschwankungen standhalten und Längendehnungen ausgleichen können – das geht auf keinen Fall mit Gummischläuchen und Rohrschellen;
- verwenden ausgasungsfreies Dämmmaterial oder eine Dampfsperre zwischen Dämmung und Absorber, damit sich kein öliger Film auf Absorber und Glasabdeckung bildet

Wirkungsgrad
Der Quotient aus nutzbarer thermischer Energie und auftreffender Sonnenenergie ist der Wirkungsgrad eines Sonnenkollektors. Neben Wärmeverlusten kommt es auch zu optischen Verlusten, da die Sonnenstrahlung nicht vollständig durch die transparente Abdeckung des Kollektors gelangt: Zu einem gewissen Prozentsatz wird sie reflektiert. Der Konversionsfaktor gibt an, wie viel Prozent der Sonnenstrahlung durch die durchsichtige Abdeckung des Kollektors gelangt und vom Absorber aufgenommen wird.
Maß für die Wärmeverluste ist der k-Wert, der den Energieverlust in Watt pro Quadratmeter Kollektorfläche und pro Grad Celsius Temperaturdifferenz zwischen Absorber und Umgebung angibt. Diese Wärmeverluste nehmen mit steigender Temperaturdifferenz zu. Wenn die Differenz zu groß ist, sind die Wärmeverluste so hoch, dass der Kollektor keine Energie mehr an den Solarkreislauf abgeben kann.
Ein guter Kollektor hat einen hohen Konversionsfaktor und verfügt über einen niedrigen k-Wert.

Kollektortyp	Konversionsfaktor	Thermischer Verlustfaktor [W/m² °C]	Temperaturbereich [°C]
Absorber (unabgedeckt)	0,82 bis 0,97	10 bis 30	bis 40
Flachkollektor	0,66 bis 0,83	2,9 bis 5,3	20 bis 80
Vakuum-Flachkollektor	0,81 bis 0,83	2,6 bis 4,3	20 bis 120
Vakuum-Röhrenkollektor	0,62 bis 0,84	0,7 bis 2,0	50 bis 120
Speicherkollektor	ca. 0,55	ca. 2,4	20 bis 70
Luftkollektor	0,75 bis 0,90	8 bis 30	20 bis 50

Angaben: Deutsche Gesellschaft für Sonnenenergie e. V.

Mit Flachkollektoren gewinnen Sie 470 bis 550 Kilowattstunden pro Quadratmeter im Jahr, mit Röhrenkollektoren etwa 600. Diese Werte hat das Institut für Wärmetechnik und Thermodynamik der Universität Stuttgart (ITW) ermittelt. Optimal sind unverschattete, nach Süden gerichtete Kollektoren mit einer Neigung um die 30 Grad – abhängig vom Breitengrad des Aufstellungsortes.

Abb 3.9: Schnitt durch einen Flachkollektor, von unten nach oben: Dämmschicht, Rohr für das Arbeitsmittel, Glasabdeckung. (Grafik: Bosch Thermotechnik GmbH)

Nur Anlagen, die einen Grenzwert von 525 Kilowatt pro Quadratmeter und Jahr erreichen, werden gefördert. Auf der Internetseite des Bundesamtes für Wirtschaft und Ausfuhrkontrolle finden Sie eine Liste der Kollektoren und Solaranlagen, für die Sie öffentliche Zuschüsse mit Erfolg beantragen können (*www.bafa.de*).

Kollektorauswahl

Wichtigstes Auswahlkriterium ist der geforderte Temperaturbereich. Ob der Kollektor diesen auch erreicht, hängt von der Sonneneinstrahlung, der Umgebungstemperatur und dem Aufstellungsort ab.

Anhaltspunkte für die Kosten in Euro pro Quadratmeter Kollektorfläche:

Vakuum-Röhrenkollektor	400 bis 1200
Flachkollektor	150 bis 600
Kunststoff-Absorber	25 bis 100

Alle Kollektoren können oberhalb der Dachabdeckung montiert werden, gegen Aufpreis gibt es auch Einbausätze für die Indach-Montage oder Ständer für Flachdächer.

Verschalten der Kollektoren

Die meisten Kollektoren können Sie nebeneinander oder übereinander auf dem Dach anordnen, es spielt keine Rolle, ob sie hochkant oder quer aufge-

stellt werden. Sie werden in einer Reihenschaltung miteinander verbunden: Das bedeutet, der heiße Ausgang des ersten Kollektors wird mit dem kühlen Eingang des zweiten Kollektors verbunden, der heiße Eingang des zweiten Kollektors mit dem kühlen des dritten, und so weiter.
Vorlauf heißt die warme Seite des Kollektors: Dort kommt die durch den Kollektor erwärmte Solarflüssigkeit heraus; ein Sensor misst ihre Temperatur. Rücklauf heißt die kühle Seite des Kollektors: Hier im unteren Bereich des Kollektors ist der Rohranschluss für die abgekühlte Solarflüssigkeit.
Wenn die übrigen Anlagenteile nicht hochwertig und optimal aufeinander abgestimmt sind, nützt auch der beste Kollektor nichts. Viele Hersteller bieten inzwischen Komplettpakete mit gut aufeinander abgestimmten Komponenten an.

Regler
Ein elektronischer Solarregler mit Temperatursensoren misst die Kollektor- und die Speichertemperatur und schaltet eine Umwälzpumpe ein, sobald die Kollektortemperatur die Speichertemperatur um eine eingestellte Differenz überschreitet. Komplexe Regler verwenden bis zu acht Temperaturfühler. Eine weitere Reglerart kommt ohne Temperaturfühler und die zugehörigen Leitungen aus, da sie den Druck als Eingangsgröße verwendet.
Aufwendige Mikroprozessorregler sind sogar selbstlernend und optimieren ihre Regelung anhand der anfallenden Messwerte im Solarkreis.

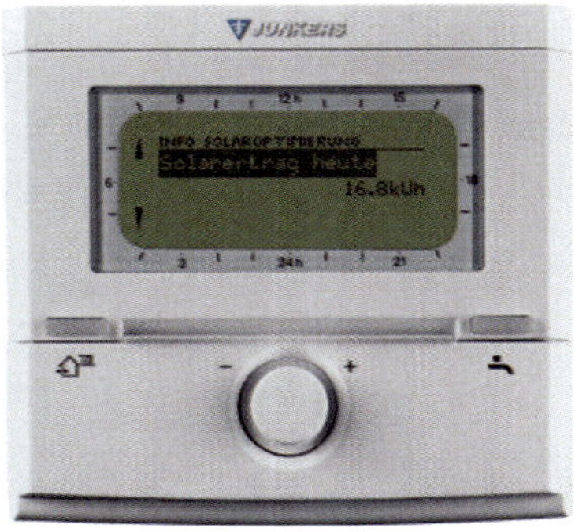

Abb 3.10: Regler mit Anzeige des Solarertrags (Foto: Junkers)

Solarstation
Als „Herz" der Anlage ist es die Aufgabe der Solarstation, die von den Kollektoren eingesammelte Wärme in den Speicher zu transportieren. Die in der Solarstation befindliche Pumpe wälzt die Wärmeträgerflüssigkeit in einem geschlossenen Kreislauf um, und die Temperatur im Speicher steigt.

In der Regel enthalten die komplett vormontierten Solarstationen alle wichtigen Bauteile zur Aufrechterhaltung des Solarkreislaufs:

- die Solarkreispumpe,
- Anschlüsse mit Kessel: Füll- und Entleerungshahn zum Befüllen der Anlage,
- Entlüftertopf,
- Manometer,
- Sicherheitsventil,
- Ausdehnungsgefäß
- Thermometer im Vor- und Rücklauf und
- Durchflussmesser.

Abb 3.11: Solarstation, oben links der Regler (Foto: Junkers)

Abb 3.12: Solarstation mit Manometer und Temperaturanzeige für Vor- und Rücklauf (Foto: Bosch Thermotechnik GmbH)

Die meisten Stationen haben für den Vorlauf zu den Kollektoren und den Rücklauf zwei Stränge. Dadurch kann bei fehlender Sonneneinstrahlung kein warmes Wasser aus dem Speicher in den Kollektor aufsteigen, was zu Wärmeverlusten führen würde. Bei den preiswerteren Speichern mit nur einem Strang leistet eine Schwerkraftbremse im Vorlauf das Gleiche.

Bei Überdruck öffnet sich ein Sicherheitsventil, damit Beschädigungen in der Anlage vermieden werden.

Viele Hersteller befestigen die Station direkt am Speicher, um Wärmeverluste zu vermeiden und weniger Montageaufwand zu haben. Die Solarstation braucht einen 230-Volt-Stromanschluss. Etwa alle zwei Jahre ist eine Wartung der Station fällig.

Durchflussmenge

Der Durchflussmengenmesser ist ein Stück Rohr mit einem Glas-Sichtfenster in dem ein Schwimmer anzeigt, wie viele Liter Solarflüssigkeit pro Stunde durch den Solarkreislauf fließen.

Der Durchfluss ist niedrig, wenn etwa 10 bis 15 Liter pro Stunde und Quadratmeter Kollektorfläche gemessen werden. Das erfordert bei kleinen Rohrdurchmessern auch nur eine kleine Pumpenleistung. Die Temperaturdifferenz zwischen Kollektor und Speicher ist hoch, der Kollektorwirkungsgrad niedrig.

Die meisten der für private Haushalte angebotenen Solaranlagen arbeiten mit hohem Durchfluss von etwa 40 Litern pro Stunde und Quadratmeter Kollektorfläche. Sie erreichen mit Kreiselpumpen einen guten Kollektorwirkungsgrad bei geringem Regelungsaufwand. Aber auch diese Anlagen haben Nachteile: Große Rohrdurchmesser und hohe Pumpenleistungen sind nötig, geringe Einstrahlungen können sie nur schlecht nutzen.

Der höchste Anlagenwirkungsgrad bei geringem Stromverbrauch wird durch geregelten Durchfluss zwischen 10 bis 40 Litern pro Stunde und Quadratmeter Kollektorfläche erzielt. Durch die Pumpenregelung ist der Stromverbrauch niedrig, die Anlage reagiert besser auf Temperaturschwankungen, die vor allem in der Übergangszeit auftreten. Der höhere Regelungsaufwand macht diese Anlagen entsprechend teurer.

Bei steigender Temperatur im geschlossenen Solarkreislauf steigt durch die Volumenzunahme auch der Druck. Deshalb ist ein Ausgleichsgefäß einzubinden. In diesem trennt eine Membran zwei Kammern: Die eine ist mit der kalten Seite des Solarkreislaufs verbunden, die andere enthält komprimierte Luft (oder Stickstoff), die über ein Ventil hineinzupumpen ist.

Wenn sich die Solarflüssigkeit bei Erwärmung ausdehnt, erhöht sich der Druck auf die Membran und komprimiert das Luftpolster auf der anderen Seite.

Sobald die Solarflüssigkeit sich wieder abkühlt, entspannt sich das Luftpolster wieder. Dadurch bleibt der Druck im Solarkreislauf fast gleich.
Wichtig ist ein zusätzliches Absperrventil, damit Sie das Ausgleichsgefäß austauschen können, ohne den Solarkreislauf entleeren zu müssen. Das kann nötig werden, wenn die Membran oder das Gefäß selbst kaputt gehen oder wenn sich herausstellen sollte, dass das Ausgleichsgefäß zu klein ist, um seine Aufgabe zu erfüllen.

Speicher

Der Speicher sollte die durch die Kollektoren gewonnene Wärme möglichst lange festhalten. Der Bereitschaftsverlust gibt an, wie viel Energie der Speicher verliert, wenn dessen Inhalt 45 °C wärmer als seine Umgebung ist. Ein Verlust von 1,8 bis 2,5 Kilowattstunden pro Tag ist üblich, sehr gut gedämmte Speicher verlieren weniger als eine halbe Kilowattstunde pro Tag. Die meisten Speicher bestehen aus emailliertem Stahl. Sollte diese Emailleschicht schadhaft werden, repariert eine Magnesiumanode im Speicher die Schadstelle, indem sich dort das edlere Metall Magnesium am unedleren Metall des Speichers ablagert und Korrosion verhindert.
Im unteren Teil des Speichers überträgt ein Wärmetauscher – das ist ein mehrfach gewundenes Stahlrohr – die Wärme der Solarflüssigkeit auf das Trinkwasser. Im Sommer reicht das auch bei ausgeschalteter Heizung für eine warme Dusche, im Winter und in der Übergangszeit wird bei Bedarf über einen zweiten Wärmetauscher im oberen Speicherbereich nachgeheizt. Bivalente Speicher haben bis zu drei Wärmetauscher, so dass neben dem Solarkreislauf zwei weitere Wärmequellen – beispielsweise eine Öl-, Gas- oder Pelletzentralheizung und ein Kachelofen – anschließbar sind.
Die hohe schlanke Form der Speicher begünstigt eine gute Schichtung des Wassers: Das leichtere, warme Wasser sammelt sich oben, das kalte bleibt unten. Strömungsberuhigte Kalt- und Warmwasseranschlüsse vermeiden eine Verwirbelung, die die Warm-Kalt-Schichten im Speicher durcheinanderbringen würde.

Kombispeicher zur Heizungsunterstützung

Solarwärmeanlagen mit zusätzlicher Heizungsunterstützung in einem Vier-Personen-Haushalt haben eine Kollektorfläche von etwa zehn Quadratmetern. Neben dem Brauchwasserspeicher haben diese Kombianlagen einen weiteren Speicher für Heizungswasser. Wenn so eine Anlage mit einem Wärmeüberschuss Fundamente und andere Bauteile erwärmt, kann das reichen, um kurze Kälteeinbrüche zu überbrücken.

Besonders preisgünstig sind Speicher nach dem Tank-in-Tank-Prinzip. Die Wärmeübertragung vom außen liegenden Heizungswasser zum Trinkwasser wird begünstigt, wenn der innere Trinkwasserspeicher aus Edelstahl besteht. Diese Speicher haben einen besseren Wirkungsgrad als reine Brauchwasserspeicher. Die optimale Speichergröße bestimmt sich durch den Warmwasserbedarf und die Kollektorfläche.

Abb 3.13: Schnittbild eines Kombispeichers (Grafik: Paradigma)

Eine weitere Möglichkeit stellt die Erwärmung von Frischwasser nur bei Bedarf dar – ähnlich wie das Prinzip eines Durchlauferhitzers. Der Speicher wird mit einem Plattenwärmetauscher kombiniert, der von kaltem Leitungswasser und in entgegengesetzter Richtung von warmem Speicherwasser durchflossen wird. So wird das benötigte Brauchwasser innerhalb der kurzen Durchlaufzeit auf die gewünschte Temperatur gebracht. Die Hersteller versprechen, dass auf diese Art verhindert wird, dass sich Legionellen im warmen Trinkwasser ausbreiten.

Meine Meinung

Heizungsunterstützung durch eine Solarthermie-Anlage ist nur bei hoch wärmegedämmten Häusern sinnvoll. Die Investitionskosten belaufen sich auf 10.000 bis 20.000 Euro. Bei den aktuellen Energiepreisen sparen Sie bestenfalls 300 Euro pro Jahr durch weniger Öl- oder Gasverbrauch. Für den kleinen Heizungsbeitrag im schlecht gedämmten Haus rechnet sich die Mehrinvestition gar nicht.

Info

Legionellen sind Bakterien, die sich in 20 bis 55 °C warmem Wasser vermehren können. Wenn sie durch die Atemwege in den Körper gelangen, können sie lebensgefährliche Infektionen hervorrufen, zum Beispiel die „Legionärskrankheit“, eine schwere Lungenentzündung. Aus diesem Grund sollte man mindestens einmal im Monat die Temperatur auf 60 °C in Warmwasserspeichern erhöhen, da Legionellen diese Temperatur nicht überleben.

Schichtenspeicher erreichen durch kontrollierte Temperaturschichtung des Speichermediums einen noch besseren Wirkungsgrad. Dazu sind allerdings mehrere Anschlüsse am Speicher und eine aufwendigere Regelung erforderlich, was einen höheren Preis bedingt.

3.3 Kauf der Anlage

Wer einen Kaufvertrag für eine Solarwärmeanlage ohne Vor-Ort-Termin abschließt, etwa bei einem Messebesuch, bekommt wahrscheinlich keine Anlage, die genau auf sein Haus zugeschnitten ist. Um eine gute Anlage zu bekommen, ist es auf jeden Fall besser, mehrere Angebote einzuholen und jeweils eine Solarfachkraft zu einem Vorgespräch vor Ort einzuladen.

Anbieter

Komplette thermische Solaranlagen zur Warmwasserbereitung und Heizungsunterstützung bieten an:

August Brötje, Buderus, Citrin Solar, Conergy, Consolar, De Dietrich Remeha, GPO-TEC, Junkers, Nau, Oertli-Rohleder Wärmetechnik, Paradigma, Phönix Sonnen Wärme, Pro Solar Energietechnik, Rotex, Schüco, Solvis, Sonnenkraft, Stiebel Eltron, Sun Technics, Sunset Energietechnik, Vaillant, Varmeco, Velux, Viessmann, Wagner & Co. Solartechnik, Wolf Heiztechnik

Selbstverständlich gibt es auch viele Komplettpakete für die Warmwasserbereitung und Heizungsunterstützung. Sie kosten ohne Montage zwischen 3200 und 5600 Euro. Als Daumenregel gilt, dass die Montage durch Fachpersonal ungefähr 25 % der Anlagenkosten ausmacht.
Ein vollständiges Angebot für eine **betriebsbereite** solarthermische Anlage enthält Folgendes:

- Kollektoren (Anzahl, Hersteller, Typ, Abmessungen, Bruttowärmeertrag, technisches Datenblatt)
- Solarspeicher (Hersteller, Typ, nutzbares Volumen, Maße, Dämmstärke, Wärmeverlustrate, technisches Datenblatt)
- Regelung (Typ, Optionen)
- Leitungen, Art der Rohrverbindungen, Rohrdämmung
- Ausdehnungsgefäß und Sicherheitseinrichtungen
- Montage und Anschluss aller Komponenten
- Inbetriebnahme der Gesamtanlage
- vollständige Dokumentation.

Auch hierzu gibt es ein Formblatt namens RAL-S2-Angebotserstellung, das noch weitere Posten – auch wenn diese nicht mit angeboten werden – enthält:

- Überwachungssystem (Datenfernübertragung, Logging)
- Überspannungsschutzmaßnahmen beziehungsweise Blitzschutzmaßnahmen
- Garantieverlängerungen, erweiterte Herstellergarantien
- Gewährleistungen und Garantien der Installationsfirma (auf Montageleistungen)
- Ertrags-/Wirtschaftlichkeitsprognose
- Montageversicherung, Sachversicherung.

Hinweis

Die Rohrdämmung muss in der Nähe des Kollektors bis 175 °C temperaturbeständig sein, im Innenbereich können bis zu 130 °C auftreten.

Angebote sind immer als Ganzes zu betrachten. Und das Billigste ist bekanntlich nicht unbedingt das Beste: Sorgfältigkeit ist hier wichtiger als Schnelligkeit. Besonders wichtig sind dichte und gut gedämmte Anschlüsse. Auf die gesamte Betriebsdauer der Anlage gesehen ist die Qualität der Komponenten und der Installationsarbeiten ein sehr bedeutender Faktor.
Sie können in Ihren Angeboten auch den Passus „Planung und Ausführung gemäß RAL-GZ 966 (S2, S3)" verlangen. Damit wird die in den sogenannten „Güte- und Prüfbestimmungen" festgelegte fachliche Praxis rechtsverbindlicher Vertragsbestandteil für Ihre Anlage.

3.4 Planung und Vorarbeiten

Anhand folgender Liste können Sie entscheiden, welche Arbeiten Sie selbst übernehmen können und wollen. Wenn Sie einige Arbeiten an einen qualifizierten Solarhandwerker vergeben wollen, ist es ratsam, die Auftragsarbeiten gegen die Eigenleistung genau abzugrenzen und zeitlich abzustimmen, damit Sie sich nicht gegenseitig im Weg stehen.

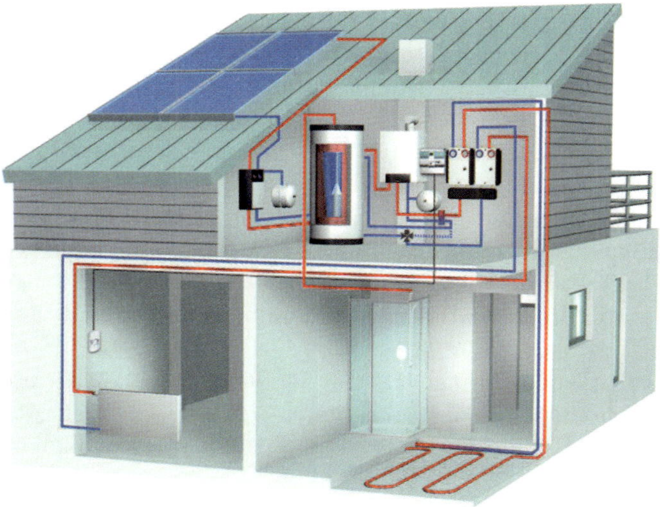

Abb 3.14: Systemhaus Solarthermie: Sonnenkollektoren, Wärmespeicher, Gastherme, Solarstationen, Fußbodenheizung, Radiator. (Grafik: Bosch Thermotechnik GmbH)

Arbeitsschritte:
Vorarbeiten, Standorte für Kollektor und Speicher bestimmen:

- Leitungstrasse festlegen und Durchbrüche machen
- Leitungen verlegen und dämmen
- Dachhaken und Gestell für Kollektoren anbringen
- Kollektoren montieren
- Speicher aufstellen und befüllen
- Speicher an die Warmwasserversorgung und Heizung anbinden
- Solarkreislauf an den Speicher anschließen
- Solarkreislauf befüllen und die Solaranlage in Betrieb nehmen

Wichtig

In den Unfallverhütungsvorschriften der Berufsgenossenschaften steht, dass auf dem Dach arbeitende Personen absturzgesichert sein müssen, wenn die Absturzhöhe mehr als drei Meter beträgt. Sicherheitshinweise für Arbeiten auf dem Dach finden Sie im Anhang.

Sollten sich Abweichungen zu den folgenden allgemeinen Praxistipps ergeben, hat die Montageanleitung des Anlagenherstellers selbstverständlich Vorrang.

Eine ganze Reihe von Firmen bietet Solaranlagen als komplette Bausätze mit aufeinander abgestimmten Komponenten an, die sich gut für den Selbstbau eignen. Geschickte Heimwerker können so etwa 20 % der Gesamtkosten sparen, verzichten damit jedoch auf Garantie und Gewährleistung.
Die Anlagen sind normalerweise genehmigungsfrei. Meistens reicht eine Bauanzeige aus. Im Zweifelsfall – zum Beispiel bei denkmalgeschützten Häusern – können Sie beim zuständigen Bauamt klären, ob Sie Kollektoren auf dem Dach anbringen dürfen. Ein Kollektorfeld wiegt einschließlich Untergestell und Solarflüssigkeit etwa 25 bis 30 Kilogramm pro Quadratmeter. Deshalb ist es empfehlenswert, auf jedem Dachsparren einen Dachhaken für das Untergestell zu befestigen, um nicht einzelne Sparren eventuell zu überlasten. Im Zweifel ist es besser, einen Statik-Fachmann zu fragen, ob das Dach genug Reserven für zusätzliche Sonnenkollektoren hat. Dabei spielen auch die örtlichen Schneelasten eine Rolle. Falls eine Anlage aus statischen oder aus Platzgründen nicht auf dem Hauptdach installiert werden kann, kommen eventuell Vor- und Nebendächer oder die Fassade dafür in Frage.
Erfahrungsgemäß braucht jede Person etwa 40 bis 50 Liter warmes Wasser pro Tag. Pro Person, die in Ihrem Haushalt lebt, kommen Sie bei Flachkollektoren mit etwa 1,5 Quadratmetern Kollektorfläche aus, bei Vakuum-Röhrenkollek-

toren mit etwa 1,2 Quadratmetern. Wenn Sie Wasch- und Spülmaschine auch anschließen wollen, rechnen Sie noch einmal die gleiche Fläche dazu.
Beispiel: Ein Vierpersonenhaushalt mit angeschlossener Wasch- und Spülmaschine braucht einen Flachkollektor mit etwa 7,5 Quadratmeter Fläche und einen 400-Liter-Brauchwasserspeicher (das Doppelte des angenommenen Warmwasserbedarfs).
Wenn Sie soviel unverschatteten Platz auf dem nach Süden ausgerichteten Dach haben, verfügen Sie über gute Bedingungen für die Anlage. Selbst wenn das Dach nach Osten oder Westen zeigt, können Sie immer noch mit guten Erträgen rechnen: Je nach Abweichung verbleiben zwischen 90 und 100 % des maximalen Energieertrages, wenn die bei normaler Aufdachmontage durch die Dachneigung vorgegebene Kollektorneigung 30 Grad beträgt (optimal im Sommer). Auf einer sogenannten Einstrahlungsscheibe lässt sich der von der Ausrichtung und Neigung des Daches abhängige Energieertrag ablesen.

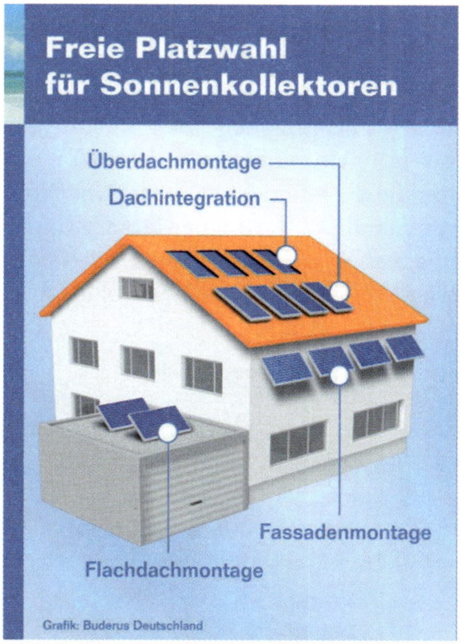

Abb 3.15: (Foto: Bosch Thermotechnik GmbH)

Alles, was Schatten werfen könnte – zum Beispiel eine alte Antennenanlage –, ist zu entfernen oder, wenn möglich, umzusetzen. Andernfalls gibt es erhebliche Ertragseinbußen. Nur Abschattungen vor 9 Uhr vormittags und nach 17 Uhr nachmittags wirken sich sehr wenig auf den Energieertrag aus, da die Sonne zu diesen Zeiten sehr tief steht.

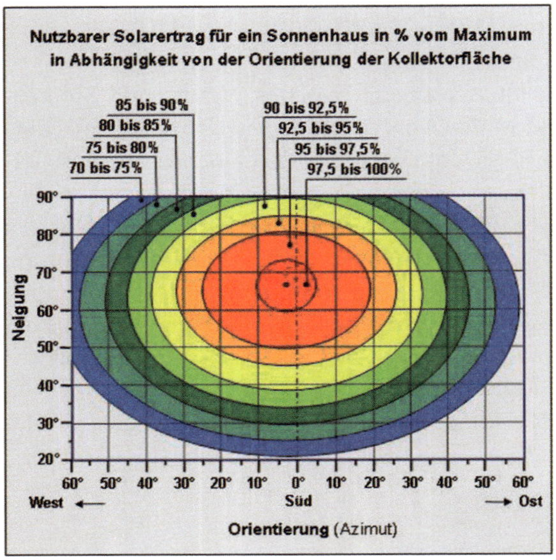

Abb 3.16: (Grafik: Sonnenhaus-Institut)

In Abhängigkeit vom Sonnenstand ist in der Übergangszeit ein Kollektorneigungswinkel zwischen 30 und 60 Grad, im Winter ein Winkel von 55 bis 65 Grad optimal. Da für eine thermische Solaranlage in der Übergangszeit und im Winter möglichst hohe Wärmegewinne wünschenswert sind, ist eine stärkere Dachneigung von 45 bis 50 Grad ausgesprochen günstig. Für einen solchen Neigungswinkel spricht auch, dass dann Schmutz oder Schnee besser von den Kollektoren abgleiten.

Abb 3.17: Südfassade mit hohem Fensteranteil und großzügig bemessener Kollektorfläche. Durch ein Gestell wurden die Kollektoren steiler gestellt um in der Übergangszeit und im Winter mehr Wärme zu gewinnen. Außerdem rutscht der Schnee besser herunter. (Foto: Reinhard Hoffmann)

Abb 3.18: Auf Ständersystem montierte Flachkollektoren für Warmwasser und Heizungsunterstützung
(Foto: Reinhard Hoffmann)

Generell überwiegt zwar die Aufdachmontage. Als Vorteile der Innendachmontage sind zu nennen:

- Das Dach und die Ziegel liegen auf einer Ebene, sodass die Anlage unauffälliger wirkt, weil die Leitungsanschlüsse sich unsichtbar unter der Dachhaut befinden.
- Es werden Ziegel gespart.
- Der Wirkungsgrad der Anlage ist höher, da die Rückseite der Kollektoren weniger abkühlt.
- Ein Sturm hat weniger Angriffsfläche.

Abb 3.19: Aufdach-montierte Sonnenkollektoren
(Foto: Viessmann)

Abb 3.20: Montage von Flachkollektoren auf einem Flachdach (Foto: Sonnenkraft)

Verglichen mit der Aufdachmontage ist der Einbau von Innendachanlagen aufwendiger und komplizierter, bei mangelnder Sorgfalt kann das Dach undicht werden. Nach dem Einbau sind die Kollektoranschlüsse nicht mehr zugänglich und Undichtigkeiten unsichtbar. Deshalb ist es bei Innendachanlagen ratsam, den Solarkreis anzuschließen und auf Dichtigkeit zu prüfen, bevor das Dach geschlossen wird.

Abb 3.21: Beim Neubau ist die Indachmontage kein Problem (Foto: Junkers)

Abb 3.22: (Foto: Junkers)

Bei der Aufdachmontage sind Undichtigkeiten an den Kollektoranschlüssen sofort an der Solarflüssigkeit zu erkennen, die dann Richtung Dachrinne fließt.

Abb 3.23: Indach-montierter Flachkollektor (Foto: Bosch Thermotechnik GmbH)

Zwei interessante Produkte:

Der „Cuadro"-Flachkollektor wiegt etwa 20 Kilogramm, hat die Form eines überdimensionalen Dachziegels und lässt sich wie eine normale Dachpfanne in das Dach integrieren. Sechs solcher Ziegel reichen nach Angaben des Berliner Herstellers Alligator Sunshine aus, um zusammen mit Warmwasserspeicher und Pumpenstation rund 60 % des Warmwasserbedarfs eines Einfamilienhauses zu decken.

Außerdem gibt es Dachfensterfirmen, die nach dem gleichen System sowohl Dachfenster als auch Kollektoren anbieten, die den Dachfenstern täuschend ähnlich sehen.

Material prüfen

Es mag banal klingen, aber häufig wird vor dem Einbau vergessen zu prüfen, ob das richtige Material vorhanden ist. Denn eine der häufigsten Fehlerquellen ist die Verwendung falscher Komponenten, weil auf dem Dach während der Montage ein wesentliches Teil fehlt.

Besser ist: Geliefertes Material ordentlich auslegen, mit der Stückliste vergleichen und abhaken. Zum Standardpaket gehören: Kollektoren, Dachhaken, Verbindungsschienen, Niederhalter, Schrauben, U-Scheiben und Muttern, Anschlusskomponenten, Tragegriffe.

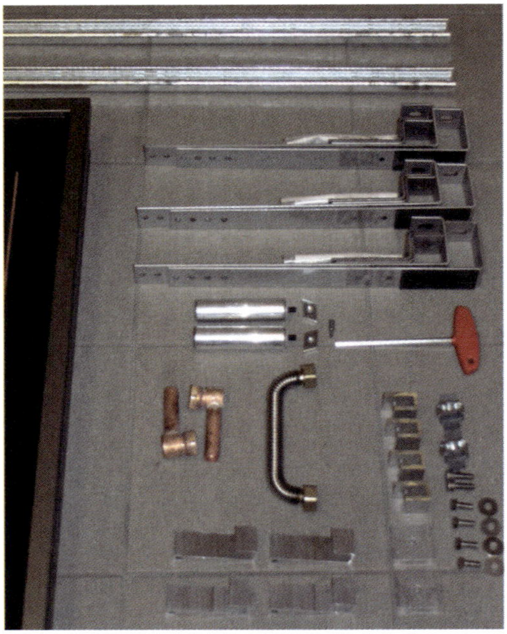

Abb 3.24: Zur Prüfung übersichtlich ausgelegtes Material (Foto: Citrin Solar)

3.5 Montage

3.5.1 Leitungstrasse festlegen und Durchbrüche machen

In der Regel steht der Solarspeicher im Heizungskeller. Wenn das Dachgeschoss den befüllten Speicher tragen kann, spricht auch nichts dagegen, ihn dort unterzubringen, vor allem, wenn sich schon eine Gastherme unter dem Dach befindet oder geplant ist. In diesem Fall ist eine Sicherheitswanne unter dem Speicher angebracht, damit eventuell durch undichte Anschlüsse auslaufende Solarflüssigkeit nicht gleich durch die Decke tropft.
Beim Weg vom Dach in den Keller ist es naheliegend, für die Leitungstrasse die kürzeste Strecke, die am wenigsten Eingriffe in die Bausubstanz erfordert, zu wählen. Da ein Leitungswirrwarr auf dem Dach nicht gut aussieht, werden die vom Kollektor kommenden Leitungen normalerweise auf kurzem Weg durch die Ziegel unter das Dach geführt, zum Beispiel durch spezielle Solarziegel, Lüfterziegel oder umgearbeitete vorhandene Ziegel. Dies bringt auch den Vorteil geringerer Leitungsverluste an sonnigen, aber kalten Tagen.

Wichtig

Wer böse Überraschungen vermeiden will, dichtet alle Durchführungen durch das Dach einschließlich innenseitiger Dampfbremse wieder sorgfältig ab.

Im besten Fall kann ein bereits vorhandener Versorgungsschacht dafür genutzt werden, die Solarleitungen in den Keller zu führen. Alternativen sind:

- das Treppenhaus,
- der Kamin (ein Durchbruch im Dachbereich, ein weiterer im Heizungskeller),
- ein zusätzliches, umfunktioniertes Regenfallrohr oder
- die Fassade, falls die Leitungen später durch einen zusätzlichen Dämmputz oder eine Holzverschalung verdeckt werden.

Wenn Sie schwere körperliche Arbeit nicht scheuen, können Sie die Durchbrüche selber machen. Dabei ist es hilfreich, vor dem Durchbruch die Wand mit einem langen dünnen Bohrer im benötigten Durchmesser zu durchbohren.

3.5.2 Leitungen verlegen und dämmen

Wenn die Rohrleitung vom Speicher zum Kollektor nicht stetig ansteigt, bilden sich Luftblasen, die nur schwer wieder aus der Leitung herauszubringen sind. Besonders gut für Selbstbauer eignen sich hochflexible Edelstahlrohre für innen und außen. Sie finden zwei Systeme auf dem Markt: Das Spiralrohr bietet bessere Durchflusswerte als das Wellrohr, das sich dafür etwas leichter verarbeiten lässt. Beide sind in Längen von 5 bis 50 Metern erhältlich. Bei Bedarf können Sie dazu passende Innen- und Außengewinde, Kupplungen, Winkel und T-Stücke kaufen. Edelstahlrohre lassen sich auch gut um Ecken verlegen. Da sie recht teuer sind, ist es wichtig, die erforderliche Länge vor der Bestellung möglichst genau zu messen. Dabei sind auch die kleinsten erlaubten Biegeradien zu beachten, die Ihnen der Systemanbieter nennen kann. Bei den Anschlüssen auf dem Dach ist es sicherer, eine kleine Reserve einzuplanen, damit sie auf keinen Fall zu kurz geraten.

Zur besseren Unterscheidung der Vor- und Rücklaufleitung kennzeichnen viele Hersteller eines der Rohre mit einem meist blauen Strich. Anschluss-Sätze mit Patentverbindungen erleichtern das Anschließen der Leitungen an die Kollektoren und Speicher wesentlich. Sie brauchen nur einen Rohrabschneider, eine Zange und einen Schraubenschlüssel, um die Adapter anzubringen. Wenn Sie beim Verschrauben der Anschlüsse immer gleich die passende hochtemperaturbeständige Dichtung einlegen, kann eigentlich nichts schiefgehen. Erfahrene Praktiker empfehlen, bei flach dichtenden Anschlüssen zunächst nicht zu fest anzuziehen.

Tipp

Da Wärme aufsteigt, ist es bei übereinander angeordnetem Vor- und Rücklauf besser, den warmen Vorlauf oben zu verlegen.

Auch Weichkupferrohre sind gut für Solarleitungen geeignet. Mit einer Biegevorrichtung können Sie das Rohr ohne Lötung vom Kollektor bis zum Speicher verlegen. Handelsüblich sind Weichkupferringe mit 25 oder 50 Metern Länge. Die Kupferrohre dürfen nicht weich gelötet sein, da bei den kurzfristig in der Leitung möglichen Temperaturen über 150 °C die Lötung aufgehen kann. Verbunden werden die Weichkupferrohre mit Klemmringverschraubungen.

Die lückenlose Dämmung der Rohre des Solarkreislaufs trägt entscheidend zu einem guten Wirkungsgrad der Anlage bei. Kennzeichen einer guten Dämmung sind:

- Dämmstärke mindestens Rohrdurchmesser,
- mindestens bis 150 °C temperaturbeständig,
- Witterungs- und UV-beständig (für Außenbereich).

Pickende Vögel und nagende Siebenschläfer, die sich gerne außen an der Dämmung zu schaffen machen, können Sie mit einem Kunststoff- oder Metallrohr, das Sie über das Dämmmaterial schieben, daran hindern.

3.5.3 Dachhaken und Schiene für die Kollektoren anbringen

Wackelig angebrachte Kollektoren können lebensgefährlich sein. Darum muss die Befestigung absolut sicher ausgeführt werden. Beim Verschrauben der Dachhaken an der Dachlatte müssen die vorgegebenen Abstände unbedingt exakt eingehalten werden, um eine dauerhaft sichere Verbindung zu gewährleisten.

Abb 3.25: Abstände exakt einhalten (Foto: Citrin Solar)

Außerdem muss der Dachhaken in seiner Auflagenfläche absolut plan auf dem Dachziegel montiert werden, um Ziegelbruch zu vermeiden. Gegebenenfalls können Sie die Kanten plan schleifen.
Wenn hohe Schneelasten zu erwarten sind, können Sie vorsorglich die Last auf zusätzliche Dachhaken verteilen. Eine weitere Möglichkeit ist die Verwendung von Blechdachpfannen im Bereich des Dachhakens.

Wichtig

Arbeiten auf dem Dach sind alles andere als ungefährlich. Bitte beachten Sie die Unfallverhütungsvorschriften der Berufsgenossenschaften. Im Anhang finden Sie eine Zusammenfassung der Sicherheitshinweise.

3.5.4 Kollektoren montieren

Unsicheres Hantieren mit dem Kollektor auf dem Dach führt schnell zu Unfällen. Achten Sie deshalb darauf, dass die zusammen mit dem Kollektor gelieferten Tragegriffe auch benutzt werden. So lassen sich die etwa 40 Kilogramm schweren Kollektoren besser auf das Dach bringen. Aufgrund des relativ hohen Gewichts ist es sehr sinnvoll, die Kollektoren zum Beispiel mit einer Seilwinde auf das Dach zu schaffen. Die Haltebänder müssen unbedingt für die entsprechende Traglast ausgelegt sein und so befestigt werden, dass sie seitlich nicht abrutschen können. Alternativ können Sie sich tageweise einen Dachdeckeraufzug ausleihen.

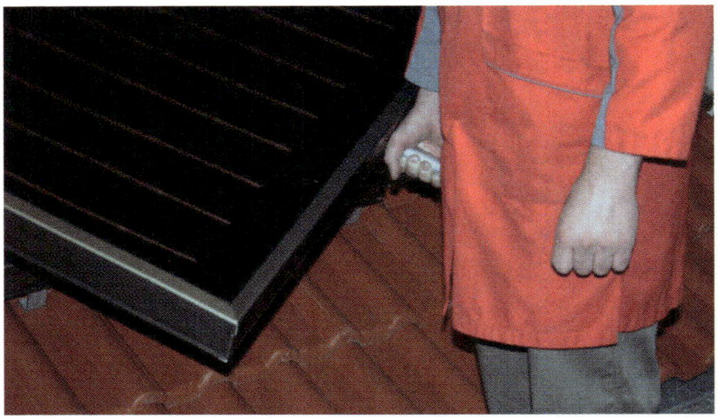

Abb 3.26: Praktischer Tragegriff (Foto: Citrin Solar)

Abb 3.27: Transport der Kollektoren am Tragegriff zum Bestimmungsort (Foto: Citrin Solar)

Abb 3.28: Hier wird ein Kran eingesetzt, um die rund 50 Kilogramm schweren Kollektoren an ihren Bestimmungsort zu bringen. (Foto: Viessmann)

Nachdem der Kollektor auf die Montageschienen gelegt wurde, lässt man ihn behutsam nach unten gleiten, bis er in dem Montageprofil einrastet. Auch wenn die Alu-Rahmenprofile robust aussehen, kann ein harter Schlag zu Beschädigungen führen, die langfristig die Funktion beeinträchtigen können.

Befestigung

Auf manchen Dächern sind die Kollektoren ziemlich unregelmäßig angeordnet. Eine ordentliche Optik lässt sich nur erreichen, indem alle Kollektoren, sobald sie sicher in die Montageprofile eingerastet sind, sofort sorgfältig ausgerichtet werden. Erst danach werden alle Anschlussklemmen sowie die Niederhalter befestigt. Wenn Sie jetzt noch das gesamte Kollektorfeld auf korrekte und stabile Montage überprüfen, ersparen Sie sich spätere Nacharbeiten auf dem Dach.

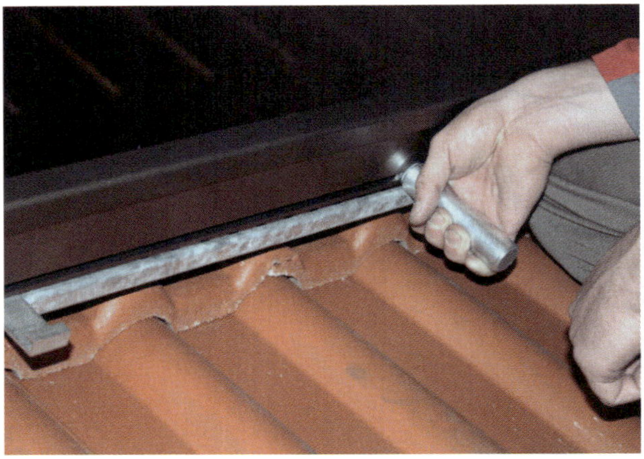

Abb 3.29: Kollektoren exakt an Dachschienen ausrichten (Foto: Citrin Solar)

Abb 3.30: Kollektoren exakt untereinander ausrichten (Foto: Citrin Solar)

Abb 3.31: Anschlussklemme und Niederhalter befestigen (Foto: Citrin Solar)

Kollektoranschluss

Dichtungen im Anschlussbereich werden bei den üblichen Temperaturschwankungen auf dem Dach meist brüchig. Verwenden Sie deshalb besser nur Systeme, die ohne diese Hilfsmittel auskommen. Und weil es auch viel einfacher geht, empfiehlt es sich, die Kollektoren mit flexiblen Anschlüssen zu verbinden.

Abb 3.32: Kollektoren mit flexiblen Anschlüssen verbinden (Foto: Citrin Solar)

Achten Sie darauf, dass aus hydraulischen Gründen maximal sieben Kollektoren in Reihe „verschaltet" werden können. Warum Marder gerne die Anschlusskabel der Temperaturfühler anfressen, ist nicht bekannt. Sie können das vermeiden, indem Sie die Leitungen sicherheitshalber in einem Wellrohr ins Haus einführen.

Abb 3.33: Anschlussleitungen im Wellrohr in das Haus führen (Foto: Citrin Solar)

3.5.5 Speicher aufstellen und befüllen

Solarspeicher haben meistens Ein- oder Eineinhalb-Zoll-Anschlüsse. Wenn Sie die für die bereits vorhandene Installation benötigten Messing- und Reduzierfittings, Übergangsstücke und Dichtungen besorgt haben, und der Speicher so an seinem Bestimmungsort steht, dass die Wasserleitungen gut anzuschließen sind, können Sie mit dem Befüllen beginnen.
Vorher müssen der Mischer, das Überdruckventil und alle Anschlüsse fertig installiert sein. Der Speicher wird bei geöffnetem Entlüftungsventil (oben) von unten her befüllt (unterer Befüllstutzen). Abhängig von Wasserdruck und Speichergröße dauert die Befüllung mehrere Stunden.

Abb 3.34: Befüllen des Solarkreislaufs (Foto: Junkers)

3.5.6 Speicher an die Warmwasserversorgung und Heizung anbinden

Das Material, aus dem das bestehende Warmwassernetz aufgebaut ist, ist natürlich auch bei der Anbindung des Solarspeichers die erste Wahl. Sie sollten nur nach RAL-Gütezeichen empfohlene Materialien wählen. Wenn Sie den Speicher mit Kupfer anbinden, reicht die weich gelötete Ausführung, da die Temperaturen nicht so hoch sind. Sandwich-Pressrohrverbindungen sind auch möglich.

Wichtig ist ein zusätzliches Überdruckventil mit Überlauf im Kaltwasserzulauf des Solarspeichers. Darüber kann der Druck, der sich bei der Erwärmung des Wassers im Speicher aufbaut, notfalls entweichen.

Auch ein automatischer Temperaturmischer für die Warmwasserversorgung ist nützlich. Denn im Solarspeicher können Wassertemperaturen über 80 °C auftreten. Der automatische Mischer zwischen Solarspeicher und Warmwassernetz verhindert, dass Sie sich mit zu heißem Speicherwasser verbrühen.

Im Winter reicht hierzulande die von den Kollektoren gewonnene Wärme nicht aus, um den Warmwasserbedarf zu decken. Dann wärmt normalerweise das Heizsystem das Wasser zusätzlich auf, denn elektrische Heizstäbe sind dafür nicht effizient genug. Es ist besser, die Heizung, die zum Beispiel einen Nachheizwärmetauscher im oberen Drittel des Speichers erwärmt, wenn die Temperatur dort unter 45 Grad absinkt, bei Bedarf zuzuschalten.

Bei langen Leitungswegen zwischen Warmwasserspeicher und Zapfstelle wird oft eine Zirkulationspumpe eingebaut. Aber auch über gedämmte Rohrleitungen geht Wärme verloren. Sie können diese Verluste auf 15 bis 30 % des Wertes begrenzen, wenn Sie durch eine Zeitschaltung die Laufzeiten der Zirkulationspumpe einschränken.

Hinweis

Hauptsächlich beim heißen solaren Vorlauf aus den Kollektoren erhöhen mangelhaft gedämmte Rohrleitungen – besonders der Leitungen über dem Dach – die Wärmeverluste drastisch. Das Gleiche gilt für einen schlecht gedämmten Speicher, auch der Speicherboden muss gut gedämmt sein.

Zusätzlich gibt es Steuerungen, die den Warmwasserstrang überwachen: Kurzzeitiges Öffnen des Warmwasserhahnes startet die Zirkulationspumpe. Nach wenigen Sekunden können Sie dann warmes Wasser entnehmen.

3.5.7 Solarkreislauf an den Speicher anschließen

Sehr wichtig beim Anschließen der vom Kollektor kommenden Rohrleitungen an die Solarstation ist die richtige Anordnung von Vor- und Rücklauf. Bei vertauschten Anschlüssen funktioniert die Solaranlage nicht, wenn Rückflussventile eingebaut sind (Schwerkraftbremse).

3.5.8 Solarkreislauf befüllen und die Solaranlage in Betrieb nehmen

Mit einem Kompressor können Sie die Anlage mit Pressluft auf Dichtigkeit prüfen. Dabei wird das Rohrsystem mit maximal 6 bar gefüllt, der KFE-Hahn (Kessel-Füll- und Entleerungshahn) geschlossen und eine halbe Stunde später der Druck am Manometer erneut geprüft. Wenn der Druck nicht wesentlich abfällt, ist alles dicht. Andernfalls müssen alle Löt- und Schraubverbindungen mit einem nassen Lappen umwickelt werden, um austretende Luft anhand von Luftblasen aufzuspüren. Alternativ ist auch die Druckprüfung mit Flüssigkeit möglich.

Zum Spülen und Befüllen des Solarkreislaufs mit Solarflüssigkeit brauchen Sie eine Pumpe mit Spüleinrichtung, die einen Druck von 5 bis 6 bar erzeugen kann. Die Solarflüssigkeit besteht aus Wasser und Frostschutzmittel. In unserem Klima ist das Mischungsverhältnis üblicherweise 60 % Wasser und 40 % Glykol, was einen Schutz bis etwa minus 25 °C sicherstellt.

Bevor gefrorene Solarflüssigkeit die Rohrleitungen und den Kollektor gefährdet, wird die Solarflüssigkeit sulzig (Stocktemperatur).

Eigenschaften von Glykol

Glykol ist biologisch abbaubar, löst Zink, ist zäher als Wasser und kriechfähiger bei einem Leck, aber transportiert weniger Wärme.

Achtung

Bei Vakuumkollektoren dürfen Sie nur die vom Hersteller fertig gelieferte Mischung verwenden – keinesfalls Wasser zumischen. Tipp: Gleich mehr Solarflüssigkeit zur Nachfüllung bestellen.

Der Kollektor muss bei der Befüllung kühl sein, damit sich keine Blasen in der Solarflüssigkeit bilden. Er ist entweder in Zeiten ohne Sonneneinstrahlung zu befüllen oder bei abgedecktem Kollektorfeld.
Wenn die Rohre erst einmal befüllt wurden und die Anlage an einer Stelle undicht ist, müssen Sie alles wieder ablassen.
Für den Vordruck im Ausdehnungsgefäß und den Anlagendruck gelten überschlägig folgende Werte:

- Vordruck (bar) > (Abstand des höchsten Punktes der Anlage zum Ausdehnungsgefäß / 10 m) + 1,0
- Anlagendruck (bar) = Vordruck + 0,3 bar
- Beispiel: Wenn die Höhe 15 Meter beträgt, sind mindestens 2,5 bar Vordruck einzustellen.

Installationsfehler
Besonders wenn Solaranlagen in bestehende Zentralheizungssysteme integriert werden, kommt es häufig zu Fehlern.
Beispiele: Die am Trinkwasserspeicher angebrachte Zirkulationsleitung ist nicht wärmegedämmt, die Zirkulationspumpe läuft im Dauerbetrieb und die Sonnenwärme geht im Rohrnetz verloren.

3.5.9 Abnahme

Wenn ein Installationsbetrieb Ihre Solarwärmeanlage montiert hat, wird die korrekte Installation in einem Inbetriebnahmeprotokoll dokumentiert. Falls nötig, führen Sie im Protokoll auch noch notwendige Nachbesserungen mit Ausführungsfristen auf. Mit der Unterzeichnung des Abnahmeprotokolls nehmen Sie die Anlage ab.
Unter *www.gueteschutz-solar.de* finden Sie ein Formblatt für ein ausführliches „RAL-S3-Abnahmeprotokoll".
Die wichtigsten Punkte sind:

- Wärmedämmung vollständig,
- Verbiss- und Wetterschutz angebracht,
- Sicherheitsventil nicht absperrbar,
- Solarrohrleitungen luftsackfrei verlegt,
- Kollektor entleerungssicher,
- Speicher lückenlos gedämmt, Dämmung eng anliegend,
- Sicherheitsgruppe nicht absperrbar,

- Solarkreis entlüftet,
- Schwerkraftbremse eingebaut und in Arbeitsstellung,
- alle Leitungen sind beschriftet.

Wichtig bei der Einweisung in die Anlage ist Folgendes:
- Sie werden mündlich in die Regelung eingewiesen,
- Sie bekommen ein Anlagenschema und eine Betriebsanleitung,
- Sie erhalten Anweisungen für den Fall von Betriebsstörungen,
- Sie werden informiert, wie die Nachheizung zu bedienen ist,
- Sie erfahren die Wartungsintervalle.

Eine vollständige Dokumentation enthält auf jeden Fall:
- Technische Unterlagen und Datenblätter der wesentlichen Anlagenkomponenten,
- Garantie- und Gewährleistungsbescheinigungen,
- Anlagenschema und Dachplan,
- Betriebsanleitungen.

3.6 Wartung und Sicherheit

Nur wenn alle Anlagenkomponenten aufeinander berechnet und ausgelegt sind, ist die „Eigensicherheit einer Solaranlage“ gegeben. Eine Kombination von Anlagenkomponenten, die nicht füreinander berechnet worden sind, könnte dazu führen, dass das Sicherheitsventil bei Stagnation des Kollektorfeldes den Überdruck abbläst. Ein Stillstand der Anlage wäre die Folge daraus.
Eine eigensichere Solaranlage gemäß DIN 4757 T1 und ihre Schaltung sind so abgesichert und montiert, dass anhaltende Wärmeaufnahme ohne Wärmeverbrauch nicht zu einem Störfall, dessen Behebung über den üblichen Bedienungsaufwand hinausgeht, führt.
Egal in welchem Betriebszustand sich die Anlage befindet: Eine eigensichere Solaranlage wird niemals über das Sicherheitsventil abblasen. Das Mindestvolumen des Ausdehnungsgefäßes berechnet sich aus dem Inhalt der gesamten Solaranlage (umfasst Kollektoren, Rohrleitung, Wärmetauscher und Armaturen), der sogenannten Wasservorlage, dem Dampfvolumen, dem maximalen Anlagendruck sowie dem Betriebsdruck der Anlage.

Erläuterung zur Berechnung:
- Wasservorlage: Um einen Unterdruck in der Anlage zu vermeiden, wird eine Wasservorlage für das Ausdehnungsgefäß berechnet.

- Dampfvolumen entspricht dem gesamten Kollektorinhalt zuzüglich dem Inhalt des jeweils ersten Meters der Anschlussleitung der Kollektorfelder.
- Anlagenenddruck: ergibt sich aus dem Ansprechdruck des Sicherheitsventils abzüglich der Arbeitsdruckdifferenz von 10 %.
- Fülldruck: Die statische Höhe ist der Höhenunterschied zwischen dem Aufstellort des Ausdehnungsgefäßes und den Sonnenkollektoren.
- Ausdehnungsvolumen: Anlagenvolumen mal Ausdehnungskoeffizient durch 100
- Betriebsdruck: entspricht der statischen Höhe der Anlage plus 0,5 – 0,8 bar, um auch am höchsten Punkt der Anlage einen Überdruck zu erhalten und einen eventuellen Lufteintritt zu vermeiden.

Für die Größendimensionierung des Ausdehnungsgefäßes ist das Dampfvolumen des Kollektors und die Größe des Druckfaktors ausschlaggebend. Je kleiner die Differenz zwischen Fülldruck und Anlagendruck ist, desto größer wird das erforderliche Ausdehnungsgefäß.
Bei der Festlegung des Enddrucks der Anlage sollten folgende Punkte beachtet werden:

- Je höher der Enddruck und Fülldruck, desto später verdampft das Glykol/Wassergemisch im Kollektor.
- Je höher der Enddruck, desto teurer ist das Ausdehnungsgefäß. Mit dieser Vorgehensweise trägt der Installateur maßgeblich zur Eigensicherheit der Solaranlage gemäß DIN 4757 T1 bei.

Unterlassene Wartung stellt ein Risiko dar. Denn nur regelmäßige Reinigungs- und Wartungsarbeiten garantieren den sicheren, umweltschonenden und energiesparenden Betrieb der Solaranlage.
Die wichtigsten Arbeiten, die im Abstand von zwölf Monaten im Rahmen der Wartung anfallen:

- den Betriebsdruck prüfen,
- Vordruck des Ausdehnungsgefäßes überprüfen,
- die Pumpenlaufruhe checken,
- die Vor- und Rücklauftemperatur kontrollieren,
- die Reglerfunktion testen,
- das Sicherheitsventil untersuchen,
- den pH-Wert überprüfen (größer 7),
- den Frostschutz in Augenschein nehmen (größer –25 °C).

Außerdem ist trübe Solarflüssigkeit komplett auszutauschen.

Hinweis

Häufiges Überhitzen der Solarflüssigkeit durch Dampfbildung bei Stillstand der Anlage macht sie entsprechend schnell unbrauchbar.

Stillstand bei Stromausfall können Sie vermeiden, indem Sie eine durch ein kleines Photovoltaikmodul versorgte Niedervolt-Solarpumpe einbauen.

3.7 Selbsthilfe bei Störungen

Die folgende Übersicht nennt Ihnen einige typische Störfälle aus der Praxis und wie Sie diese gegebenenfalls beheben können. Wenn noch Garantie auf die Anlage besteht, sollten Sie sich besser vorher mit dem Installateur oder Hersteller in Verbindung setzen.

Störung	Ursache	Beheben
Ungenügende Leistung, Flachkollektorglas innen beschlagen	Wasserdampf im Inneren kann nicht entweichen oder Kollektor undicht	Dampföffnungen reinigen oder Kollektor abdichten, schlimmstenfalls austauschen
Ungenügende Leistung, Vakuumkollektorglas innen beschlagen	Röhre ist undicht, Luft eingedrungen	undichte Kollektorröhre austauschen
Ungenügende Leistung, Geräusche	Luft im System	Entlüften, Anlagendruck minimal 1,5 bar
Leistung ungenügend, obwohl Anlage technisch in Ordnung	Solaranlage wird beschattet	Schatten werfendes Objekt entfernen, wenn möglich
Nur lauwarmes Wasser, obwohl Anlage gut läuft	Wärmetauscher oder Warmwassermischer verkalkt oder verstellt	Wärmetauscher oder Mischer entkalken, einstellen

Störung	Ursache	Beheben
Solarspeicher kühlt nachts deutlich ab	Regler oder Fühler defekt oder fehlende bzw. defekte Schwerkraftbremse	Regler oder Fühler auswechseln; Rückschlagventil einbauen, reinigen oder auswechseln
Druck am Manometer fällt deutlich	Solarkreislauf undicht	Verschraubungen, Lötstellen und Anschlüsse prüfen, abdichten
Hohe Druckschwankungen in der Anlage	Luft im Rohrsystem, Ausdehnungsgefäß defekt oder zu klein	Ausgleichsbehälter austauschen
Temperaturdifferenz zwischen Kollektor und Speicherzulauf zu groß	mangelhafte Rohrisolierung	Isolierung verbessern
Überdruckventil lässt ständig Solarflüssigkeit ab	Ausgleichsbehälter defekt oder zu klein	Ausgleichsbehälter austauschen
Umwälzpumpe läuft nicht, Kollektor aber wärmer als Solarspeicher	Temperaturdifferenzeinstellung zu hoch	kleinere Temperaturdifferenz einstellen
Temperatur im Kollektor steigt, Pumpe läuft nicht	Speichertemperatur hat Maximalwert erreicht	Speicher nachts über Kollektor abkühlen lassen
Umwälzpumpe läuft nicht	Sicherung oder Kabel der Pumpe oder des Solarreglers defekt	Ursache der Unterbrechung suchen, Sicherung tauschen
Umwälzpumpe läuft nicht	Solarregler defekt	Regler überprüfen, gegebenenfalls austauschen
Umwälzpumpe läuft nicht	Pumpenwelle fest	hintere Stellschraube aufschrauben, Welle mit Schraubenzieher andrehen
Umwälzpumpe läuft mit Gluckern	Luft in der Pumpe	hintere Stellschraube im Betrieb vorsichtig öffnen

Störung	Ursache	Beheben
Umwälzpumpe taktet	häufig wechselnde Sonneneinstrahlung	Temperaturdifferenz erhöhen (um 5-6 °C)
Umwälzpumpe schaltet nicht mehr ab	Kabelanschluss locker oder Regler oder Fühler defekt	Klemmen festziehen, Regler oder Fühler prüfen und eventuell austauschen
Solarregler mit unrealistischer Anzeige	Kabel von Fühler unterbrochen, Kurzschluss	Fühlerleitungen überprüfen

4 Photovoltaikanlagen

Das Kunstwort Photovoltaik setzt sich aus dem griechischen Wort für Licht und dem Namen des Physikers Alessandro Volta zusammen. Der Begriff bezeichnet die direkte Umwandlung von im Sonnenlicht enthaltener Energie in elektrische Energie. Dazu dienen Solarzellen.

Abb 4.1: Ein- bis Zweifamilienhaus mit Solarthermie- und großer Photovoltaikanlage (Foto: efa-Pressebild)

Die **Solarzellen** bestehen in der Regel aus dem Halbleitermaterial Silizium, dem zweihäufigsten Element der Erdrinde. Zur Herstellung einer Solarzelle wird durch gezielt eingebrachte chemische Elemente (Dotierung) ein Ladungsträgerüberschuss erzeugt.

Dadurch entsteht an der Grenzschicht ein inneres elektrisches Feld. Einfallendes Licht setzt positive und negative Ladungsträger frei, die dieses Feld dann voneinander trennt. Über Metallkontakte wird eine elektrische Spannung abgegriffen. Es fließt Gleichstrom.

Eine Photovoltaik-Anlage für ein Einfamilienhaus besteht aus **Solarmodulen** und einem **Wechselrichter**, der den Gleichstrom in Wechselstrom umwandelt. Die Menge der erzeugten elektrischen Energie wird vom **Einspeisezähler** festgehalten.

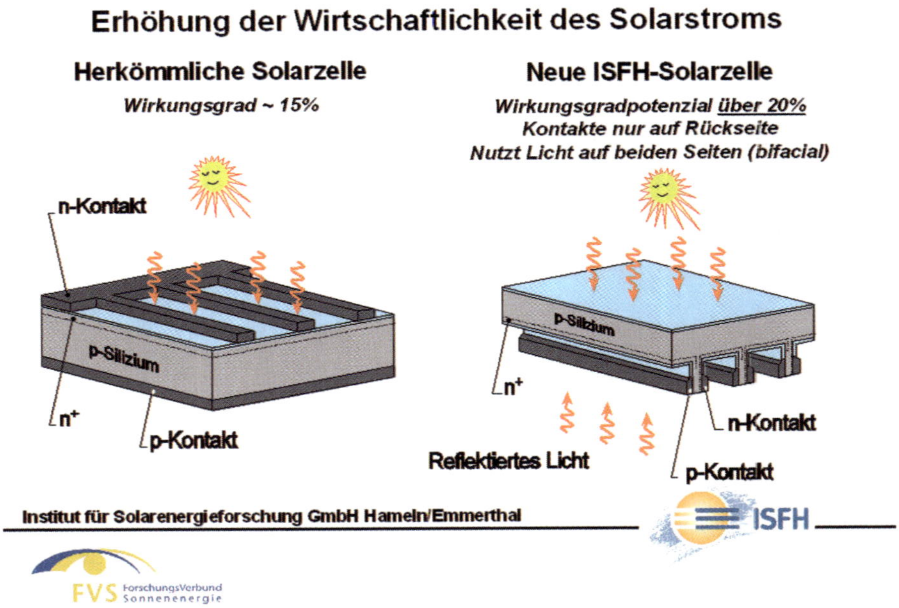

Abb 4.2: (Grafik: Institut für Solarenergieforschung)

Im Fall einer „Insellösung", bei der zum Beispiel eine abgelegene Hütte ohne Stromanschluss mit Strom versorgt werden soll, entfallen Wechselrichter und Einspeisezähler. Dann dienen Batterien zur Speicherung der durch die Solarmodule gewonnenen elektrischen Energie und die verwendeten elektrischen Lampen und Geräte müssen mit Gleichstrom funktionieren.
Bei einem Haus mit Stromanschluss wird die Einspeisung des von den Solarzellen produzierten Stromes in das Netz des Energieversorgers der Normalfall sein, da das Erneuerbare-Energien-Gesetz (EEG) eine Einspeisevergütung

garantiert, die wesentlich höher als die Kosten der vom Energieversorger bezogenen Kilowattstunden liegt. Im Netz wird der von Ihnen eingespeiste Strom vom nächstgelegenen Verbraucher sofort genutzt und kann so konventionell erzeugten Strom ersetzen. Der nächstgelegene Verbraucher kann ja auch der eigene Haushalt sein.
Das EEG garantiert diese Einspeisevergütung für 20 Jahre. Im Jahr 2008 bekommen Sie für Dachanlagen bis 30 Kilowatt Leistung 46,75 Cent pro Kilowattstunde. Allerdings wird der Betrag in den Folgejahren kontinuierlich sinken:

- ab 1.1.2009 minus 8 %
- ab 1.1.2010 jährlich minus 7 %.

Damit macht sich die Stromerzeugung auf dem Dach im Normalfall nach zwölf Jahren bezahlt.
Für PV-Anlagen, die an einer Fassade eine bauliche Funktion übernehmen, gibt es pro Kilowattstunde 5 Cent mehr.
Wenn eine Solarstromanlage gut geplant und fehlerfrei installiert wird, sind heute in Norddeutschland 800 Kilowattstunden pro kW_p und Jahr erreichbar, in Süddeutschland sind es sogar 900 Kilowattstunden.

Abb 4.3: (Foto: Solarworld)

Beispiel

Eine Photovoltaik-Anlage mit einer Leistung von 3 kW_p erzeugt in Deutschland jährlich etwa 2300 bis 2750 Kilowattstunden Strom, je nach Standort. Das „p" steht für peak: Das ist die Spitzenleistung unter Standardtestbedingungen mit einer Modultemperatur von 25° C. In der Praxis wird das Modul wärmer, was die Leistung vermindert.

Die erzeugte Strommenge entlastet die Umwelt um etwa 1500 Kilogramm CO_2 im Jahr, da bundesdeutsche Kraftwerke im Mittel pro erzeugter Kilowattstunde Strom rund 0,59 kg des Treibhausgases ausstoßen. Maximal 1285 Euro Solarstrom-Jahreseinnahme hätte der Betreiber dieser 3-Kilowatt-Anlage bei einer Einspeisevergütung von 46,75 Cent/kWh.

4.1 Zelltypen und Wirkungsgrade

Die Leistung – Strom mal Spannung – einer Solarzelle ist temperaturabhängig und nimmt mit steigender Temperatur ab. Bei Silizium gibt es drei Zelltypen: monokristallin, polykristallin und amorph.
Für monokristalline Siliziumzellen werden einkristalline Stäbe aus einer Schmelze gezogen und anschließend in dünne Scheiben gesägt. Polykristalline Zellen sind kostengünstiger herzustellen: Flüssiges Silizium wird in Blöcke gegossen, die später zersägt werden. Bei der Erstarrung bilden sich unterschiedlich große Kristallstrukturen aus, an deren Grenzen Gitterdefekte auftreten. Deshalb haben sie einen etwas geringeren Wirkungsgrad.

Amorphe oder Dünnschichtzellen entstehen bei der Abscheidung einer Siliziumschicht auf ein anderes Trägermaterial, zum Beispiel Glas. Da nur Schichten von einem Millionstel Meter nötig sind, sind die Produktionskosten geringer. Weil aber der Wirkungsgrad entsprechend schlechter ist, finden sie vor allem in Kleingeräten oder Fassadenelementen Anwendung.
CIS-Module enthalten die Elemente Kupfer, Indium und Selen und können ein viel breiteres Spektrum des Lichts verwerten.

Abb 4.4: Hier ist gut zu erkennen, dass es sich um eine polykristalline Struktur handelt (Foto: Bausparkasse Schwäbisch Hall)

Abb 4.5: Hier bestehen gleich die gesamten Dachflächen aus CIS-Modulen (Foto: Würth Solar/Andi Schmid)

Material	Wirkungsgrad in %
Monokristallines Silizium	14 bis 17
Polykristallines Silizium	13 bis 15
Amorphes Silizium	5 bis 7
CIS-Module	12

Auf dem nebenstehenden Foto ist die Freiburger Solar-Fabrik zu sehen, die europaweit erste Nullemissionsfabrik. Das heißt, hier wird ausschließlich mit erneuerbaren Energien produziert. Einen Teil der Energie liefern hauseigene Photovoltaikanlagen, die restliche Energie ein mit Rapsöl laufendes Blockheizkraftwerk.

Abb 4.6: Die europaweit erste Fabrik, die in der Produktion ausschließlich erneuerbare Energien einsetzt (Foto: Solar-Fabrik)

Die Freiburger Solar-Fabrik setzt auf bewährte Technik – Siliziumzellen, die zwischen Glas und Folie einlaminiert sind. Das Unternehmen gewährt auf seine Module eine Leistungsgarantie von 25 Jahren: Bei dieser Modultechnologie sei nach Langzeittests verschiedener Institute zu erwarten, dass sie 30 bis 40 Jahre einwandfrei funktionieren werde. Der Hersteller verkauft nicht an Privatkunden, sondern nur an Fachhandwerker, die ihre Kunden beraten, die Anlagen auslegen und montieren.
Experten des Fraunhofer-Instituts für Solare Energiesysteme (ISE) haben im Jahr 2004 die Energieausbeute von 147 netzgekoppelten Anlagen mit Komponenten der Solar-Fabrik untersucht: Im Mittel wurden von den überwiegend auf Schrägdächern in Baden-Württemberg und Bayern montierten Anlagen 931 Kilowattstunden pro Kilowatt Nennleistung gewonnen.
Die Ausrichtung und der Neigungswinkel des Solargenerators haben wesentlichen Einfluss auf den Jahresertrag. Optimal ausgerichtete Anlagen haben 30 Grad nach Süden geneigte Module. Solange die Ausrichtung zwischen Südosten und Südwesten liegt und der Neigungswinkel zwischen 20 und 40 Grad beträgt, ist der Minderertrag kleiner als 3 %. Die besten Anlagen erreichen Werte um 1050 Kilowattstunden pro kW_p. Dieser maximale Stromertrag ist jedoch auch an einem guten Standort in Süddeutschland nur zu erreichen, wenn:

- der Solargenerator gut hinterlüftet und nicht verschattet ist; selbst der kleine Schatten eines Blitzableiters oder einer Antenne verursacht messbare Einbußen,
- Ausrichtung und Neigungswinkel der Solarmodule optimal abgestimmt sind und ihre Leistung den vom Hersteller angegebenen Nennwerten entspricht,
- die eingesetzten Wechselrichter einen hohen Wirkungsgrad, eine hohe Verfügbarkeit und ein gutes Regelverhalten haben,
- die Anlage optimal ausgelegt ist.

Weltrekord für Wechselrichter

Die Forscher des Fraunhofer ISE halten derzeit mit einem Wirkungsgrad von 98,5 % den Weltrekord für Photovoltaik-Wechselrichter (Stand Januar 2008). Mit Siliziumkarbid-Bauelementen gelang es ihnen, die Verlustleistung herkömmlicher Geräte um 30 bis 50 % zu verringern.

4.2 Standort und Bedarf

Am Anfang steht die Standort- und Bedarfsanalyse. Vor dem Einholen erster Angebote ist es sinnvoll, sich über folgende Punkte klar zu werden:

- Wie groß soll die Anlage sein (Nennleistung in kWp)?
- Wie viel wollen Sie maximal in die Anlage investieren?
- Wohin sollen die Solarzellen (ins/aufs Dach, Fassade, Garage), und wie viel Fläche in welcher Lage ist vorhanden?
- Ist diese Montagefläche schattenfrei, auch in einigen Jahren noch (Beispiel: Bäume, auch auf dem Nachbargrundstück)?
- Bei Dachmontage: Ist es ausreichend tragfähig und in so gutem Zustand, dass in den nächsten 20 Jahren keine Reparaturen zu erwarten sind?
- Sind Baugenehmigungen einzuholen?
- Ist die Photovoltaikanlage in eine bestehende Blitzschutzanlage einzubinden?

Abb 4.7: Reihenhaussiedlung in Hamburg (Foto: Wagner&Co)

Abb 4.8: Solarzellen-Überdachung eines Eingangsbereichs (Foto: Wagner & Co, Cölbe)

Pro Kilowatt Leistung brauchen Sie etwa acht Quadratmeter Photovoltaikzellen. Bei Standortanalysen ist das Formblatt „RAL-P2-Standortbeurteilung“ des RAL Gütezeichens Solarenergieanlagen 966 eine gute Gedächtnisstütze. Sie finden es zum Beispiel auf der Internetseite *www.gueteschutz-solar.de*. Das Muster stammt vom „RAL Deutsches Institut für Gütesicherung und Kennzeichnung e. V.“ (RAL: Reichs-Ausschuss für Lieferbedingungen).

4.3 Anlagenkomponenten

Eine Solarstromanlage besteht aus folgenden Komponenten:

- Solarmodule,
- Montagesystem,
- Leitungen,
- Netzeinspeisegerät (Wechselrichter),
- Abschalt-Vorrichtung vor dem Wechselrichter,
- Einspeisepunkt,

eventuell noch:

- Ertragsüberwachung,
- Schutztechnik.

Solarzelle – Solarmodul – Solargenerator
Kleinster Baustein der Photovoltaikanlage ist die Solarzelle. Mehrere dieser Zellen sind in einem Solarmodul gekapselt, damit sie vor Witterungseinflüssen geschützt sind. Die Qualität dieser Einkapselung bestimmt die Lebensdauer und damit den Stromertrag des Moduls. Der Zusammenschluss einiger dieser Module innerhalb einer Solarstromanlage heißt Solargenerator.

Abb 4.9: Solarzellen aus polykristallinem Silizium (Foto: Wagner&Co, Cölbe)

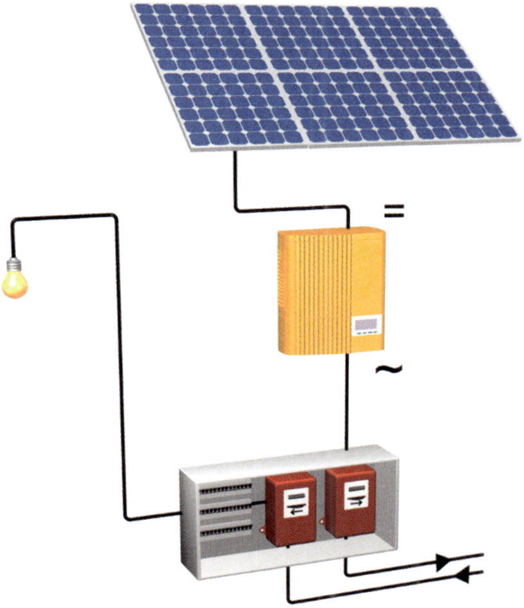

Abb 4.10: Solarstrom-Schema: Solarmodul, Wechselrichter, Stromzähler für Strom aus dem EVU-Netz und in EVU-Netz eingespeisten Strom (Grafik: Wagner & Co, Cölbe)

Wenn Lichtteilchen (Photonen) mit so viel Energie (diese ist abhängig von der Wellenlänge) auf die Solarzellen treffen, dass getroffene Elektronen aus ihrer Bindung gerissen werden, entsteht Gleichstrom. Deshalb können die Solarzellen nur einen Teil des gesamten Lichtspektrums zur Stromerzeugung nutzen. Der modulare Aufbau gestattet es, die Photovoltaikanlage später zu erweitern. Die Anlagengröße hängt von der verfügbaren Fläche und dem Investitionsbudget ab. Solarstrommodule reagieren wesentlich empfindlicher auf Beschattung als thermische Sonnenkollektoren. Andererseits haben sie eine minimale Anlaufschwelle und liefern bereits dann Strom, wenn ein Sonnenkollektor noch warmlaufen würde.

Achtung

Ein Solarmodul ist nur dann vollständig spannungsfrei, wenn eine dicht anliegende lichtundurchlässige Schicht es verdeckt und wenn es von allen anderen elektrischen Leitungen getrennt ist.

Wichtiger Hinweis

Es handelt sich hier um „ungewohnten“ Gleichstrom: Zu hohe Übergangswiderstände werden schnell zum Brandrisiko. Bei der Installation und Verkabelung ist deshalb größte Sorgfalt angebracht.

Leitungen dürfen auf gar keinen Fall unter Spannung abgezogen werden, denn das gibt **böse Lichtbögen**.

Wechselrichter

Der Wechselrichter – auch Netzeinspeisegerät genannt – wandelt den vom Solargenerator erzeugten Gleichstrom in netzkonformen Strom mit 230 Volt Wechselspannung um. Da der Strom sofort in das öffentliche Netz fließt, ist kein Energiespeicher nötig. Deshalb arbeiten netzgekoppelte Anlagen vollautomatisch und sind im Gegensatz zu Inselanlagen, die Speicherakkus enthalten, praktisch wartungsfrei.

Hinweis

Der Wechselrichter funktioniert nur, wenn er am 230-Volt-Stromnetz des Energieversorgers angeschlossen ist.

Zusätzlich kontrolliert der Wechselrichter, ob die Solaranlage bestimmte Grenzwerte einhält. Wenn zum Beispiel die Netzspannung oder die Frequenz außerhalb zulässiger Bereiche liegen oder das Netz ganz abgeschaltet wird, muss der Wechselrichter die Solarstromanlage vom Netz trennen und die Einspeisung unterbrechen.

Netzeinspeisegeräte schalten sich auch nachts ab. Das Wiedereinschalten erfolgt vollautomatisch.

Eine weitere Funktion des Wechselrichters ist die Maximum-Power-Point-Steuerung (MPP). Sie soll sicherstellen, dass der Solargenerator immer mit der maximal möglichen Leistung (Strom mal Spannung) arbeitet. Abhängig von der Einstrahlung und der Temperatur der Solarzellen stellt die MPP-Steuerung die Spannung des Solargenerators so ein, dass das Produkt aus Strom und Spannung immer möglichst groß ist. Qualitativ hochwertige Solarzellen allein genügen nicht, um einen hohen Gesamtertrag der Anlage zu erzielen: Auch der Wechselrichter muss gut und richtig dimensioniert sein.

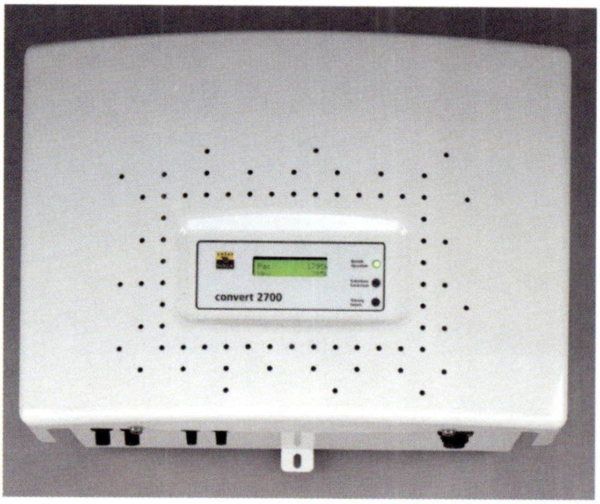

Abb 4.11: Wechselrichter (Foto: Solar-Fabrik)

Abb 4.12: Netzeinspeiser (Foto: Wagner &Co, Cölbe)

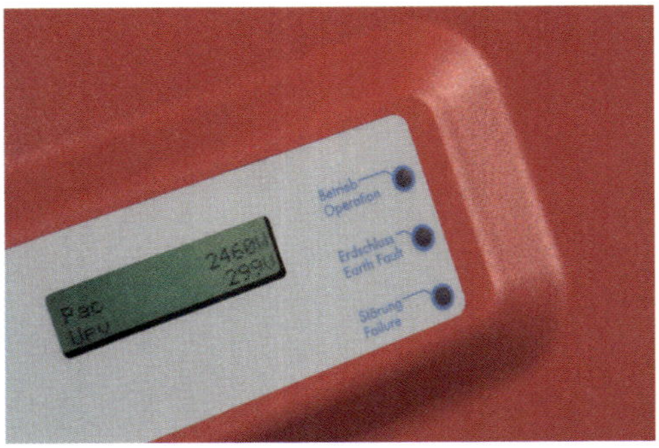

Abb 4.13: Anzeige eines Netzeinspeisers (Foto: Wagner &Co, Cölbe)

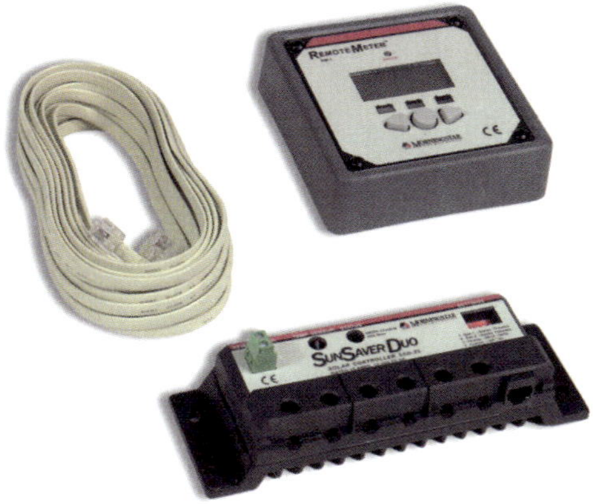

Abb 4.14: Laderegler (Foto: Wagner &Co, Cölbe)

Wenn Sie den Wechselrichter an einer gut zugänglichen Stelle anbringen, können Sie die wichtigsten aktuellen Betriebsdaten an seiner Anzeige ablesen. Einige Hersteller bieten eine zusätzliche PC-Schnittstelle und Software an, die statistische Auswertungen auf dem Personalcomputer ermöglicht.

Montagesystem

Es gibt folgende Arten von Montagesystemen:

- Schrägdachaufständerung,
- Indachsystem,
- Fassadensytem,
- Flachdachaufständerung und
- Nachführsysteme.

Gängige Materialien sind Aluminium, Edelstahl, feuerverzinkter Stahl und Kunststoff. Für Solardachziegel ist kein Montagesystem erforderlich.

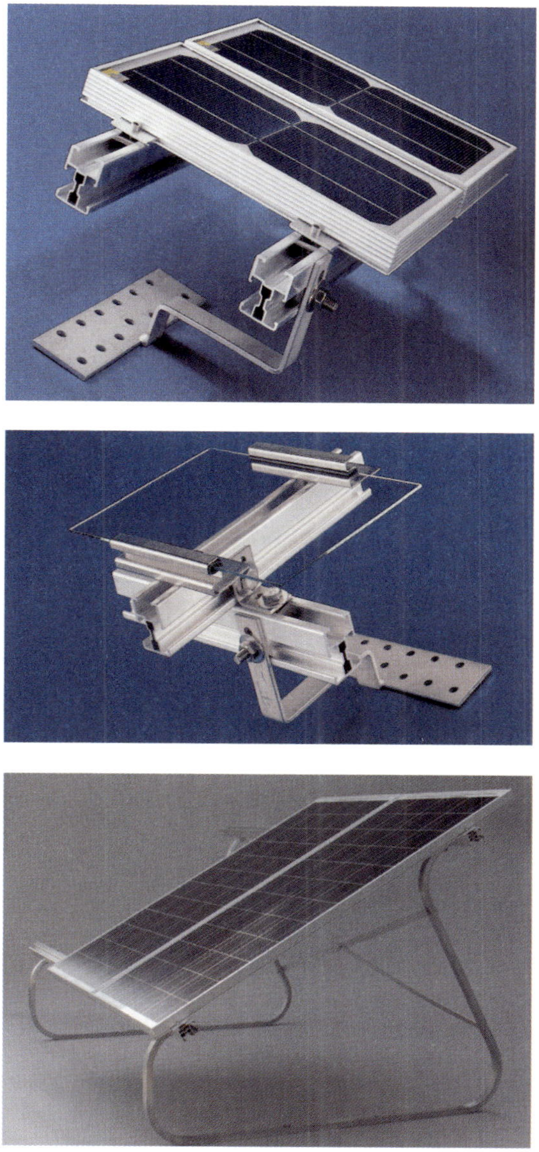

Abb 4.15: Beispiele für Solarzellen-Halterungen (Fotos: Solar-Fabrik)

4.4 Kauf der Anlage

Wer einen Kaufvertrag für eine Solarstromanlage ohne Vor-Ort-Termin abschließt (zum Beispiel bei einem Messebesuch), erhält wahrscheinlich keine Anlage, die genau auf sein Haus zugeschnitten ist. Wer mehrere Angebote einholt und jeweils eine Solarfachkraft zu einem Vorgespräch vor Ort einlädt, hat bessere Chancen, eine gute Anlage zu bekommen.

Irreführende Werbung

Unseriöse Anbieter versuchen, ihren Kunden zusammen mit der Photovoltaikanlage gleich noch eine Wärmepumpe zu verkaufen. Sie behaupten, dass man durch Kombination der beiden Techniken nahezu energieautark heizen könne.

Das funktioniert aber nicht, da der Solarstrom überwiegend außerhalb der Heizperiode erzeugt wird.

Genauso wenig ist es möglich, die Wärmepumpe mit der Einspeisevergütung für den Solarstrom zu finanzieren. Denn die Solarstromvergütung dient in den ersten zwölf Jahren vollständig zur Finanzierung der Solarstromanlage.

Der Trend geht zu schlüsselfertigen Photovoltaikanlagen mit aufeinander abgestimmten Komponenten. Allerdings passen solche Standardanlagen nicht auf jedes Dach. Für eine Spitzenleistung bis drei Kilowatt ist immerhin eine bis zu 24 Quadratmeter große Fläche notwendig. Wenn der Monteur die Module – etwa wegen Dachfenstern oder bereits vorhandenen Solarkollektoren – anders verteilen und verkabeln muss, kostet das entsprechend mehr. Der Bundesverband Solarwirtschaft ermittelte im zweiten Quartal 2007 für eine typische private Sonnenstromanlage bis zehn Kilowatt Spitzenleistung einen Durchschnittspreis von 4570 Euro je Kilowatt.

Anbieter:

Schlüsselfertige Photovoltaikanlagen haben folgende Systemanbieter im Programm:

AC Solar Power, Beck Solartechnik, Elektro Schwarzer, Energetica, Eurosol, Fotovoltaikshop, Green Factory, Groothuis, GSS, GUE Gehrlicher, IHRES, MHH Solartechnik, Osmer, PEW, SED, SET Solar Energie-Technik, Solarzentrum Allgäu, Soleg, Sunways, Vario, Wagner & Co, Solartechnik.

Als Privatkunde können Sie in der Regel nicht direkt bei den Systemanbietern einkaufen. Die Firmen nennen Ihnen in Ihrer Region Installateure, mit denen sie zusammenarbeiten.

Ein vollständiges Angebot zu einer **betriebsbereiten** Photovoltaikanlage enthält:

- Module (Anzahl, Hersteller, Typ, Nennleistung im Maximal-Power-Point, technisches Datenblatt)
- Montagesystem (Hersteller, Typ, Material)
- Wechselrichter (Anzahl, Hersteller, Typ, Nennleistung, technisches Datenblatt)
- Leitungen, Elektromaterial
- Montage und Anschluss aller Komponenten
- Netzanschluss und Inbetriebnahme der Gesamtanlage
- vollständige Dokumentation.

Auch hierzu gibt es ein Formblatt, die RAL-P2-Angebotserstellung. Zu diesem Formblatt gehören noch weitere Posten, selbst dann, wenn sie nicht mit angeboten werden:

- Überspannungsschutzmaßnahmen beziehungsweise Blitzschutzmaßnahmen,
- einfache Ertragsüberwachung oder ausführliche Fernüberwachung,
- Garantieverlängerungen, erweiterte Herstellergarantien,
- Gewährleistungen und Garantien der Installationsfirma (auf Montageleistungen),
- Anmeldung der Anlage beim zuständigen Netzbetreiber,
- Transport-/Montageversicherung.

Angebote sind immer als Ganzes zu betrachten. Eine Ertragsprognose mit Hilfe eines Simulationsprogramms, ergänzt durch eine Wirtschaftlichkeitsprognose, kann Ihnen bei der Entscheidung zwischen verschiedenen Angeboten helfen.
Die Wirtschaftlichkeit einer netzgekoppelten Photovoltaikanlage ist immer dann gegeben, wenn die Erlöse aus der Einspeisevergütung größer sind als die Kosten für die Installation und den Betrieb der Anlage.
Sie können in Ihren Angeboten auch den Passus „Planung und Ausführung gemäß RAL-GZ 966 (P2, P3)“ verlangen. Damit wird die in den sogenannten „Güte- und Prüfbestimmungen“ festgelegte fachliche Praxis rechtsverbindlicher Vertragsbestandteil für Ihre Anlage.

4.5 Planung und Vorarbeiten

Die Solarmodule sind in Deutschland in Südrichtung mit einem Aufstellwinkel von 30 bis 35 Grad optimal ausgerichtet. Wenn eine Südausrichtung nicht möglich ist, empfiehlt sich ein flacherer Neigungswinkel. So liegt die jährlich produzierbare Strommenge mit einer Südwestausrichtung von 45 Grad und 30 Grad Neigung noch bei knapp 95 % derjenigen, die bei optimaler Südausrichtung erzielbar ist. Selbst bei Ost- oder Westausrichtung können Sie noch mit 85 % der optimalen Einstrahlung rechnen, wenn die Dachneigung zwischen 25 und 40 Grad liegt. Deshalb wird sich das aufwendige Nachführen des Solargenerators nach dem Sonnenstand in der Regel nicht rentieren.

Abb 4.16: Einachsige Nachführeinrichtung für Solarzellen (Grafik: MP-TEC)

Auf verschiedene Dachflächen mit unterschiedlicher Ausrichtung aufgeteilte Solarmodule brauchen jeweils ein eigenes Netzeinspeisegerät, um einen optimalen Ertrag zu erreichen. Die zusätzliche statische Belastung durch eine PV-Anlage ist mit etwa einem Viertel Kilogramm pro Quadratmeter sehr gering. Allerdings erleichtert das geringe Gewicht die „Arbeit" von Dieben, die die Abwesenheit des Betreibers nutzen, um die teuren Module abzuschrauben und wegzuschaffen.
Da Schattenwurf große Einbußen zur Folge haben kann, ist es bei der Anlagenplanung besonders wichtig, die Solarmodule so zu platzieren, dass keine

Verschattung zu erwarten ist. Mehrere Zellen des Photovoltaikmoduls sind in Reihe geschaltet. Wird eine dieser Zellen verschattet, verhält sich die Zelle wie ein Stromverbraucher (ohmscher Widerstand): Sie erwärmt sich, und das gesamte Feld kann nur noch so viel Strom liefern, wie durch sie hindurchfließt. Dabei kann die Zelle auch beschädigt werden, das ist der sogenannte „Hot-Spot-Effekt". Um diesen Effekt zu vermeiden, arbeiten einige Hersteller mit Bypass-Dioden, die den Strom an der Zellenreihe vorbeileiten, sobald sie verschattet wird.

4.6 Montage

Die Systemanbieter geben teilweise sehr gute Montageanleitungen heraus, die jedoch in der Regel nur für Handwerksbetriebe gedacht sind. Die Solarhandwerker müssen die Vorschriften der zuständigen Berufsgenossenschaften beachten (BGV A1, BGV A2, BGV C22). Bei Selbstmontage weisen viele Anbieter alle Ansprüche zurück. Sie empfehlen, einen Fachbetrieb zu beauftragen.

Warnung

Die Systemanbieter weisen darauf hin, dass **Lebensgefahr** durch Stromschlag und Lichtbogen besteht und empfehlen dringend:

- keine elektrisch leitenden Teile in die Steckverbinder der Module einzuführen,
- Solarmodule und Leitungen nicht mit nassen Steckverbindern zu montieren,
- alle Arbeiten an den Leitungen mit äußerster Vorsicht vorzunehmen,
- die Montagevorschrift für den Wechselrichter genau zu lesen und zu beachten,
- niemals die Solarmodule vom Wechselrichter zu trennen, wenn dieser in Betrieb ist.

Wichtig

In den Unfallverhütungsvorschriften der Berufsgenossenschaften steht, dass auf dem Dach arbeitende Personen absturzgesichert sein müssen, wenn die Absturzhöhe mehr als 3 Meter beträgt. Sicherheitshinweise für das Arbeiten auf dem Dach finden Sie im Anhang.

Selbstverständlich hat die Montageanleitung des Anlagenherstellers Vorrang, falls sich Abweichungen zu den folgenden, allgemein gehaltenen Tipps aus der Praxis ergeben sollten.

Schrägdach
Bei der Schrägdachmontage trägt ein Schienensystem, das am Dachstuhl befestigt wird, die Photovoltaikmodule. Dieses Montagesystem ist höchst flexibel, so dass Sie es auch bei Dachkonstruktionen, die nur ungünstige Befestigungspunkte bieten, verwenden können.

Arbeitsschritte:
- Unterkonstruktion montieren,
- Solarkabel verlegen,
- PV-Module verlegen, verkabeln und befestigen,
- Wechselrichter montieren und anschließen,
- Netzanschluss (darf nur ein zugelassener Elektroinstallateur machen).

Benötigtes Werkzeug: Schraubendreher, Steckschlüssel, Imbusschlüssel, Hammer, Seitenschneider, Quetschzange für Kabelschuhe, Maurerschnur und Flex.
Die Aufdach-Montage läuft folgendermaßen ab:
Zuerst schieben Sie die Dachziegel im Bereich der Dachsparren hoch, um die Dachhaken für Pfannenziegel später daran festschrauben zu können, und legen die Dachziegel an einem sicheren Ort ab.

4.6.1 Unterkonstruktion

Der maximale Dachhakenabstand beträgt etwa 1,5 Meter. In den Randbereichen der PV-Module kompensieren jeweils auf den ersten beiden Sparren festgeschraubte Dachhaken die verstärkte Belastung durch Windturbulenzen. Sofern Sie nicht in einem Gebiet mit hoher Schnee- oder Windbelastung wohnen, reicht anschließend ein Dachhaken auf jedem zweiten Sparren.
Der Schenkel des Dachhakens liegt in der Senke oder flachen Ebene des Dachziegels. Je nach System können deshalb die Dachhaken für die Unterkonstruktion seitlich und in der Höhe verstellt oder versetzt werden.

Wichtig

Wenn die Dachhaken bündig an den Ziegel montiert werden, besteht die Gefahr, dass der Dachziegel zum Beispiel unter Schneelast bricht. Deshalb ist es besser, wenn der Schenkel des Dachhakens mindestens 5 Millimeter Abstand zur Oberfläche und zur Oberkante des Ziegels hat. Eventuell sind Ausgleichhölzer zwischen Sparren und Dachhaken zum Höhenausgleich unterzulegen. Der Austausch eines gebrochenen Dachziegels nach der Montage des PV-Moduls ist sehr aufwendig.

Alle Schrauben entsprechend der Bauanleitung festziehen. Holzschrauben sollen etwa sieben Zentimeter im Sparren greifen und Gewindeschrauben nur in Verbindung mit selbstsichernden Muttern oder Federringen verwendet werden.

Tipp

Wenn Sie Holzschrauben verwenden, verhindert das Vorbohren und Schmieren der Schraube deren Abscheren beim Eindrehen.

Nach der Montage müssen alle Dachhaken noch einmal auf festen Sitz überprüft, die Dachziegel über die Dachhaken gezogen werden. Je nach Ziegelform ist eventuell ein Abschleifen oder Herausklopfen der Traufnase notwendig, damit nach dem Anschrauben der Dachhaken der obere Ziegel wieder gut auf dem unteren aufliegt. Bei Tonpfannen bietet sich der Hammer als Werkzeug dafür an, bei Zementpfannen die Flex.
Nun können Sie die äußeren vertikalen Montageschienen auf den Dachhaken montieren. Eine zwischen den beiden Schienen gespannte Schnur hilft Ihnen dabei, die weiteren Montageschienen genau fluchtend auszurichten.
Anschließend den unteren Querträger an alle Vertikalschienen anschrauben und danach mit Hilfe einer Abstandslehre (Länge gleich Modullänge plus 3 Millimeter) den jeweils nächsten oberen Querträger an allen Vertikalschienen befestigen.
Höhenverstellbare Dachhaken oder längere Schrauben und Kontermuttern mit Sperrkantscheiben können Unebenheiten des Daches ausgleichen.
Prüfen Sie abschließend alle Querträgerverbindungen zur Unterkonstruktion auf festen Sitz. Wichtig ist der gerade und rechtwinklige Verlauf aller Schienen.

Flachdach

Beim Flachdach brauchen Sie statt der Dachhaken Winkelstützen zur Aufständerung der Photovoltaikmodule. Die Querträger werden auf einer Stützenreihe befestigt. Abhängig von der Statik werden die unteren Schenkel der Winkelstützen entweder mit der Dachkonstruktion fest verbunden oder auf Betonelementen montiert. Durch die große Angriffsfläche der Modulreihen muss die Verankerung hohen Windkräften standhalten. Deshalb müssen die Betonsteine entsprechend schwer sein. Zum Schutz der Dachhaut ist es angebracht, eine Gummiunterlage oder ähnliches unter die Steine zu legen.

Wenn das Dach nicht zusätzlich belastbar ist, muss die Anlage mit dem Dach fest verbunden sein, was wesentlich aufwendiger ist. In diesem Fall geben die Flachdachrichtlinien und die DIN 18195 Anhaltspunkte, wie das Dach im Bereich der Verankerungspunkte wieder abzudichten ist.

Abb 4.17: Aufdachmontagesystem (Grafik: Wagner & Co, Cölbe)

4.6.2 Verkabelung

Wenn Sie die Lage der Dachdurchführung für die Solarkabel festgelegt haben, verlegen Sie die Solarkabel nach dem Verkabelungsplan und befestigen sie am Montagegerüst. An den Solarkabeln sind die nötigen Steckverbindungen anzubringen.

Checkliste:

- Die Kabelverbinder müssen UV-beständig sein.
- Gute Solarkabel sind kurzschlussfest und doppelt isoliert.
- Kabel, die der Sonne ausgesetzt sind, sind besser in einem Schutzrohr oder Kabelkanal zu verlegen.
- Alle Kabel nach Verkabelungsplan beschriften.
- Stränge mit Schellen befestigen.
- Montagegerüst erden: Alle berührbar leitenden Teile des PV-Generators sind unbedingt zu erden (gemäß DIN VDE 0100, Teil 712).
- Bei vorhandenem Blitzschutz: Blitzableiter mittels Erdungsklemmen am Montagegestell befestigen. Andernfalls muss das Gestell über ein NYM 1x16 mm^2 Kupferkabel mit der Potenzialausgleichsschiene der Elektroverteilung im Haus verbunden werden.

Wichtig

Scharfe Kanten, extremes Knicken des Kabels und starke Zugbelastung beim Verlegen sind unbedingt zu vermeiden, damit weder die Isolierung des Kabels noch die innen liegende Kupferseele beschädigt wird.

4.6.3 Modulmontage

Abhängig von der Anlagenleistung und der zulässigen Eingangsspannung des Wechselrichters können mehrere Solarmodule in Reihe geschaltet werden. Bei der Reihenschaltung – Stecker des ersten Moduls verbunden mit der Kupplung des zweiten Moduls, Stecker des zweiten Moduls verbunden mit der Kupplung des dritten Moduls, und so fort – addieren sich die Einzelspannungen der Module zu einer Gesamtspannung, der Strom, der durch die PV-Module fließt, ist jedoch überall gleich. Wenn diese Gesamtspannung größer wäre als die zulässige Eingangsspannung des Wechselrichters, könnte dieser zerstört werden.

Vorgehensweise:
Erstes Modul zwischen den horizontal verlegten Montageschienen ablegen, verkabeln, justieren und befestigen.
Zweites Modul mit dem ersten verkabeln und zwischen den Montageschienen ablegen, justieren und mit Halteklemmen befestigen.
So mit allen weiteren Modulen in der Reihe verfahren.
Wenn der gesamte Solargenerator aufgebaut ist, müssen Sie die einzelnen Modulstränge elektrisch vermessen (Leerlaufspannung, Kurzschluss-Strom, Isolationswiderstand) und die Ergebnisse aufschreiben. Wenn alle Generatorstränge einwandfrei arbeiten, sind die Arbeiten auf dem Dach beendet.
Die wechselstromseitige Installation ist ausschließlich Sache eines **zugelassenen Elektroinstallateurs**. Wechselrichter arbeiten an einem kühlen Ort (Keller) am effektivsten. Außerdem sollte genug Raum für den Luftaustausch seines Kühlkörpers vorhanden sein. Vorsicht: Beim Anschluss der Module an den Wechselrichter darf dieser auf keinen Fall mit dem Wechselstromnetz verbunden sein.
Eine gleichspannungsseitige Freischaltstelle ermöglicht es, den Wechselrichter vom Photovoltaikgenerator zu trennen, um Wartungs- oder Reparaturarbeiten vornehmen zu können. Dieser DC-Freischalter muss auch im Notfall bei laufender Anlage funktionieren und wird üblicherweise auf die maximale Leerlaufspannung des Solargenerators und auf 125 % des maximalen Generatorstroms (Kurzschluss-Strom bei voller Einstrahlung) ausgelegt.

4.6.4 Netzanschluss und Inbetriebnahme (nur durch zugelassenen Meisterbetrieb)

Die Hauptverteilung muss einen freien Zählerplatz, der genau so groß wie der Zählerplatz des Bezugszählers ist, haben. Unter Umständen verlangt der Energieversorger eine Vorsicherung für die einzelnen Zähler. Bis zu einer Wechselrichter-Nennleistung von 4,6 Kilowatt reicht ein Wechselstromzähler, bei höherer Anlagenleistung ist ein Drehstromzähler vorgeschrieben.
Zwischen Einspeisezähler und den Sicherungen für die Wechselrichter befindet sich ein Fehlerstromschutzschalter. Einige Energieversorger verlangen zusätzlich einen Hauptsicherungsschalter zwischen Fehlerstromschutzschalter und Zähler.

4.7 Photovoltaik-Inselanlagen

Typische Einsatzorte für netzunabhängige Solarstromanlagen sind Berghütten, Wochenend- und Ferienhäuser oder abseits gelegene Pumpen zur Trinkwasserförderung und Bewässerung, Notrufsäulen sowie mobile Systeme für Wohnwagen oder Boote. Da die PV-Anlage nur tagsüber Strom produziert, ist unbedingt ein Speichermedium für die Energie erforderlich. Derzeit sind das meistens Bleiakkumulatoren. Sie können sowohl kleine als auch große Ladeströme mit hohem Wirkungsgrad verarbeiten. Vor Überladung des Akkus schützt ein Laderegler, eine Lastabwurfschaltung verhindert die Tiefentladung.

Abb 4.18: Laderegler für Inselsysteme (Foto: Wagner & Co, Cölbe)

Hybrid-Systeme ermöglichen eine ganzjährige Vollversorgung. Dabei ergänzt ein zweiter Stromgenerator – ein Diesel- oder Biogasgenerator oder ein Windrad – die Photovoltaikanlage.
Da die Anlage Gleichstrom mit einer Spannung von 12 oder 24 Volt liefert, ist ein Wechselrichter notwendig, wenn Sie Geräte betreiben wollen, die nur mit üblichem Wechselstrom arbeiten. Bei Geräten, die mit 12 oder 24 Volt Gleichspannung arbeiten, sind die Umwandlungsverluste allerdings wesentlich geringer. Es gibt Leuchten, Kühlschränke, Fernseher, Staubsauger, Wasserkocher und andere elektrische Geräte, die mit einer dieser zwei Spannungen arbeiten.

Abb 4.19: Photovoltaik-Module für Inselsysteme (Foto: Wagner & Co, Cölbe)

Die richtige Abstimmung zwischen voraussichtlichem täglichen Stromverbrauch und dem durch die örtliche Einstrahlung vorgegebenen Energieangebot sowie der dazu passenden Batteriekapazität ist die wichtigste Aufgabe des Anlagenplaners. Es ist üblich, die Akkus so auszulegen, dass sie den Verbrauch von zwei bis drei Tagen – im Winter sogar von fünf Tagen – voll decken.
Natürlich gilt, dass die PV-Anlage umso weniger Leistung haben muss, je energiesparender die Verbraucher sind. So ermitteln Sie den voraussichtlichen Tagesverbrauch: Multiplizieren Sie die Leistungsaufnahme jedes angeschlossenen Geräts in Watt mit der wahrscheinlichen Betriebszeit in Stunden. Danach sind die Einzelergebnisse in Wattstunden zusammenzuzählen, bei Unsicherheiten sind etwa 10 % Reserve aufzuschlagen. Bei Ganzjahresbetrieb sollte der

Tagesverbrauch wenigstens für Sommer- und Winterbetrieb durchgerechnet werden. Die Größe einer autarken Solarstromanlage wird so gewählt, dass der durchschnittliche Tagesertrag in jeder Betriebssaison zur Deckung des täglichen Verbrauchs ausreicht.

Der Tagesertrag einer Solarstromanlage ist die mittlere tägliche Globalstrahlung (in kWh/m^2), multipliziert mit der Nennleistung der PV-Module. Wenn die Module nicht ideal ausgerichtet sind oder wenn die bei steigender Zelltemperatur sinkende Effizienz der Module berücksichtigt werden soll, ist das Ergebnis noch mit Korrekturfaktoren zu modifizieren.

Abb 4.20: Solarstrom für die Wildnis (Foto: Schüco)

Auch Kabelverluste (Größenordnung 6 %) und die bei der Akkuspeicherung anfallenden Umwandlungs- und Anpassungsverluste (jeweils circa 10 %) reduzieren den real nutzbaren Ertrag. Dieser Verlustfaktor wäre also 0,94 mal 0,9 mal 0,9 gleich 0,76 (bedeutet 24 % Systemverluste).

Auf der Internetseite des „Institute for Environment and Sustainability" der Europäischen Kommission können Sie die aus dieser Berechnung folgenden Ergebnisse direkt abrufen (*http://re.jrc.ec.europa.eu/pvgis*, Eingabeparameter: PV-Anlagenstandort, Zelltyp, Spitzenleistung in Kilowatt peak, geschätzte Systemverluste, Modulneigung und Orientierung).

Beispiel Ferienhaus

Eine Photovoltaikanlage soll ein nur im Sommer genutztes Ferienhaus in Ostdeutschland mit Strom versorgen. Verbraucher sind mehrere Energiespar- oder Niedervolt-Halogenlampen, ein Kühlschrank, eine Wasserpumpe und ein Fernsehgerät. Deren Leistungsaufnahme, multipliziert mit der jeweiligen Betriebszeit, ergeben rund 680 Wattstunden pro Tag. Hierzu reichen eine PV-Anlage mit 250 Watt peak Spitzenleistung und eine Akku-Kapazität von 280 Amperestunden für ein 12-Volt-Netz aus.

4.8 Diebstahl von Photovoltaikmodulen

Der Solarenergieförderverein Deutschland (SFV) weist auf den zunehmenden Diebstahl von Solarmodulen hin. Sogar fertige Dachanlagen werden bei „Nacht und Nebel" oder während der Urlaubszeit abmontiert. Der ahnungslose Käufer eines gestohlenen Solarmoduls muss es dem rechtmäßigen Eigentümer ohne Kostenerstattung wiedergeben. Deshalb rät der SFV allen Käufern von Solarstromanlagen, die Fabrikate, Typbezeichnungen und Fabrikationsnummern aller möglichst originalverpackten Solarmodule

- mit den Verkaufspapieren zu vergleichen,
- im Diebstahlregister für gestohlene Solarmodule nachzuprüfen (Link im Internetportal *www.sfv.de*), ob sie eventuell als gestohlen gemeldet sind,
- die Daten gut aufzuheben, um im Falle eines Diebstahls die gestohlenen Module für das Diebstahlregister genau benennen zu können,
- besonders bei großen Anlagen einen Dachplan anzulegen, in den die auf der Unterseite eingetragenen Fertigungsnummern einzutragen sind, um beim Diebstahl eines Teils der Module die Demontage der verbliebenen Module zu vermeiden,
- erst dann die Solarmodule in die Anlage einbauen zu lassen.

Tipps der Polizei

Die Polizei beobachtet: Diebe von Solarmodulen sind gut organisiert, arbeiten sehr schnell und transportieren das Diebesgut mit Kleintransportern oder Lastkraftwagen ab. Zäune stellen für sie nahezu kein Hindernis dar. Sie scheitern jedoch oft an einfachen mechanischen Sicherungen sowie an aufmerksamen Nachbarn oder anderen Zeugen.

Besonders wirksam sind Befestigungen der Solarmodule, die sich nur mit Spezialwerkzeug oder durch Zerstörung lösen lassen, zum Beispiel:

- mechanisch codierte Schrauben,
- Schrauben mit speziellen Antrieben wie Innensechskant oder Torx mit eingeschlagenen Stahlkugeln oder Stahlstopfen,
- Schrauben mit Einwegantrieben.

Viel Zeit haben die Diebe meist nicht. Barrieren, die das nahe Heranfahren an die Anlage mit großen Fahrzeugen verhindern, wirken abschreckend. Die Polizei rät außerdem, das Grundstück gut zu beleuchten und keinesfalls auf eine Einfriedung zu verzichten. Von Maschendraht- und Wildzäunen lassen sich die Täter allerdings nicht beeindrucken. Alles, was ihnen die Arbeit erleichtert, um zur Dachanlage zu kommen, nehmen die Täter gerne in Anspruch. Es ist daher besser, mögliche Aufstiegshilfen in versperrten Räumen unterzustellen. Ein weiterer Rat lautet: Sie sollten besonders Räume mit Wechselrichtern mechanisch sichern – zum Beispiel mit einer geprüften und nach DIN ENV 1627 zertifizierten Tür der Widerstandsklasse WK 3. Im Idealfall hat der Raum keine Fenster und nur Lüftungsöffnungen, die kleiner als 25 mal 12 Zentimeter sind. Ergänzend kann eine Einbruch- oder Videoüberwachung sinnvoll sein.

Um die Herkunft gestohlener Teile ermitteln zu können, benötigt die Polizei entsprechende Kennzeichen. Zwar nummerieren die Hersteller ihre Solarmodule, aber oft sind diese Nummern nur mit lösbaren Aufklebern angebracht. Deshalb ist es ratsam, die Module und Geräte mit einem gut sichtbaren und schwer zu entfernenden Kennzeichen selbst zusätzlich zu codieren, wie etwa mit einer Eigentümer-Identifizierungs-Nummer (diese Nummer enthält Autokennzeichen des Standorts, Gemeindeschlüssel, Straßenname, Hausnummer und Initialen des Betreibers).

Die Kriminalpolizeilichen Beratungsstellen beraten Sie kostenlos.

4.9 Beteiligung an Bürgerprojekten

Um Ihren eigenen Stromverbrauch abzudecken, können Sie sich in vielen Kommunen und Vereinen an Bürgeranlagen beteiligen. Die Rendite einer solchen Kapitalbeteiligung beträgt derzeit etwa 4 % jährlich.

4.10 Sicherheit

Wichtige Hinweise für die eigene Sicherheit und zum Schutze Dritter:

- Nur zugelassene Elektrofachkräfte dürfen eine Photovoltaikanlage in Betrieb nehmen (also an das Netz anschließen). Systemanbieter und Hersteller sehen es ungern, wenn Privatleute die Anlagen installieren, und versuchen gerade im Garantiefall oft, Ansprüche abzulehnen.
- In die Steckverbinder der Module dürfen keine elektrisch leitenden Teile eingeführt werden.
- Stromschlaggefahr besteht auch, wenn Solarmodule und Leitungen mit nassen Steckverbindern montiert werden.
- Die Hersteller betonen, dass elektrische Anschlüsse nur mit den vormontierten Steckkontakten und dem mitgelieferten Zubehör elektrisch anzuschließen sind.
- Da schon bei geringem Lichteinfall an der Reihenschaltung von Solarmodulen sehr hohe Gleichspannungen auftreten, sind Berührungen lebensgefährlich. Außerdem können Sekundärschäden die Folge sein.
- Arbeiten Sie grundsätzlich nur mit isolierten Werkzeugen.
- Nie darf gleichzeitig der Plus- und der Minusanschluss berührt werden.
- Nie dürfen die Solarmodule vom Wechselrichter getrennt werden, wenn dieser in Betrieb ist: **Lebensgefahr**!

Profis müssen nach den Unfallverhütungsvorschriften (UVV) besondere Schutzmaßnahmen treffen und die jeweils gültigen Sicherheitsregeln, Richtlinien und Merkblätter der Berufsgenossenschaften einhalten.
Dazu gehören für den elektrischen Anschluss die DIN-Normen:

- DIN VDE 0100-410 (1997-01) und DIN VDE 0106-101 (1986-11), Errichten von Starkstromanlagen mit Nennspannungen bis 1000 Volt – Teil 4, Schutzmaßnahmen, Schutz gegen elektrischen Schlag,
- DIN VDE 0110-1 (1997-04), Schutz gegen elektrische Körperströme, Grundanforderungen für die sichere Trennung in elektrischen Betriebsmitteln,
- DIN VDE 0126 (1997-10), Isolationskoordination für elektrische Betriebsmittel in Niederspannungsanlagen,
- DIN VDE 0558-2 (1997-08), einphasige Paralleleinspeisung über Wechselrichter in das Netz der öffentlichen Versorgung und selbsttätige Freischaltstelle für Photovoltaikanlagen,
- DIN VDE 0100, Teil 712 Photovoltaikanlagen,

- DIN VDE 0126, Teil 1 Selbstständige Freischaltstelle für PV-Anlagen, Teil 12 Solaranlagen für den Heimgebrauch, Teil 31 PV-Systeme in Gebäuden,
- DIN VDE 0185, Teil 1-4 Allgemeines für das Einrichten von Blitzschutzanlagen,
- DIN VDE 0190, Hauptpotenzialausgleich von elektrischen Anlagen,
- DIN VDE 0298, Teil 3 Verwendung von Kabel- und isolierten Leitungen für Starkstromkabel.

Außerdem noch wichtig: die VDE-Bestimmung für Halbleiterstromrichter, besondere Bestimmungen für selbstgeführte Stromrichter.
Bei der Verschaltung von Solarmodulen sind zur Außenmontage geeignete Kabel mit mindestens 1,5 bis 2,5 Quadratmillimeter Querschnitt zu verwenden. Bereits bei einer Reihenschaltung von drei Solarmodulen werden Gleichspannungen über 60 Volt erreicht, was besondere Sicherheitsmaßnahmen erforderlich macht. In diesem Fall werden die gesetzlichen Vorschriften nur dann eingehalten, wenn eine zugelassene Fachkraft die Module zusammenschließt.
Für die Montage auf Dächern gelten:

- DIN 18338 Dachdeckungs- und Dichtungsarbeiten,
- DIN 18451 Gerüstarbeiten.

Ausführlichere Hinweise zum Arbeiten auf dem Dach finden Sie im Anhang. Als Glasprodukt ist ein Solarmodul grundsätzlich nicht zum Begehen geeignet.

4.11 Finanzielle Aspekte

Wichtig

Sie müssen die Förderung Ihrer Anlage schon vor der Auftragsvergabe beantragen.

Besonders bequem ist die Finanzierung der Solaranlage über die UmweltBank, die sich auf Umweltprojekte spezialisiert hat. Sie verspricht, innerhalb einer Woche nach Zusendung eines Anfrageformulars einen „persönlichen und standortbezogenen Finanzierungsvorschlag" auf Basis des CO_2-Minderungsprogramms der KfW oder PV-Sonderdarlehen zu liefern und nimmt dem Anlagenbetreiber die komplette Abwicklung ab (*www.umweltbank.de/projektfinanzierung*). Der Fachbetrieb erhält sofort nach der Zusage der Kreditanstalt für Wiederaufbau (KfW) sein Geld. Die durch das EEG für 20 Jahre garantierte Einspeisevergütung rechnet die Bank dabei an.

4.11.1 Steuer

Die in der Investitionssumme enthaltene Mehrwertsteuer erhalten Sie vom Finanzamt zurück, wenn Sie sich als Betreiber nicht von der Umsatzsteuerpflicht befreien lassen. Dazu müssen Sie nur Ihrer zuständigen Finanzverwaltung mitteilen, dass Sie auf die sogenannte Kleinunternehmerregelung verzichten. Anschließend sind Sie verpflichtet, die Mehrwertsteuer für die Erträge vom Energieversorger einzufordern und an das Finanzamt abzuführen. Dieses Vorgehen hat den Vorteil, dass das Finanzamt alle Mehrwertsteuerbeträge, die Sie später im Zusammenhang mit dem Anlagenbetrieb zahlen müssen, wieder an Sie zurückerstattet.

Hinweis

Zusätzlich zur bisherigen Steuererklärung haben Sie in diesem Fall zwei weitere Formulare auszufüllen: die Anlage GSE und die Umsatzsteuererklärung. Wichtig ist außerdem, dass Sie den Stromversorger darüber informieren, dass er die Einspeisevergütung zuzüglich Mehrwertsteuer bezahlen soll.

Als Betreiber einer netzgekoppelten Solarstromanlage sind Sie aus steuerlicher Sicht Unternehmer, eine Gewerbeanmeldung ist jedoch üblicherweise nicht notwendig. Nur wenn die Anlage über die steuerlich vorgesehene Betriebsdauer (nach den AfA-Tabellen mindestens 20 Jahre) einen sogenannten „Totalüberschuss" erzielt, müssen Sie diese Überschüsse versteuern. Totalüberschuss bedeutet, dass die Summe der Erlöse abzüglich aller Betriebs- und Investitionskosten einen Gewinn ergibt. Umgekehrt gilt auch, dass Verluste in einzelnen Jahren steuermindernd geltend gemacht werden können.
Freiberufler und Gewerbetreibende oder Betreiber von Anlagen auf Fremddächern werden dabei in der Regel auf den Rat eines Steuerberaters nicht verzichten können. Jeder Anlagenbetreiber, der Solarstrom nach EEG voll in das Netz einspeist, ist umsatzsteuerpflichtig – unabhängig davon, ob er mit der Anlage einen Gewinn erzielt.

4.11.2 Versicherungsschutz

Da Sie für eine Photovoltaikanlage eine recht hohe Summe investieren müssen, erscheint eine angemessene Versicherung äußerst ratsam. Damit können Sie sich auch vor einem Vermögensschaden schützen, wenn Sie die Anlage fremdfinanzieren – was die Regel sein dürfte.

Außerdem haftet der Bauherr oder Betreiber für durch den Bau und Betrieb der PV-Anlage verursachte Fremdschäden. Dieses Risiko lässt sich durch eine Haftpflichtversicherung abdecken, es kann einfach in die private Haftpflichtversicherung miteinbezogen werden.

Wichtig

Wenn Sie als Betreiber Ihre Photovoltaikanlage in eine bestehende Versicherung einbeziehen wollen, sollten Sie sich die versicherten Risiken und den Umfang des Versicherungsschutzes vom Versicherer schriftlich bestätigen lassen. Andernfalls gehen Sie wahrscheinlich im Schadensfall leer aus.

Für Schäden an der PV-Anlage durch Umwelteinflüsse, Diebstahl, Vandalismus, Konstruktionsmängel oder Bedienungsfehler kommt eine „Elektronikversicherung mit Allgefahrendeckung“ auf. Diese meist von Spezialversicherern angebotenen Verträge bieten auch Schadenersatz bei längeren Stillstandszeiten der Anlage.
Wenn Sie stattdessen als Hausbesitzer die Anlage in die bestehende Feuer- und Wohngebäudeversicherung integrieren, ist der Versicherungsschutz zwar wesentlich kostengünstiger, aber auch bei Weitem nicht so umfangreich.

4.11.3 Einspeisevertrag

Der Betreiber einer netzgekoppelten Photovoltaikanlage ist verpflichtet, diese beim Betreiber des örtlichen Stromnetzes anzumelden. Üblicherweise übernimmt der Elektroinstallateur, der die Anlage an das Netz anschließt, die Anmeldung für den Betreiber.
Das Erneuerbare-Energien-Gesetz (EEG) legt die Bedingungen für den Netzanschluss und die Einspeisevergütung fest, schreibt jedoch nicht vor, dass ein Einspeisevertrag abgeschlossen wird. Wenn der Versorgungsnetzbetreiber trotzdem einen Einspeisevertrag abschließen möchte, ist es empfehlenswert, diesen genau zu prüfen. Musterverträge finden Sie zum Beispiel auf dem Internetportal der Zeitschrift Photon (*www.photon.de*).
Die eingespeiste Strommenge ist nicht begrenzt. Niemand kann von Ihnen verlangen, den Eigenbedarf direkt mit Ihrem Solarstrom zu decken, das heißt, die „Volleinspeisung“ ist nach dem EEG zulässig. Die Laufzeit der Einspeisevergütung beträgt 20 Kalenderjahre plus dem Inbetriebnahmejahr der Anlage. Die Höhe der Einspeisevergütung hängt vom Inbetriebnahmejahr ab, da sie in den Folgejahren stetig sinkt.

Zusätzlich kann in einem schriftlichen Einspeisevertrag vereinbart werden:

- ob und wann Abschlagszahlungen fällig sind.
- Haftungsbeschränkungen: Achten Sie darauf, dass der Versorgungsnetzbetreiber nicht einseitig aus der Haftung entlassen wird, wohingegen Sie als PV-Anlagenbetreiber voll haften.
- Rechtsnachfolge: Das betrifft sowohl die Rechtsnachfolge auf Seiten des Versorgungsnetzbetreibers für die Pflichten aus dem Vertrag als auch die Einspeisevergütung im Falle des Verkaufs der Anlage oder des ganzen Gebäudes.
- Salvatorische Klausel bestimmt, dass der Vertrag auch dann im übrigen Bestand hat, wenn er eine rechtsunwirksame Klausel enthalten sollte.

Hinweis

Da mündliche Absprachen kaum beweisbar und folglich meistens unwirksam sind, ist es immer besser, sich alle Zusagen und Versprechungen schriftlich geben zu lassen.

4.12 Wartung

Photovoltaikanlagen sind praktisch wartungsfrei, da sie fast verschleißfrei Energie gewinnen. Wenn Sie als Betreiber mindestens einmal monatlich die Zählerstände und eventuell besondere Ereignisse festhalten und dokumentieren, stellen Sie damit sicher, dass die Anlage optimal arbeitet. Noch besser ist es, wenn Sie Messtechnik einsetzen, um kontinuierlich die Leistung zu überwachen.

Wenn die Erträge in mehreren aufeinander folgenden Monaten deutlich unter den Vorjahreswerten liegen, deutet das auf eine Störung hin. Der Solarenergie-Förderverein Deutschland sammelt die Monatsstromerträge von PV-Anlagen aus ganz Deutschland und veröffentlicht sie in statistischen Auswertungen auf dem Internetportal *www.sfv.de*. Dort kann jeder Betreiber auch seine eigenen Ertragsdaten eingeben.

Trotz sinkender Modul-Leistung bei höheren Temperaturen gilt als Faustregel, dass eine Solarstromanlage an einem sonnigen Sommertag mehr als doppelt so viel Energie erzeugt wie an einem sonnigen Wintertag.

4.13 Störungen

Betriebsunterbrechungen durch Reparaturen und Austausch von Komponenten waren immer schon die Hauptursache für ungenügende Energieerträge. Die heutigen Solarstromanlagen sind deutlich leistungsfähiger als die aus den 1990er Jahren und kosten nur noch halb so viel. Vor allem die heutigen Wechselrichter sind wesentlich zuverlässiger und effizienter als ihre Vorläufer. Die PV-Anlagen amortisieren sich schneller, weil es auch weniger Stillstandzeiten gibt.

Störung	Ursache	Problemlösung
Kein Ertrag	Wechselrichter nicht mit 230-Volt-Stromversorgung verbunden	Verbindung zum Netz wiederherstellen
Kein Ertrag bzw. Ertragsminderung bei mehreren Wechselrichtern	Wechselrichter defekt durch Gewittereinwirkung, Netzrückwirkung oder Gerätefehler	Kontrollleuchten bei Sonnenschein kontrollieren, Wechselrichter reparieren oder austauschen
Ertragsminderung	Wechselrichter schaltet oft ab oder zu spät ein und/oder zu früh aus	Fehlerprotokoll auslesen, ggf. Fehler beheben oder Wechselrichter richtig einstellen
Ertragsminderung	Sicherung herausgesprungen oder defekt	Sicherung ersetzen (Modulanschlusskasten enthält Sicherungen für alle Stränge, bitte Warnhinweis unten beachten)
Ertragsminderung	Gelöste oder korrodierte Kabelverbindung	Kabelverbindung wiederherstellen oder erneuern
Keine Einspeisung	Stromzähler ausgefallen	Stromzähler ersetzen
Ungenügende Leistung	Defekte Module (z. B. geplatzte Frontglasscheibe oder eingedrungene Feuchtigkeit) oder Leitungsschaden durch Marderbiss	Modul oder Leitung erneuern

Störung	Ursache	Problemlösung
Ertragsminderung	Abschattung (Schattenverlauf ändert sich abhängig von Jahres- und Tageszeit)	Wenn möglich, Schatten werfendes Objekt beseitigen
Ertragsminderung	Solargenerator verschmutzt, z. B. durch Staub oder Vogeldreck	Solargenerator regelmäßig mit dem Gartenschlauch gründlich absprühen
Ertragsminderung	Korrosion und Defekte an der Tragkonstruktion	Tragkonstruktion reparieren, ggf. zu schwach ausgelegte Dachhaken durch stabilere ersetzen

Vorsicht

Im Anschlusskasten mit den Sicherungen liegt die volle Generatorspannung an. Wer sich mit Strom nicht auskennt, langt besser nicht da hinein. Nachts sollte der Solargenerator spannungsfrei sein, was aber besser vorher zu prüfen ist.

Bereits kleine Abschattungen sind sehr ertragsschädigend. Es reicht, wenn zum Beispiel dünne Blitzfangstangen, dünne Zweige, Satellitenanlagen oder Freileitungen nur eine Zelle der Reihenschaltung lahmlegen (Gartenschlaucheffekt). Ein Sonnenbahnindikator ermöglicht eine Verschattungsanalyse.

5 Intelligente Haussteuerung

Ein einfach zu handhabendes, hauseigenes Datennetz soll helfen, Energie zu sparen, den Wohnkomfort zu erhöhen und – verbunden mit externen Datennetzen (Netzwerke) – das Haus von jedem beliebigen Ort aus bedienbar zu machen.

Noch unterscheiden sich moderne Häuser kaum von denen, die zu Großmutters Zeiten gebaut wurden. Für die Wissenschaftler am Duisburger Fraunhofer-Institut für Mikroelektronische Schaltungen und Systeme (IMS) jedoch ist die Vernetzung intelligenter Komponenten und Geräte in der Haustechnik schon seit Jahren ein Thema. Für besonders wichtig halten die Forscher eine extrem einfache Bedienung.

Abb 5.1: Außenansicht eines Forschungshauses für intelligente Haussteuerung in Duisburg (Foto: Fraunhofer IMS)

Abb 5.2: Testwohnen im Duisburger schlauen Haus (Foto: Fraunhofer IMS)

Abb 5.3: Mit Zugangscode zu öffnendes Schloss (Foto: Fraunhofer IMS)

Abb 5.4: Küche (Foto: Fraunhofer IMS)

Inzwischen ist die Technik marktreif. Die Zeit zahlloser Kommunikationsschnittstellen, die nicht zusammenpassten und Innovationen behinderten, ist vorbei. Deshalb arbeiten im intelligenten Haus die einzelnen Komponenten der Haus- und Gebäudetechnik nicht mehr isoliert, sondern kommunizieren

über ein Hausnetz. Durch Sensor-Aktor-Technik sind Solaranlage, alle Heizkörper, Fenster und Rollladen im Zusammenspiel optimal regelbar.
Die sogenannte Middleware ist entscheidend dafür, dass Geräte, die verschiedene Kommunikationsprotokolle verwenden, Informationen miteinander austauschen können (untereinander ihre „Sprachen“ verstehen). Denn heute wird üblicherweise für die Licht-, Rollladen- und Temperatursteuerung das Protokoll des KNX/EIB (Europäischer Installationsbus) verwendet, Geräte der Lüftungs- und Klimatechnik sind über das Local Operating Network (LON) miteinander verbunden und bei der Computer- und Unterhaltungselektronik ist das Internet-Protokoll (IP) internationaler Standard. Deshalb vermitteln im Duisburger schlauen Haus Adapter, sogenannte Gateways, zwischen den einzelnen Geräten. Diese etwa Zigarettenschachtel-großen Kästchen werden in Schaltschränke eingebaut und vermitteln zwischen den Sprachen der einzelnen Geräte aus den unterschiedlichen Anwendungsbereichen.

5.1 Was das schlaue Haus kann

In der Heizperiode drücken die Bewohner beim Verlassen des Hauses eine Spartaste: Die Raumtemperatur in allen Räumen sinkt. Wenn sich niemand im Raum befindet oder das Sonnenlicht ausreicht, schaltet das schlaue Haus sogar automatisch das Licht aus.
Tritt dann beispielsweise mitten im Winter ein Defekt in der Heizungsanlage auf, so benachrichtigt das an externe Datennetze angeschlossene Haus den Handwerker und die Bewohner, entweder auf dem Handy oder über eine vorprogrammierte Telefonnummer. Das auf der Hutschiene im Schaltkasten montierte Gateway wandelt dabei die Meldungen aus dem Hausnetz in synthetische Sprachmeldungen um, es kann aber auch eine E-Mail oder eine SMS-Meldung verschicken.
Auch in der anderen Richtung ist es möglich, über Handy oder Computer von überall aus im Haus nach dem Rechten zu sehen. Der Hausbewohner kann kontrollieren, ob er vergessen hat, die Herdplatte auszuschalten oder ob gerade ein Einbrecher versucht, die Balkontür aufzuhebeln.
Insbesondere das KNX-System ist sehr ausbaufähig. Es kann zur gewünschten Zeit Hausgeräte ein- oder ausschalten, beispielsweise morgens die Kaffeemaschine einschalten, gleichzeitig die Jalousien hochfahren und die Raumtemperatur erhöhen. Des Weiteren ist es technisch gar kein Problem, dass das KNX-System ausgewählte Geräte ausschaltet und Alarmfunktionen aktiviert, sobald Sie das Haus verlassen und die Haustür verschließen.

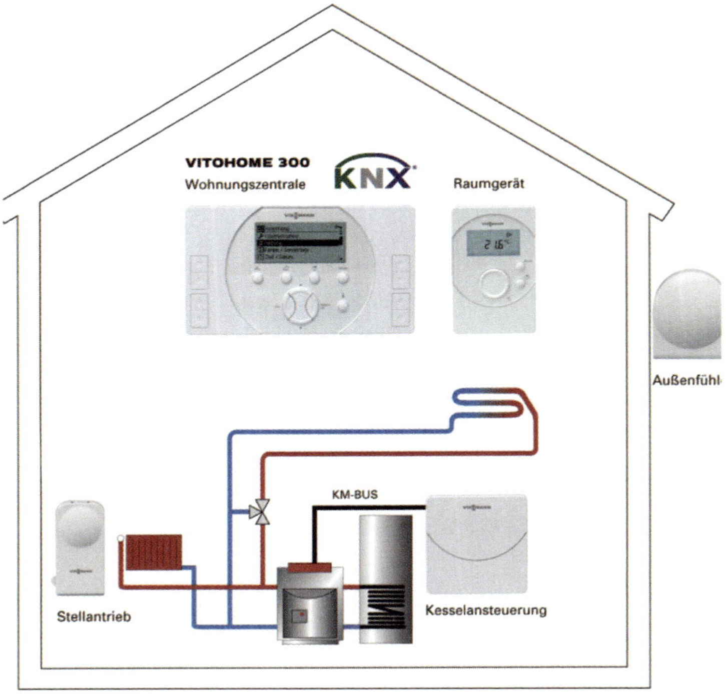

Abb 5.5: Schema einer Wohnungszentrale (Grafik: Viessmann)

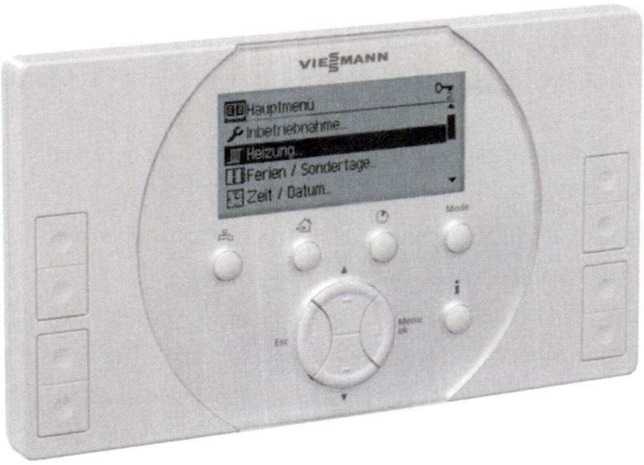

Abb 5.6: Wohnungszentrale Gerät (Foto: Viessmann)

Tagsüber sorgt das System für das richtige Raumklima. Ein Helligkeitssensor steuert Markisen oder Jalousien. Über Temperatursensoren reguliert es Heizung und Lüftung separat in jedem Raum, so können Sie tagsüber in nicht genutzten Zimmern Heizenergie sparen. Wenn Sie nach Hause kommen, wird die Raumwärme rechtzeitig wieder hochgefahren. Das können Sie auch durch einen Anruf veranlassen, wenn Sie unerwartet früher wieder nach Hause kommen.
Abends können Sie entsprechend programmierte Beleuchtungsvarianten per Knopfdruck einschalten. Das System überwacht Hausgeräte und Fenster. Ist ein Regensensor installiert, werden die Fenster bei plötzlichem Unwetter automatisch geschlossen.
Bewegungsmelder, Glasbruchsensoren und die elektronische Rollladensteuerung lassen sich mit einer Alarmanlage oder Notrufschaltung kombinieren. Wenn Sie im Urlaub sind, kann das System Ihre Anwesenheit simulieren, indem es zeitgesteuert die Beleuchtung in verschiedenen Räumen anschaltet, morgens die Jalousien öffnet und abends wieder schließt.
Sollte die Funktion oder Nutzung einzelner Räume sich nachträglich ändern, müssen keine neuen Leitungen verlegt werden.

Tipp

Da nur sparsamste Elektro-Komponenten zu überzeugen vermögen, ist es wichtig, den Stromverbrauch dieser zusätzlichen Technik im Auge zu behalten.

Die Hausbewohner sparen Heizenergie, Strom und Wasser, sie leben sicherer und komfortabler. Experten versprechen sich durch diese Technik bis zu 30 % Energieeinsparung, was ungefähr der gleichen Größenordnung entspricht, die eine nachträgliche Wärmedämmung eines Altbaus bringt.
Derzeit kostet die Umrüstung einer herkömmlichen zu einer schlauen Wohnung mit einem Kabelbus rund 5000 Euro, mit einem Funkbus etwa 3000 Euro. Hersteller wie Siemens und Miele bieten auch Geräte an, die über das Stromnetz fernbedient werden können (Powerline Communication, PLC). Außerdem gibt es auch flache Polymer-Kabel, die sich unauffällig unter dem Teppich oder auf dem Putz verlegen lassen.

Intelligentes Haus

Was heute schon marktfähig ist:

Alle Komponenten wie die Heizung einschließlich der Pumpen, der Heizöltank mit Leckage- und Füllstand-Überwachung, die Lüftung mit Wärmerückgewinnung oder die Klimaanlage, Wasserwarngeräte sowie Gas- und Rauchmelder im Wohnbereich, Licht- und Jalousiensteuerung, Sensoren für Fensteröffnung und Personenanwesenheit, Alarmanlage mit Schlüsselsteuerung, die elektronisch gesteuerte Hauswassertechnikleckage sowie Solar- und Regenwassernutzungsanlage sind durch ein lokales Bussystem miteinander vernetzt (KNX/EIB Europäischer Installationsbus oder Local Operating Network LON) und kommunizieren untereinander. KNX/EIB ist ein für die Geräte von über 110 Herstellern offenes, stufenweise erweiterbares System.

Den Anschluss an externe Netze wie das Internet stellt ein Vermittlungsgerät (Gateway) her und ermöglicht Fernwirken und Fernübertragung digitaler Daten.

Gasbetriebene Geräte wie Herd, Grill, Wäschetrockner, Terrassenstrahler und sogar das Auto in der Garage können über Gassteckdosen versorgt werden.

Elektronik im Bad stellt WC und Waschbecken auf Knopfdruck automatisch auf die für den Benutzer richtige Höhe ein, in Kürze sogar auf Zuruf – besonders für Kinder, Alte oder Kranke interessant. Die KNX/EIB-fähigen Armaturen funktionieren berührungslos.

Die Lüftungsanlage passt sich dem Lebensrhythmus der Bewohner an. Bei längerer Abwesenheit geht die Anlage auf Grundlüftung zurück.

Sicherheit: Bei längerer Abwesenheit wird durch entsprechende Licht- und Rollladensteuerung Anwesenheit signalisiert.

Ein Zentralstaubsauger entfernt Pollen, Viren, Bakterien und Staub über ein Rohrsystem wirkungsvoll aus den Räumen.

Weltweiter Standard

Die Konnex ist eine Vereinigung von weltweit über 110 Herstellern, die sich auf einen gemeinsamen Standard für Anlagen in der Gebäudetechnik geeinigt haben. Das Bus-System KNX vereinigt Batibus, EHS und den seit rund 20 Jahren in Europa vertretenen Europäischen Installationsbus EIB. Bei seiner Entwicklung wurde darauf geachtet, dass auch EIB-Produkte aus der Vergangenheit sich weiterhin mit neuen Geräten nach dem KNX-Systems verstehen. ▶

Als Busleitungen beziehungsweise Übertragungsmedien dienen die verdrillte Zweidraht-Schwachstromleitung (Twisted Pair, 24 Volt), die 230-Volt-Leitung (Powerline), Funk und Infrarot sowie das Ethernet für den Anschluss eines Personalcomputers.

Ein KNX-System besteht aus:

- Sensoren (Taster, Schalter, Temperaturfühler, Windmesser), die physikalische Messgrößen in digitale Signale „übersetzen“,
- Aktoren (Schaltrelais für Licht, Jalousien), die ihre Eingangssignale in Aktionen umsetzen,
- einer Busleitung, über die sich alle Sensoren und Aktoren über sogenannte Telegramme „unterhalten“.

Das System arbeitet dezentral und braucht keine Steuereinheit. Die „Intelligenz“ beziehungsweise die programmierten Funktionen sind in den Teilnehmern/Geräten selbst hinterlegt.

Hersteller: Bosch, Buderus, Busch-Jäger, das Elektronikversandhaus ELV, Hager, Siemens (Synco living), Stiebel-Eltron, Viessmann und andere.

Bauherren, die das System über viele Jahre nutzen wollen, tun gut daran, Leitungen für die Netze Strom, Bus und Ethernet zu verlegen, wobei eine Busleitung nicht zwingend notwendig ist. Die Vernetzung per Funk ist besonders interessant für die Altbaumodernisierung, da sie das Aufstemmen von Wänden überflüssig macht.

5.2 Vernetzung per Funk

Vermutlich haben die Hersteller deshalb den Funkbus entwickelt, weil sich der Kabelbus bisher wenig durchgesetzt hat. Welcher Hausbesitzer möchte schon alle Wände aufstemmen, um die Leitungen nachträglich zu verlegen?
Die Funkvernetzung nach dem KNX/EIB-Standard arbeitet bei einer Frequenz von 868 Megahertz. Die Geräte müssen per Batterie betrieben werden. Deshalb empfehlen Experten aus Gründen der Zuverlässigkeit weiterhin die Bus-Verkabelung, zumindest in Kombination.

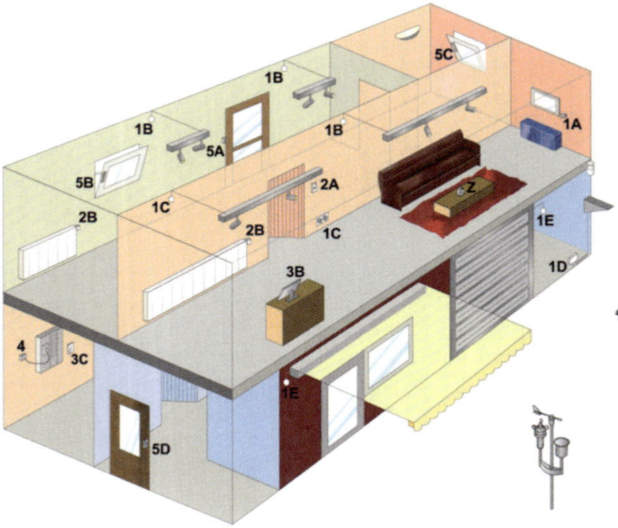

Abb 5.7: Schema Hausautomatisierung mit „HomeMatik“ (Foto: ELV)

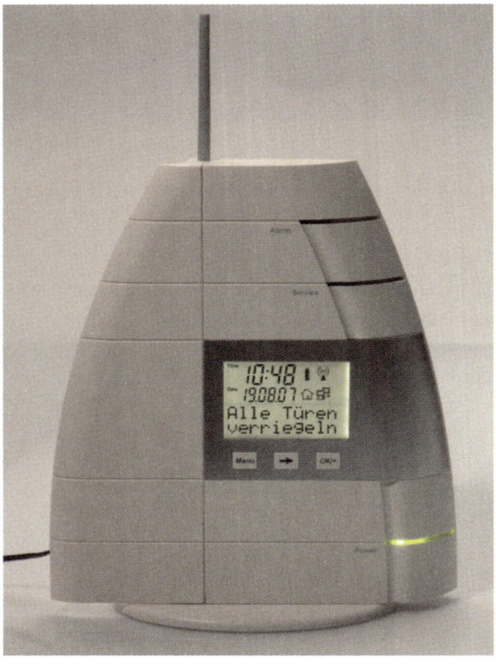

Abb 5.8: HomeMatik-Zentrale (Foto: ELV)

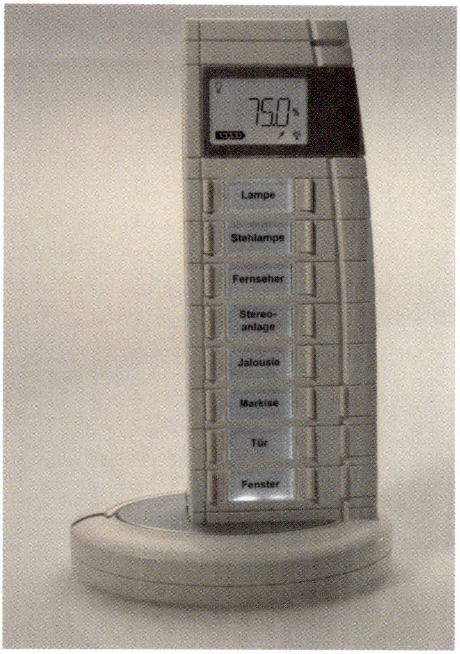

Abb 5.9: HomeMatik-Fernbedienung
(Foto: ELV)

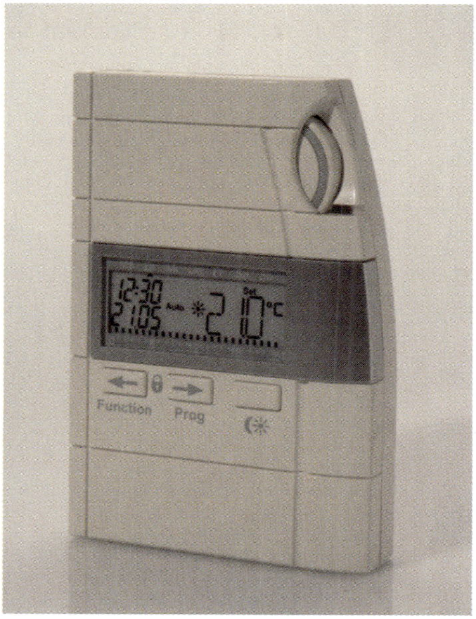

Abb 5.10: HomeMatik-Wandthermostat
(Foto: ELV)

Wenn Sie sich für ein Funk-System entscheiden, ist die Umrüstung der Installation einfach. Wenn Sie zum Beispiel die gesamte Beleuchtung und die Jalousien von einer zentralen Stelle aus bedienen wollen, müssen Sie nur die konventionellen Schaltereinsätze durch busfähige ersetzen.
Außerdem können Sie die Temperatur in jedem Raum individuell steuern, nachdem Sie entsprechende Heizkörperregelantriebe installiert haben.
Funkbus-Systeme nach dem KNX-Standard mit entsprechenden Geräten liefern Firmen wie Busch-Jäger und Siemens (Synco living). Ein wesentlicher Vorteil des Funkbus-Systems ist, dass es sich jederzeit nachträglich erweitern lässt. Die Sendeleistung des Systems ist etwa 400-mal geringer als die eines Handys.

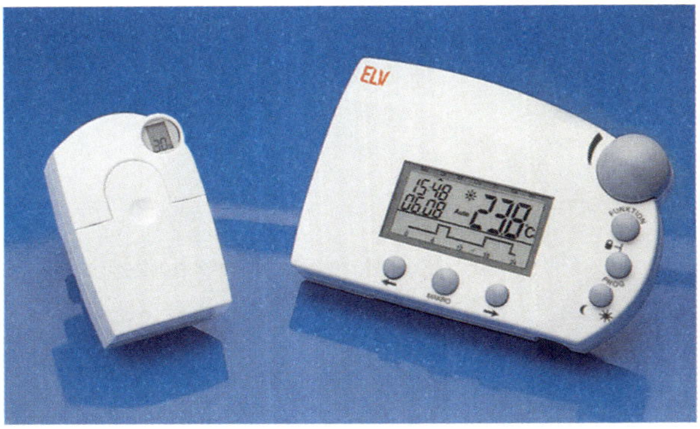

Abb 5.11: Funkhauszentrale (Foto: ELV)

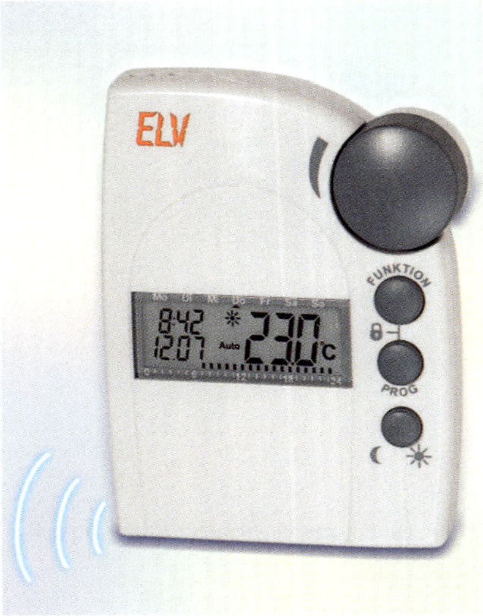

Abb 5.12: Über Funk gesteuertes Thermostat (Foto: ELV)

Kritiker haben Bedenken wegen der vielen elektromagnetischen Felder, die inzwischen die Räume belasten: Elektromagnetische Felder erzeugen Radio- und Fernsehsender, schnurlose DECT-Telefone, Handys und Infrarotfernbedienungen. Es ist nicht völlig ausgeschlossen, dass sich die Geräte gegenseitig stören. Umweltschützer machen sich Sorgen darum, dass der sogenannte Elektrosmog immer mehr zunimmt.
Außerdem erhöht jede zusätzliche Elektronik die Stromrechnung. Kein Kunde kann sicher sein, dass er die Geräte eines bestimmten Herstellers auch in einigen Jahren noch nachkaufen kann. In unserer hektischen Zeit ist jedes Produkt, das sich nicht entsprechend gut verkauft, sehr schnell wieder weg vom Markt.

6 Lüftung und Kühlung

Was in den skandinavischen Ländern längst Standard ist, gewinnt auch in Deutschland verstärkt an Bedeutung: die kontrollierte Wohnraumbelüftung. Die automatischen Lüftungssysteme haben in den letzten Jahren einen hohen Standard erreicht und sind ausgereift.

Die Wohnungslüftung soll immer für saubere Raumluft sorgen und die Luftfeuchtigkeit regulieren. Bei den besonders dichten, modernen Häusern kann dies leicht zum Problem werden. Mit herkömmlicher Fensterlüftung ist ein ausreichender Luftaustausch nur schwer herzustellen: Um einen etwa 0,3-fachen Luftwechsel zu erreichen, müssten die Fenster mindestens alle drei Stunden für fünf bis zehn Minuten (abhängig von Wind und Temperatur) ganz geöffnet werden – auch in der Nacht. Da das in der Praxis niemand tut, ist die Luftqualität in den Wohnungen oft entsprechend schlecht und die Luftfeuchtigkeit zu hoch.

Fensterlüftung

Je kälter es draußen ist, desto weniger Feuchtigkeit ist in der Außenluft enthalten, desto kürzer darf die Lüftungszeit sein. Während bei der Stoßlüftung mittels Durchzug große Luftmengen in kurzer Zeit ausgetauscht werden, wird bei gekippten Fenstern ein Großteil der von den Heizkörpern aufsteigenden Warmluft direkt nach außen geführt.

Als Faustregel bei mittleren Temperaturen wird der Luftaustausch

- bei Stoßlüftung mit Durchzug nach 2 Minuten,
- bei Stoßlüftung ohne Durchzug nach 10 Minuten und
- bei gekippten Fenstern nach 60 Minuten erreicht.

Im Winter genügen also 5 Minuten, in der Übergangszeit 15 Minuten und im Sommer 25 Minuten Stoßlüftung.

Wird zu wenig gelüftet, ist die Luft schlecht und eine zu hohe Luftfeuchtigkeit begünstigt das Wachstum von Hausstaubmilben und Schimmelpilzen – und damit die Entstehung von Allergien. Gefährliche Stoffe, wie zum Beispiel das radioaktive Edelgas Radon, können sich dann im Raum anreichern und zu gesundheitlichen Problemen führen.

Wenn Sie zu viel lüften, wird die Luft zu trocken, was die Atemwege belastet und nebenbei Heizenergie verschwendet.

Aber auch wer in einem undichten Haus sitzt, hat wenig Grund zur Freude. In Mitteleuropa schwanken die Temperaturen derart stark, dass hohe Windgeschwindigkeiten auftreten, so dass es in einem undichten Haus enorm zieht. Die durch die Fugen austretende Warmluft kann außerdem Bauschäden verursachen.

Der Gründer des Passivhaus-Instituts (PHI) in Darmstadt, Dr. Wolfgang Feist, empfiehlt deshalb grundsätzlich, eine Lüftungsanlage einzubauen: Bis zum Niedrigenergiehaus-Standard reiche eine Abluftanlage. Beim Passivhaus sei eine automatische Be- und Entlüftung mit Wärmerückgewinnung zwingend notwendig, da ohne diese der entsprechend niedrige Heizenergieverbrauch nicht erreicht würde.

Bei einer Altbausanierung ist die Luftdichtigkeit der Gebäudehülle auf jeden Fall zu erhöhen, zum Beispiel sind eventuell Fenster- und Bauteilabschlüsse abzudichten und eine Thermohaut anzubringen. Es ist wichtig, die Luftdichtigkeit der Gebäudehülle bereits bei der Planung der Anlage durch einen Blower-Door-Test zu überprüfen. Um teure Eingriffe in die Bausubstanz zu vermeiden, ist häufig im Altbau nur eine dezentral installierte Anlage sinnvoll. Wenn die Abluft über das Dach abgeführt wird, sind die Geräusche außerhalb des Hauses besonders gering.

Wohngesundheit

Dicke Luft macht krank

Wer seine Wohnung ungenügend lüftet, setzt sich der Gefahr von Atemwegserkrankungen, Allergien, Kopfweh aus, leidet möglicherweise an Konzentrationsschwäche oder fühlt sich schlapp. In einer Untersuchung von 3000 Wohnungen hat das Bundesgesundheitsamt festgestellt, dass 53 % der Beschwerden der Hausbewohner auf unzureichende Frischluftzufuhr zurückzuführen ist.

Beeinträchtigt wird ein gesundes Raumklima durch:

- das vom Menschen beim Atmen ausgestoßene Kohlendioxid,
- Ausdünstungen von Baumaterialien, Bodenbelägen, Möbeln und Geräten,
- ungefilterte Außenluft mit Allergenen und Staub,
- die immer beliebteren offenen Feuerstellen,

sowie zu hohe Luftfeuchtigkeit infolge von Wäschewaschen, Kochen, Duschen und Pflanzengießen. Hohe Luftfeuchtigkeit begünstigt das Wachstum von Milben und Schimmelpilzen: ein heute oft leidiges Thema bei Mietern, Vermietern und Bauherren.

Die Stiftung Warentest hat festgestellt, dass die Schadstoffbelastung in schlecht gelüfteten Wohnungen oftmals höher ist als an vielbefahrenen Straßenkreuzungen.

6.1 Abluftanlage

Eine Abluftanlage zieht verbrauchte und feuchte Luft aus Küche, WC und Bad ab. Ein zentraler Ventilator oder auch mehrere dezentrale Ventilatoren fördern diese Luft über Kanäle nach draußen. Durch Außenluftdurchlässe strömt Frischluft fein verteilt in die Wohnräume. Diese Luftdurchlässe können sehr unauffällig sein. Wenn eine erhaltenswerte Fassade in einem Altbau nicht beeinträchtigt werden soll, können die Zuluftdurchlässe auch im Fensterrahmen untergebracht werden.

Abb 6.1: Die Lüftungsöffnung wird zusammen mit der Dämmung aufgebracht (Foto: LUNOS)

Abb 6.2: Kaum sichtbare Lüftungsöffnung in der Fensterlaibung (Foto: LUNOS)

Abb 6.3: Außenwanddurchlass (Foto: LUNOS)

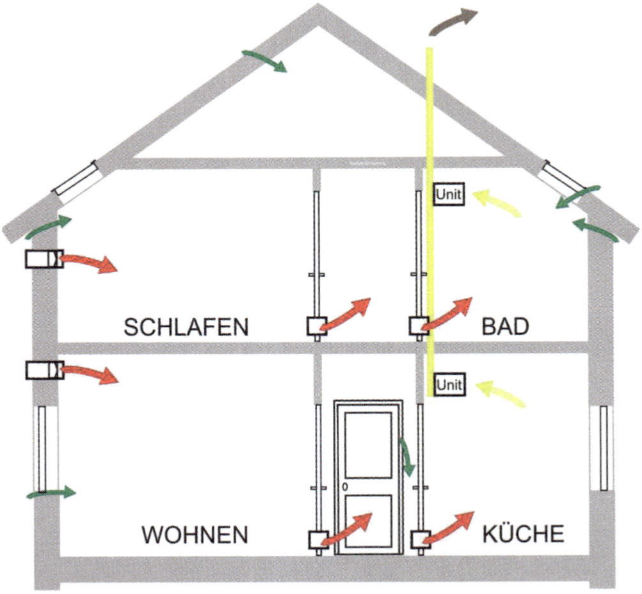

Abb 6.4: Schema Abluftsystem (Grafik: LUNOS)

Am besten ist es, wenn ein Heizkörper unter dem Außenluftdurchlass steht, damit die im Winter einfallende Kaltluft unmittelbar erwärmt wird. Die Zuluftöffnungen verfügen über Insekten- und Grobfilter sowie Regenschutz. Ihr Einströmquerschnitt kann

automatisch oder manuell verändert werden. Für den Fall, dass sie der Straße zugewandt sind, gibt es schallschluckende Einbauten.
Die Schweden haben schon über 50 Jahre Erfahrung mit diesen einfachen Systemen. Auch in Frankreich sind sie weit verbreitet. Der mit ihnen verbundene Lüftungswärmeverlust ist jedoch mindestens doppelt so hoch wie in einem Passivhaus mit geregelter Be- und Entlüftung über Wärmetauscher.

6.2 Automatische Lüftungsanlage mit Wärmerückgewinnung

Da hohe Wärmeverluste durch falsches Nutzerverhalten oder ungeeignete Lüftungseinrichtungen entstehen, trägt neben der Verbesserung der Dämmung der nachträgliche Einbau einer Lüftungsanlage mit bis zu 90 % Wärmerückgewinnung erheblich zur Energieeinsparung bei. Die Anlage saugt verbrauchte, warme Luft aus dem Raum ab. Zeitgleich saugt sie kühlere Frischluft von außen zentral über einen Filter an und leitet sie über ein eigenes Kanalsystem in die Wohn- und Schlafräume. Ein Wärmeüberträger führt der frischen, gefilterten Zuluft die Wärme der Abluft zu.

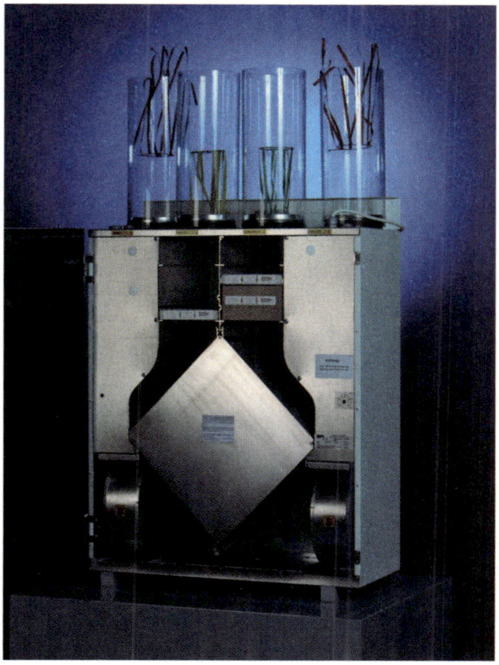

Abb 6.5: Kompaktgerät zur Wohnungslüftung und Wärmerückgewinnung aus der Abluft, im Wärmetauscher kreuzen sich Frischluft und Abluft berührungsfrei.
(Foto: Bosch Thermotechnik GmbH)

Das Prinzip einer Lüftungsanlage

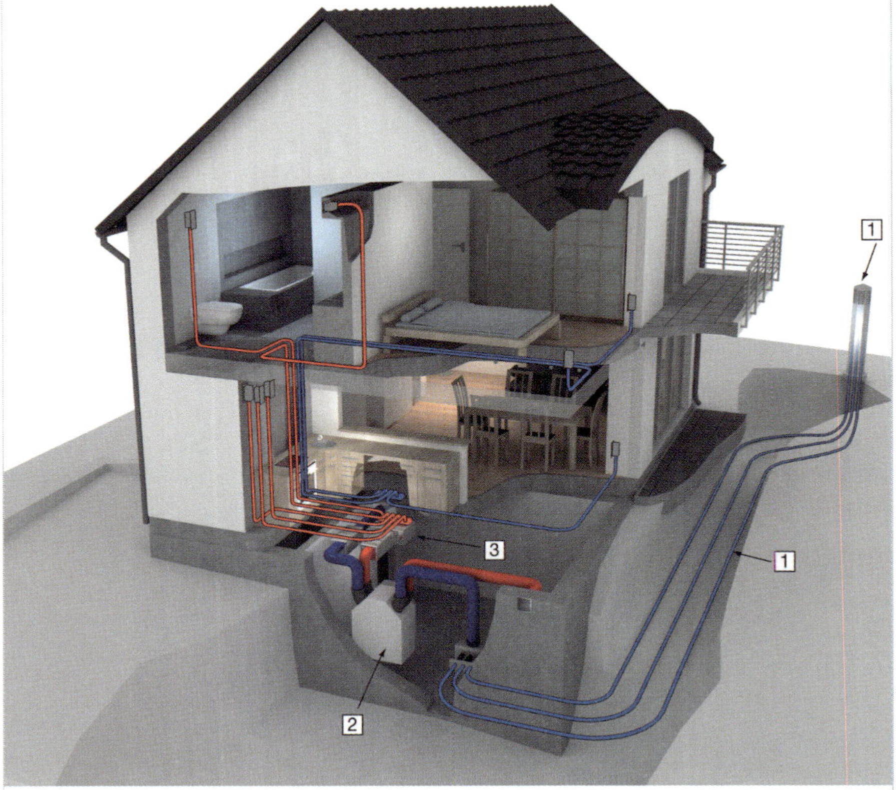

Der Erdwärmetauscher mit Absaugturm (1) wärmt oder kühlt die Außenluft. Im Haus strömt die vortemperierte Luft zum zentralen Lüftungsgerät (2). Von dort leitet das Luftverteilsystem (3) sie in die Räume.

Abb 6.6: Lüftungsanlage (Grafik: Bausparkasse Schwäbisch Hall)

Abb 6.7: Lüftungskanäle (Foto: AEG)

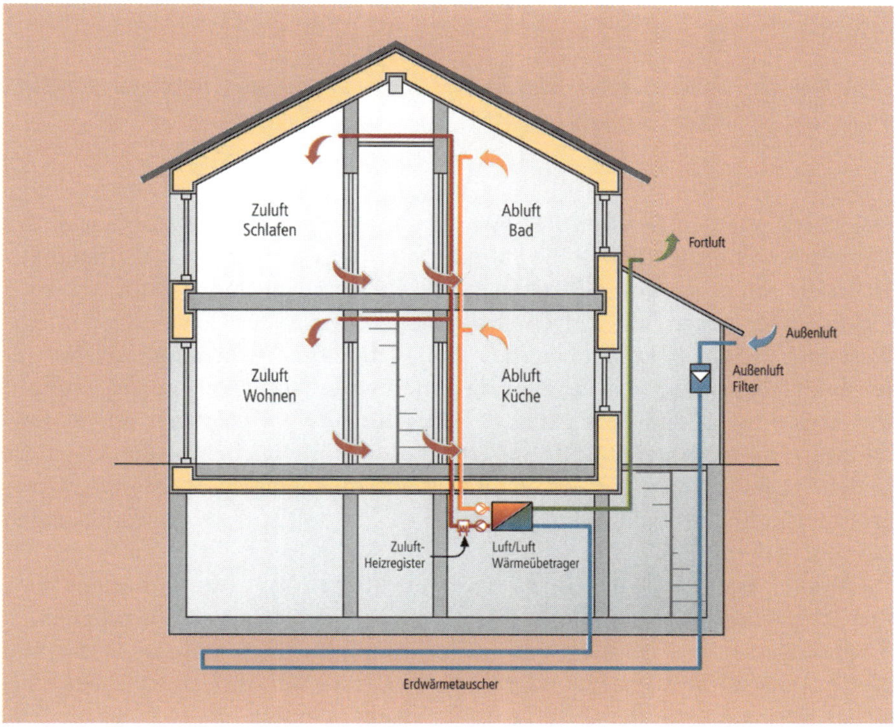

Abb 6.8: Schema Lüftungsanlage mit Wärmerückgewinnung (Grafik: Passivhaus Institut)

Vorteile der Lüftungsanlagen:

- Sie transportieren zuverlässig zu hohe Luftfeuchte ab,
- vermeiden dadurch Schimmelpilze und Bauschäden,
- und minimieren durch Filter Pollen und Schadstoffe in Innenräumen wesentlich sicherer und wirksamer als die übliche Fensterlüftung.

Durch die kontrollierte Lüftung mit Zu- und Abluftführung kann die Konzentration radioaktiven Radons in Innenräumen wesentlich reduziert werden. Auf den Internetportalen *www.bfs.de* und *www.radon-info.de* finden Sie eine Karte, die Auskunft über die Radonbelastung in Deutschland gibt. Die Belastung der Bodenluft gibt an, wie viel Radon vom Untergrund in ein Gebäude eintreten kann. Bei einer Aktivitätskonzentration von 100 kBq/m^3 (Kilo-Becquerel pro Kubikmeter Luft) können in 10 bis 50 % der Gebäude über 100 Bq/m^3 in Aufenthaltsräumen vorkommen.

Becquerel

Physikalische Einheit der Radioaktivität, bei 100 Becquerel pro Kubikmeter zerfallen darin 100 Atome pro Sekunde.

Die Karte zeigt, in welchen Regionen erhöhte Radonkonzentrationen in der Raumluft wahrscheinlich sind. Sie gibt allerdings nur grobe Anhaltspunkte. Denn die Konzentration des radioaktiven Edelgases im Boden kann sich auch kleinräumig ändern. Ein schlechter baulicher Zustand des Gebäudes, zum Beispiel mit Rissen in Kellermauern und Bodenplatten, begünstigt das Auftreten hoher Radonkonzentrationen im Innern. Deshalb lassen nur Messungen im Haus eine sichere Bewertung der Belastung zu. In Gebieten mit Radonkonzentrationen unter 20 kBq/m^3 in der Bodenluft reichen in der Regel die üblichen Maßnahmen gegen Bodenfeuchte für einen ausreichenden Schutz vor erhöhter radioaktiver Strahlung im Haus aus. So sollten Rohrdurchführungen besonders dicht sein.

Im Altbau besteht auch die kostengünstigere Möglichkeit, Wandlüfter mit Wärmerückgewinnung nur im Wohnzimmer und im Schlafzimmer einzubauen.

Nach Angaben des Testzentrums für Wohnungslüftungsgeräte in Dortmund gibt es bundesweit derzeit rund 80 Anbieter von Lüftungssystemen. Die Hersteller werben damit, dass ihre Technik Folgendes leistet:

- Energiekosten sparen,
- durch frische Luft ein gesundes Wohnklima schaffen,
- den Schallschutz erhöhen,
- Feuchteschäden vermeiden,
- Pollen, Schmutz und Insekten fernhalten,
- Einbrechern ihre Arbeit erschweren.

Kein Thema ist die Geräuschentwicklung der Anlagen: Schon der direkt am Gerät gemessene Schallpegel bleibt unter der für Schlafräume zugelassenen Norm, durch zusätzliche Schalldämpfer und Verkleidungen lässt sich das Geräusch praktisch unhörbar machen. Probleme gibt es nur, wenn die Luftkanäle zu knapp bemessen werden, dann pfeift es aufgrund zu hoher Strömungsgeschwindigkeiten wie in einem verkalkten Wasserhahn. Das heißt, die Anlage muss sorgfältig auf die Volumenströme ausgelegt sein.

Die Kosten für eine Wohnraumlüftung sind von der Art des Objekts und vom System abhängig (Aufputz- oder Unterputzmontage, zentrale Anlage oder dezentrale Einheiten). Die erzielte Heizenergieersparnis liegt je nach Haustyp und Dichtigkeit der Fugen und Fenster zwischen 50 und 90 %. Die Anlagen amortisieren sich, abhängig vom Wohnobjekt, bei den momentanen Brennstoffkosten in sechs bis zwölf Jahren.

Experten raten, nur Anlagen zu kaufen, deren Verhältnis von Stromeinsatz und zurückgewonnener Wärme mindestens 1 zu 5 pro Jahr beträgt. Zusätzliche elektrisch angetriebene kleine Wärmepumpen zur weiteren Abwärmenutzung sind sinnvoll, wenn das Verhältnis ihrer elektrischen Antriebsenergie zur durch sie gewonnenen Wärme mindestens 1 zu 3,5 bis 4 beträgt.

Für die Planung und Installation der Anlagen sind fundierte Fachkenntnisse und theoretisches Wissen nötig. Fragen Sie unbedingt nach Referenzobjekten, bevor Sie jemandem einen Auftrag erteilen. Besonderen Wert sollten Sie auf einen möglichst hohen Wärmerückgewinnungsgrad sowie guten Schall- und Brandschutz legen. Im Altbau ist die Umsetzung natürlich schwieriger und teurer. Außerdem funktioniert die Lüftungstechnik nur dann wie geplant, wenn das Gebäude ausreichend dicht ist. Dies sollte vorher überprüft werden.

6.3 Erdwärmetauscher

Die Effizienz der zentralen Lüftungsanlage kann noch gesteigert werden, wenn ein Erdwärmetauscher in das System integriert wird. Dabei handelt es sich um ein langes Kunststoffrohr, das in ein bis drei Meter Tiefe im Boden verlegt wird. Bei Gefälle ist jedoch eine Verlegung nicht ganz einfach.
Im Winter wärmt der Erdwärmetauscher kalte Frischluft vor, im Sommer kühlt er warme Sommerluft.
Verschmutzungen im Rohrsystem führen zu gefährlichem Unterdruck: Radioaktives Radongas kann vermehrt in die Wohnräume gelangen und sich dort anreichern. Im Umkehrschluss heißt dies, dass immer Überdruck im Rohrsystem herrschen sollte.
Mehrere Institute sind zu dem Ergebnis gekommen, dass die durch den Erdwärmetauscher hereinkommende Zuluft weniger Pilze und Bakterien enthält als die Außenluft. Dafür sorgen nach den Erdwärmetauschern eingebaute Filter.
Hier noch eine Gegenüberstellung der beiden Anlagentypen:

Abluftanlage	Wohnungslüftungsanlage mit Wärmerückgewinnung
Keine Wärmerückgewinnung	bis 90 % Wärmerückgewinnung
kurzes Kanalsystem (nur Abluftstrang)	aufwendigeres Kanalsystem für Zu- und Abluft
Leistungsaufnahme 25 bis 50 Watt (ein Ventilator)	Leistungsaufnahme 50 bis 100 Watt (zwei Ventilatoren)
Stromverbrauch 220 bis 450 kWh (35 bis 70 Euro pro Jahr)	Stromverbrauch 450 bis 900 kWh (80 bis 150 Euro pro Jahr)
Kosten: 15 bis 20 Euro pro m² Wohnfläche	Kosten: 40 bis 60 Euro pro m² Wohnfläche

Beide Anlagentypen stellen hohe Ansprüche an die Luftdichtigkeit des Gebäudes; bei einem Druck von 50 Pascal darf die Luft im Haus höchstens 1,5 mal pro Stunde ausgetauscht werden (Blower-Door-Test). Die Anlagen müssen ein- bis zweimal im Jahr gewartet werden. Bei beiden können auch noch Feinfilter eingebaut werden.

6.4 Wartung

Die Außenluft- und Abluftdurchlässe und das Lüfterrad von Abluftanlagen werden üblicherweise alle sechs Monate gereinigt. Diese Reinigungsarbeiten können Sie gut selbst machen. Auch die Filter sind zu reinigen beziehungsweise auszutauschen.
Der Frischluftkanal von Zu- und Abluftanlagen muss immer in hygienisch einwandfreiem Zustand sein, damit die Bewohner keine gesundheitlichen Probleme bekommen. Deshalb wird in der Regel alle drei bis sechs Monate eine Wartung empfohlen.

Anlagentypen

Technik und Einsatzmöglichkeitender kontrollierten Wohnungslüftung

Einzelraumlüftung mit Wärmerückgewinnung

Über eine Wanddurchführung strömt gefilterte Frischluft in das Gerät, über eine zweite gelangt die verbrauchte Luft ins Freie. Dabei wird der Fortluft ungefähr 90 % der Wärmeenergie entzogen, um die Frischluft vorzuwärmen. Diese Raumlüftung ist auch für Altbauten geeignet.

Zentrale Abluftanlage

Die verbrauchte Luft wird abgesaugt, die Zuluft strömt über Außenluftöffnungen in die Räume, es findet keine Wärmerückgewinnung statt.

Zu- und Abluftanlage ohne Wärmerückgewinnung

Sie saugt verbrauchte Luft ab und führt auch die Zuluft den einzelnen Räumen über ein Kanalsystem zu. Dieser Anlagentyp ist für Niedrigenergiebauten ausreichend, für Passivhäuser jedoch nicht.

Zu- und Abluftanlage mit Wärmerückgewinnung

Ein Wärmetauscher temperiert die Zuluft mit der Wärme der Abluft vor.

Kreuzstromwärmetauscher haben einen Temperaturwirkungsgrad von rund 60 %. Das heißt, sie erwärmen 0 °C kalte Außenluft mit 20 °C warmer Abluft auf noch recht kühle 12 °C. Deshalb bietet es sich an, zusätzlich eine Nacherwärmung oder Wärmepumpe einzubauen, um die Frischlufttemperatur anzuheben. ▶

Wesentlich effizienter sind Gegenstromwärmetauscher mit einem thermischen Wirkungsgrad von etwa 90 %. Gemäß dem obigen Beispiel erwärmen sie die Frischluft auf 18 °C.

Lüftungskompaktgerät

Eine Kleinwärmepumpe kühlt die Abluft unter die Zulufttemperatur und entzieht ihr dabei die gesamte nutzbare Wärme. In Passivhäusern reicht diese im Idealfall für die gesamte Wärmeversorgung, für Heizung und Warmwasser.

Das Europäische Testzentrum für Wohnungslüftungsgeräte (TZWL) in Dortmund veröffentlicht in unregelmäßigen Abständen Mitteilungen über Wohnungslüftungsgeräte. Das Bulletin enthält die unter einheitlichen Bedingungen gemessenen Daten aller in Deutschland angebotenen Geräte mit und ohne Wärmerückgewinnung – sofern der Hersteller der Veröffentlichung zugestimmt hat.

Messdaten wie Wärmerückgewinnungsgrad, elektrisches Wirkungsverhältnis und Primärenergie-Einsparung helfen bei der Auswahl eines Geräts für den gewünschten Einsatzbereich. Ein elektrisches Wirkverhältnis über 15 ist heute technisch machbar. Das heißt, je eingesetzter Kilowattstunde an elektrischer Energie gewinnt das Gerät mehr als 15 Kilowattstunden Wärme zurück.

Weitere Informationen:

Europäisches Testzentrum für Wohnungslüftungsgeräte, Dortmund,

Telefon: 02 31/5 34 77-0, Internet: *www.tzwl.de*

Verband für Wohnungslüftung e. V., Celle,

Telefon: 0 51 41/21 45 11,
Internet: *www.wohnungslueftung-ev.de*

6.5 Solarthermische Kühlung

In vielen Bürogebäuden wird für die Klimatisierung der Räumlichkeiten bereits mehr Primärenergie verbraucht als für die Heizung. Meistens sorgen elektrisch betriebene Kompressionskältemaschinen für Abkühlung. Die Spitzenlastzeit dieser Geräte liegt natürlich im Sommer, zu dieser Jahreszeit haben sie ihren höchsten Stromverbrauch, was in Europa regelmäßig zur Überlastung von Stromnetzen führt.

Wesentlich energieeffizienter ist die Nutzung der Abwärme von Blockheizkraftwerken oder der Wärme von solarthermischen Anlagen als Antrieb von Kältemaschinen. Praktischerweise bestehen Kältebedarf und starke Sonneneinstrahlung häufig gleichzeitig. Der Energiebedarf von Kältemaschinen mit thermischem Verdichter wird bis zu 98 % aus Sonnenenergie gedeckt.

Wenn einer sogenannten Absorptionskältemaschine warmes Wasser zugeführt wird, reicht das aus, um in einem geschlossenen Kältemittelkreis bei niedrigem Druck Wasser oder Ammoniak zu verdampfen. Das von außen kommende Wasser kühlt dadurch ab und kann dann zur Kühlung genutzt werden. Anschließend kondensiert der Wasserdampf im Kältemittelkreis an anderer Stelle wieder und der Vorgang kann von neuem beginnen.

In großen Anlagen funktioniert das schon sehr gut, bei kleinen Anlagen unter 10 Kilowatt, die dennoch genug Kühlleistung für ein Einfamilienhaus liefern, besteht teilweise noch Entwicklungsbedarf. Hersteller wie Schüco und SolarNext bieten schon Absorptionskühlgeräte im unteren Leistungsbereich an. Die Firma Phönix Sonnenwärme AG aus Berlin führt Feldtests mit einer 10-KW-Lithiumbromidanlage durch, deren Markteinführung für 2009 geplant ist.

Pro Kilowatt Kälteleistung kosten Anlagen zur solaren Kühlung heute insgesamt zwischen 5000 und 8000 Euro. Dabei ist die solarthermische Anlage ein bedeutender Kostenfaktor. Experten gehen davon aus, dass mit zunehmenden Stückzahlen diese Kosten auf 3000 bis 4500 Euro sinken werden. Doch damit ist es noch nicht getan, es fallen noch Betriebskosten für Wasseraufbereitung, Wartung und den Stromverbrauch der Kältemaschine an.

Abb 6.9: Diese Ammoniak-Wasser-Absorptionskältemaschine kann mit dem Arbeitsmittel Ammoniak Temperaturen unter dem Gefrierpunkt von Wasser erzielen. (Foto: SolarNext)

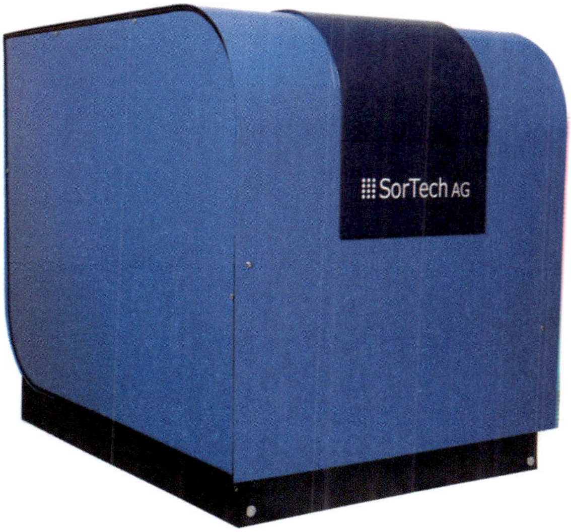

Abb 6.10: Bei der geschlossenen Adsorptionstechnik wird das Kältemittel Wasser an einem Festkörper wie Silikagel adsorbiert und Kaltwasser von minimal 5 bis 6 °C erzeugt: hier ein Gerät mit 5,5 Kilowatt Kälteleistung. (Foto: SolarNext)

Aber nicht nur die Kühlung, auch die Entfeuchtung der Luft spielt eine wichtige Rolle. Die absorptionsgestützte Klimatisierung ist ein Verfahren, bei dem Entfeuchtung und Kühlung getrennt sind: Die warme und feuchte Außenluft wird zunächst in der Absorptionseinheit an Füllkörpern vorbeigeführt, die mit konzentrierter Salzlösung benetzt sind. Dort gibt sie Wasser an die Sole ab. Anschließend wird die so entfeuchtete Luft in der Zentraleinheit abgekühlt und als Zuluft in das Gebäude geführt.

Deshalb sind beim Kühlen mit Solarwärme Salztanks, die einen entsprechenden Platzbedarf haben, notwendig.

7 Alte Gewohnheiten überprüfen

Lüften Sie richtig?
Experten beobachten, dass immer noch rund 90 % der Bevölkerung in der Heizperiode falsch lüften. Mit dauerhaft gekippten Fenstern verschwenden sie beliebig viel Heizenergie; die Wände kühlen aus, ohne dass es zu einem richtigen Luftaustausch kommt. Sie lüften richtig, wenn Sie kurz mehrere Fenster gleichzeitig vollständig öffnen, damit Durchzug entsteht. Die Fenster müssen nach spätestens zehn Minuten wieder geschlossen werden, die Raumluft ist dann ausgetauscht. Die kalte Luft von draußen erwärmt sich mit weniger Energieeinsatz schneller und hat auch weniger Feuchtigkeit gespeichert als die feuchtere verbrauchte Luft. Nach dem Stoßlüften wird es deshalb schnell wieder angenehm warm. Wandoberflächen und Wohnungseinrichtung kühlen in dieser kurzen Zeit kaum ab. Wenn Sie während des Lüftens vergessen, die Heizkörperventile zu schließen, heizen Sie allerdings minutenlang zum Fenster hinaus.

Laufen Sie zu jeder Jahreszeit im T-Shirt durchs Haus?
Leicht vermeidbar sind zu hohe Raumtemperaturen: Jedes einzelne Grad über 20 °C erhöht die Heizkosten jeweils um 6 %. Die Heizung tagsüber ganz auszuschalten, wenn niemand im Haus ist, lohnt jedoch nicht, da das Aufheizen stark ausgekühlter Räume sehr viel Energie verbraucht.
Aber extreme Sparsamkeit ist auch nicht angebracht: Wenn in Schlafräumen die Temperatur unter 16 °C absinkt, kondensiert die Feuchtigkeit, mit der Folge, dass sich an Wärmebrücken Schimmel bildet.

Mögen Sie Zugluft?
Wenn es in der Wohnung zieht, obwohl alle Fenster und Türen geschlossen sind, lassen sich die Ursachen dafür in der Regel leicht beseitigen, zum Beispiel, indem Sie schlecht eingestellte Türen und Fenster nachjustieren, Fenster- und Türdichtungen einbauen beziehungsweise erneuern oder den Keller durch eine luftdichte Tür abtrennen.
Wenn Sie bei großen Temperaturunterschieden zwischen innen und außen den Eindruck haben, dass es durch die Fensterscheiben hindurch zieht, sitzen Sie wahrscheinlich in einem Altbau mit Fenstern, die einen schlechten Dämmwert

haben und deshalb viel Wärme nach außen abstrahlen. In diesem Fall hilft es, wenn Sie das Fensterglas durch eine moderne Wärmeschutzverglasung ersetzen. Das macht jeder Glaser.

Verstecken Sie gerne Heizkörper?

Wenn die Heizkörper hinter Verkleidungen, Möbeln, Vorhängen oder Gardinen ihre Aufgabe verrichten, wird es in deren unmittelbarem Umfeld zwar schön warm, im eigentlichen Wohnbereich werden Sie es infolge der eingeschränkten Luftzirkulation jedoch eher als zu kühl empfinden und unnötig viel Heizenergie verbrauchen, weil Sie die Heizung entsprechend weiter aufdrehen.

Auch ein Heizkörper, der gut von außen sichtbar ist, strahlt viel Wärme ab. Abhilfe schafft die Montage einer reflektierenden Dämmung vor Heizkörpern, die direkt vor Fensterscheiben stehen.

Verrichten noch technisch überholte Herde, Waschmaschinen, Kühl- und Gefrierschränke ihren Dienst für Sie?

Allein durch den Austausch der rund 16 Millionen Kühlschränke in Deutschland, die älter als 10 Jahre sind, könnten nach Angaben der Deutschen Energie-Agentur (dena) 0,7 % der gesamten deutschen Stromproduktion eingespart werden. Die maximalen Einsparmöglichkeiten mit hocheffizienten Geräten neuester Bauart belaufen sich im Vergleich zu Geräten aus dem Jahr 1990 bei einem:

- Kühlschrank auf 75 %,
- Kühl-Gefrier-Kombination auf 60 %,
- Wäschetrockner auf 40 %,
- Waschmaschine auf 35 %,
- Geschirrspüler auf 35%.

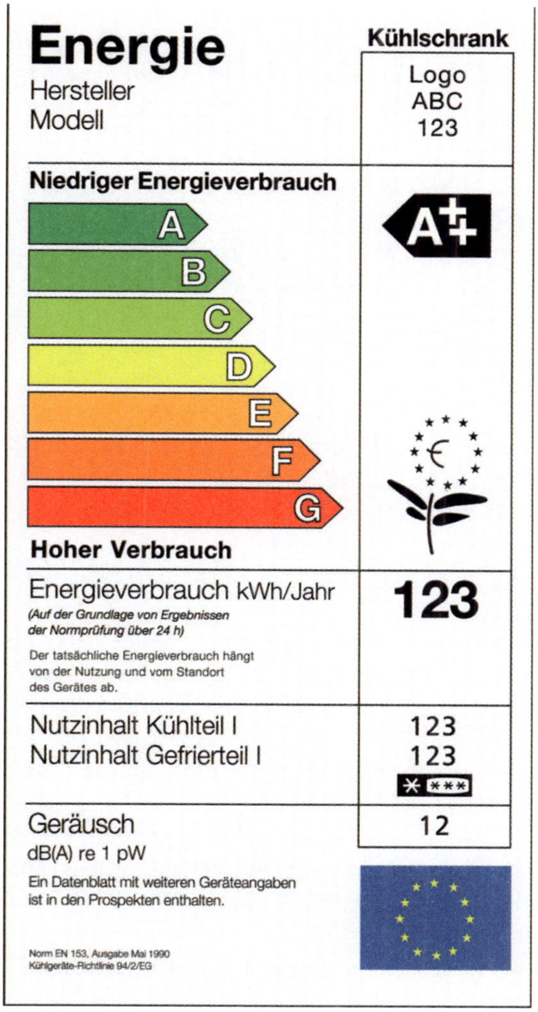

Den geringsten Energiebedarf haben derzeit Geräte, die mit A++ gekennzeichnet sind. Wenn Kühl- und Gefriergeräte nicht direkt neben Herd oder Spülmaschine, sondern in einer kühlen Umgebung stehen, verbrauchen sie rund 5 % weniger. Energiesparende Temperatureinstellung für Kühlen ist + 7 °C, für Gefrieren – 18 °C. Wenn Sie keine heißen Speisen oder Getränke in den Kühlschrank stellen und Gefrorenes im Kühlschrank auftauen, senken Sie auch dadurch Ihren Energieverbrauch.

Stromverbrauch in Haushalten

Der Bundesverband der Energie und Wasserwirtschaft (BDEW) hat Anfang 2008 folgende Zahlen veröffentlicht: Die rund 39 Millionen Haushalte in Deutschland nutzen:

- 8 % des Stromes zur Beleuchtung,
- 29 % für Kühl- und Gefrierschränke,
- 19 % für Kochen, Bügeln und Wäschetrocknen,
- 17 % für die Warmwasserbereitung, auch in Wasch- und Geschirrspülmaschinen,
- 12 % für Unterhaltungselektronik, Telekommunikation und Computer und
- 15 % davon verbraucht die Heizung.

Nutzen Sie ständig Stand-by?

Rund 3 % des Stroms im Haus können ständig arbeitende Bereitschaftsschaltungen von Fernsehern, Computern, Videorecordern, Stereo- und Telefonanlagen und anderen Geräten verbrauchen. Verwenden Sie daher Steckerleisten und schalten Sie konsequent den Strom ganz ab, wenn Sie die Geräte nicht brauchen. Wenn das alle machen, kann ein Atomkraftwerk in Deutschland stillgelegt werden.

Außerdem sichern hochwertige Steckdosenleisten mit Blitz- und Überspannungsschutz zusätzlich Ihre Geräte. Daneben gibt es im Fachhandel auch spezielle Vorschaltgeräte, die registrieren, wenn ein Gerät in den Stand-by-Betrieb geschaltet wird, und es automatisch vom Netz trennen.

Sie reduzieren dadurch den Elektrosmog im Haus, was Heilpraktiker und auch einige Schulmediziner besonders nachts für wichtig halten. Noch weniger Belastung durch Elektrosmog haben Sie, wenn Sie für die Wohn- und Schlafräume Netzfreischalter im Schaltschrank einbauen lassen, die einzelne Wechselstromkreise vom Netz trennen, sobald kein Verbraucher mehr eingeschaltet ist.

Info

Wie wertvoll Energie ist und wie aufwendig ihre Gewinnung, zeigt das anschauliche Beispiel, dass ein gut trainierter Freizeitsportler beim Radfahren insgesamt nur eine Kilowattstunde erzeugt, wenn er rund acht Stunden lang in die Pedale tritt. In einem Liter Erdöl ist aber bereits die zehnfache Energiemenge gespeichert.

Abb 7.1: (Foto: Bund der Energieverbraucher)

Abb 7.2: Sportlerin auf Heimttrainer (Foto: Techniker Krankenkasse)

Beleuchten Sie effizient?
Auf Beleuchtung entfallen 10 % des verbrauchten Stroms. Rund 80 % davon können Sie einsparen, wenn Sie statt alter Glühlampen ausschließlich Energiesparlampen verwenden und noch mehr, wenn Sie auf ständige Festbeleuchtung verzichten. Noch weniger Energie brauchen LEDs (Light Emitting Diodes), denen deshalb die Zukunft gehört.

Haben Sie kleine Küchenhelfer?
Mit Wasserkocher, Kaffeemaschine, Toaster und elektrischem Eierkocher verbrauchen Sie deutlich weniger Energie, als wenn Sie stattdessen Herd oder Backofen einsetzen.

Trocknen Sie die Wäsche grundsätzlich im Wäschetrockner?
Das Wäschetrocknen auf dem Wäscheständer ist unschlagbar günstig.

Lassen Sie sich gerne von der jährlichen Stromabrechnung überraschen?
Es hilft beim Stromsparen, die Zählerstände wöchentlich zu erfassen.

Lassen Sie an heißen Tagen ständig heiße und feuchte Luft über gekippte Fenster in Ihre Wohnung?
Wenn Sie vorrangig kühle Nachtluft hereinlassen, reduziert diese deutlich Innentemperatur und Luftfeuchtigkeit.

Schätzen Sie an heißen Tagen kühle Räume und nutzen Sie deshalb ein Klimagerät?
Geschlossene Außenjalousien reduzieren die Raumtemperatur spürbar.

Haben Sie kleine Elektroboiler im Einsatz, die Tag und Nacht am Netz hängen?
Hier können Sie mit einer Zeitschaltuhr leicht Abhilfe schaffen. Kleine Boiler heizen sich nach erneutem Einschalten schnell wieder auf.

Oder haben Sie eine zentrale Warmwasserbereitung mit ständig laufender Zirkulationspumpe?
Auch den Stromverbrauch einer Zirkulationspumpe können Sie optimieren, indem sie diese nachts – oder während des Urlaubs – mit Hilfe einer Zeitschaltuhr ausschalten. Diese Zeitschaltuhren für Zirkulationspumpen gibt es auch zum nachträglichen Selbsteinbau.

Noch etwas: Wie oft klingelt es pro Tag an Ihrer Wohnungstür?
Auch ein Klingeltrafo verbraucht ständig Strom. Wenn es bei Ihnen nicht ständig klingelt, können Sie diesen Stromverbrauch vermeiden, indem Sie die Klingel mit Batterien oder einem Akku mit Solarzelle versorgen.

Und zum Schluss noch ein guter Beitrag zur CO_2-Reduktion:
Kunststoff aus klimaschädlichem Kohlendioxid
Der Chemiker Dr. Geoffrey Coates, Mitgründer der US-amerikanischen Firma Novomer, hat ein Verfahren entwickelt, mit dem sich aus Kohlendioxid biologisch abbaubare Kunststoffe herstellen lassen. Das mittels Katalyse hergestellte Material soll sich für Verpackungen, Tassen, Plastikgeschirr und sogar für den Einsatz in medizinischen Geräten und Implantaten eignen. Der neuartige Katalysator auf Zinkbasis funktioniert schon bei Raumtemperatur und niedrigem Druck, die chemische Reaktion benötigt nur Minuten. Deshalb sind die Herstellungskosten niedrig.
Bisher existiert erst eine Pilotanlage, aber Novomer ist davon überzeugt, dass der neue Kunststoff aus CO_2 konkurrenzfähig gegenüber herkömmlichen Kunststoffen auf Erdölbasis sein wird und ihn auf vielen Märkten ersetzen kann.

8 Anhang

8.1 Glossar

Begriff	Erklärung
Aktor	Setzt die Signale eines Reglers in eine andersartige Größe um, wandelt Strom in Bewegung, Drehmoment oder Licht um; Beispiel: Öffnen oder Schließen eines Ventils
Alternative Energien/Erneuerbare Energien/ Regenerative Energien	Energie, die die Sonne dauerhaft liefert: direkt als Strahlungsenergie, indirekt als Wind- und Wasserkraft, im Boden gespeicherte Wärme oder den Energieinhalt nachwachsender Rohstoffe, Ausnahme: geothermische Energie
Aufsparrendämmung	Wärmedämmung zwischen Sparren und Dachhaut
Außenwand-Luftdurchlass	Öffnung in der Außenwand oder im Fenster für den Luftwechsel
Batibus	Feldbus für Gebäudeautomation
Blockheizkraftwerk (BHKW)	Motorbetriebenes, kompaktes Kraftwerk, das Strom und Wärme erzeugt
Blower-Door-Test	Dient zur Untersuchung der Luftdichtheit eines Gebäudes
Bundesimmissionsschutz-Verordnung (BlmSchv)	Staatliche Verordnung für Kleinfeuerungsanlagen, legt Grenzwerte fest für Stickoxide und Abgasverluste
Bus	Verbindungssystem für elektronische und elektrische Komponenten
Brennwertkessel	Heizkessel, der die im Abgas enthaltene Wärme durch Kondensation des darin enthaltenen Wasserdampfes nutzbar macht
Bypass-Diode	Bietet Schutz vor Schäden bei Teilverschattung von Solarzellen
CE-Zeichen	Gibt an, dass ein Produkt die europäischen Herstellungsnormen erfüllt, sagt aber nichts über dessen Qualität
CO_2	Kohlendioxid ist ein farb- und geruchloses Gas, das bei der Verbrennung entsteht und maßgeblich zu Treibhauseffekt und Klimaveränderung beiträgt

Begriff	Erklärung
CO_2-Emission	Bei der Verbrennung entstehendes Kohlendioxid
Dämmputz	Putz, der gleichzeitig dämmt
Dampfbremse	Folie oder Schicht, die für Wasserdampf begrenzt durchlässig ist
Dampfsperre	Folie oder Schicht, die für Wasserdampf undurchlässig ist
Diffuse Strahlung	Ungerichtetes Sonnenlicht, gestreut durch Wolken oder Partikel
diffusionsoffen	Die Diffusion von Wasserdampf durch Bauteile ist möglich
Direkte Strahlung	Gerichtetes Licht, das ohne Streuung direkt auf die Erdoberfläche trifft
EIB	Europäischer Installationsbus
Einspeisevergütung	Der örtliche Stromnetzbetreiber muss Strom aus erneuerbaren Energien kaufen und einen Mindestpreis bezahlen (entsprechend EEG)
Energie-Einspar-Verordnung (EnEV)	Staatliche Vorschriften über energiesparenden Wärmeschutz und Anlagentechnik, aktuell gültig seit 1.10.2007: EnEV 2007
ENS	Einrichtung zur Netzüberwachung mit zugehörigen Schaltorganen, trennt bei Stromausfall oder Netzabschaltung die PV-Anlage vom Netz
EHS	Standard für Informationssysteme in den Bereichen Umwelt, Gesundheit und Arbeitsschutz (Environment, Health, Safety)
Erneuerbare-Energien-Gesetz	Das EEG schreibt als Bundesgesetz Mindestvergütungen und Anschlussbedingungen für die Stromeinspeisung in das öffentliche Stromverbundnetz vor
Gateway	Protokollumsetzer, der die Kommunikation zwischen Netzwerken ermöglicht, die intern unterschiedliche Datenformate verwenden
Gebäude-Energiepass	Dokument, das den Energieverbrauch eines Gebäudes bewertet
Globalstrahlung	Summe aus direkter Sonneneinstrahlung und diffusem Tageslicht

Begriff	Erklärung
Hot-Spot-Effekt	Zerstörung einer Solarzelle durch Hitzeentwicklung bei Teilverschattung
Hydraulischer Abgleich	Maßnahmen zur gleichmäßigen Durchströmung aller Heizkreise
Kollektor/Sonnenkollektor	Bauelement in Solaranlagen, das Sonnenenergie in Wärme umwandelt
Konstanttemperaturkessel/ Standardheizkessel	Alter Heizkessel mit überholter Technik, der mit konstant hohen Kesseltemperaturen, hohen Abstrahlverlusten und schlechtem Nutzungsgrad arbeitet
Kraft-Wärme-Kopplung	Gleichzeitiges Erzeugen von Strom und Heizwärme
Luftdichtheitsschicht	Material, das unkontrollierten Luftaustausch und Zugluft verhindert
Luftwechsel	Austausch verbrauchter Innenluft gegen frische Außenluft, Maßeinheit ist der ausgetauschte Raumluftanteil pro Stunde
Maximum-Power-Point	MPP ist der jeweils optimale Arbeitspunkt des Solargenerators
Niedertemperaturkessel	Heizkessel, der mit abgesenkter oder gleitender Kesselwassertemperatur arbeitet, dadurch geringe Abgas- und Bereitschaftsverluste
Perimeterdämmung	Material, das Wände im Erdreich dämmt
Photovoltaik (PV)	Strom aus Lichtenergie erzeugen
Protokoll	Vereinbarung zum Austausch von Daten zwischen Computern, Netzwerken oder Prozessen; Beispiel: TCP/IP
Selektive Beschichtung	Schwarze Oberfläche in Sonnenkollektoren, die Sonnenlicht gut absorbiert und wenig Wärme abstrahlt (geringe Wärmeverluste)
Sensor	Messfühler, Messgrößen-Aufnehmer, wandelt physikalische Größe in elektrischen Strom um
Solaranlage	Eine Anlage, die aus Sonnenlicht Strom oder Wärme gewinnt
Solargenerator	Alle Solarmodule einer Photovoltaik-Anlage
Solarmodul	Elektrisch verbundene und wetterfest gekapselte Solarzellen

Begriff	Erklärung
Solarthermie	Nutzen der solaren Strahlungswärme für Heizung und Warmwasser
Solarzelle	Einzelnes Element, das Solarstrom erzeugt
Standard Test Conditions STC	sind Standardtestbedingungen, um Solarstrommodule verschiedener Hersteller vergleichbar zu machen
Thermografie	Mit einer Infrarotkamera gemachte Aufnahme, auf der Oberflächentemperaturen an der Farbe erkennbar sind
Thermostatventil	Heizkörperventil zur thermostatischen Regelung der Raumtemperatur
Transparente Wärmedämmung	Lichtdurchlässiges Material, das Energie durch Sonnenlicht gewinnt und Wärmeverluste reduziert
Traufbereich	Anschlussbereich zwischen Längsaußenwand und Dach, unterhalb des Dachüberstandes; bei Schrägdächern Bereich hinter der Dachrinne (Dachrinne und Traufe sind Synonyme)
Unterspannbahn	Wasserdichtes Material unter der Dacheindeckung, das Regen und Flugschnee abhält
Untersparrendämmung	Wärmedämmung unter den Dachsparren
U-Wert	Wärmedurchgangskoeffizient, Maß für Wärmeverlust durch Bauteile (früher hieß er k-Wert), je kleiner, desto besser
Vorhangfassade	Zwischen Dämmmaterial und Witterungsschutz befindet sich eine Luftschicht
Vorsatzschale	Äußere Schicht einer zweischaligen Wand, Witterungsschutz
Watt peak	Spitzenleistung eines Solargenerators unter genormten Testbedingungen
Wärmebrücke	Schwachstelle in einer Baukonstruktion mit deutlich höherem Wärmeverlust als angrenzende Bauteile
Wärmedämmverbundsystem (WDVS)	Dämmmaterial, Putzträger und Außenputz bilden eine Einheit
Wärmemengenzähler	Gerät zur Messung der Wärmeenergie von Flüssigkeiten
Wärmepumpe	Gerät, das der Umgebung Wärme entzieht und zur Raumheizung nutzt

Begriff	Erklärung
Wärmerückgewinnung	Zurückhalten der in Abluft oder Abwasser enthaltenen Abwärme
Wechselrichter	auch Netzeinspeisegerät (NEG) genannt, wandelt (Solar-)Gleichstrom in Wechselstrom um
Wechselstrom	Strom, der seine Richtung 100-mal pro Sekunde ändert (50 Hertz) mit Nennspannung 230 Volt
Zirkulationsleitung	Rohrleitung, in der das Warmwasser umgewälzt wird: ist bei langen Leitungswegen nötig, damit an den Zapfstellen sofort warmes Wasser verfügbar ist

8.2 Finanzierung, Fördermittel

Wie funktioniert die Förderung?
Wenn Sie einzelne energetische Modernisierungsmaßnahmen in Ihrem Haus planen, wie zum Beispiel

- den Austausch eines alten Heizkessels durch einen modernen Niedertemperatur- oder Brennwertkessel,
- die Verbesserung des Wärmeschutzes des Gebäudes,
- die Anschaffung einer Solaranlage,

erhalten Sie aus dem KfW-Programm zur CO_2-Minderung eine zinsgünstige Finanzierung. Entscheiden Sie sich für eine umfassende Modernisierung, so können Sie, für ein Paket von mehreren Maßnahmen das noch zinsgünstigere KfW-CO_2-Gebäudesanierungsprogramm in Anspruch nehmen.

Wo beantragen Sie die Förderung?
Die KfW-Förderung beantragen Sie direkt bei Ihrer Hausbank, die erforderlichen Formulare liegen dort bereit. Die BAFA-Förderung können Sie beim Bundesamt für Wirtschaft und Ausfuhrkontrolle beantragen (siehe Adressenliste unten). Bei diesen Institutionen erfahren Sie auch, was aktuell in welchem Umfang gefördert wird und wie genau die Konditionen sind.

Besonders wichtig:
Eine nachträgliche Finanzierung ist nicht möglich. Beginnen Sie die Modernisierungsmaßnahme daher nicht vor der Bewilligung der Fördermittel.

8.3 Sicherheit bei Arbeiten auf dem Dach

Minimieren Sie das Risiko, indem Sie Montagearbeiten möglichst nur bei gutem Wetter ausführen (lassen). Besonders bei dachintegrierten Anlagen ist es wichtig, dass es an diesem Tag nicht regnet. Andernfalls könnten durch den aufgedeckten Bereich größere Wassermengen in das Gebäude eindringen.
Unterbrechen Sie die Montage bei aufkommendem Wind. An sehr heißen Tagen mit starker Sonneneinstrahlung besteht die Gefahr, dass Sie sich an Metallteilen verbrennen. Die Solarmodule können in praller Sonne 60 bis 90 °C heiß werden.

Leitern
Leitern dürfen nur dann als Aufstiege genutzt werden, wenn bis zu fünf Meter Höhe zu überbrücken sind. Andernfalls besagen die Unfallverhütungsvorschriften, dass ein Gerüst aufzustellen ist.
Anlegeleitern stehen nur dann sicher, wenn sie im Winkel von 65 bis 75 Grad an sichere Stützpunkte angelegt werden und die Austrittsstelle um mindestens einen Meter überragen. Außerdem sind sie unbedingt gegen Ausgleiten, Umfallen, Umkanten, Abrutschen und Einsinken abzusichern.

Schutz vor herabfallenden Gegenständen
Die Verkehrswege im Bereich unterhalb der Dacharbeiten müssen gegen herabfallende, umstürzende, abgleitende oder abrollende Gegenstände geschützt werden. Bereiche, in denen Personen gefährdet werden könnten, sind zu kennzeichnen und abzusperren.

Absturzsicherung und Auffangeinrichtungen
Ab einer Höhe von drei Metern und einer Dachneigung von mehr als 20 Grad sind nach VBG, 37, § 8 Absturzsicherungen erforderlich.
Bei Arbeiten auf bis 60 Grad geneigten Dächern können Dachschutzwände als Absturzsicherung dienen. Der senkrechte Abstand zwischen dieser Vorrichtung und dem Arbeitsplatz darf höchstens fünf Meter betragen, die Schutzwände müssen die zu sichernden Arbeitsplätze um mindestens zwei Meter überragen.
Dachfanggerüste sind eine weitere Art der Absturzsicherung. Auch hier darf der Abstand zwischen Arbeitsplatz und Auffangvorrichtung höchstens fünf Meter sein.

Die Montage von Auffangnetzen ist Fachleuten zu überlassen, die sich dabei wirkungsvoll gegen Absturz sichern können.
Bei mehr als 45 Grad Dachneigung sind auf dem Dach außerdem besondere Arbeitsplätze durch Dachdeckerstühle, Dachdeckerauflageleitern oder Lattungen zu schaffen.

8.4 Heizkostenvergleiche[1]

Heizkostenvergleich Altbau saniert (Stand Januar 2008) IER, 2008

Ansprechpartn Dr. Ludger Eltrop
0711-685-87816/79
le@ier.uni-stuttgart.de

Objekt: Einfamilienhaus Altbau; Heizwärmebedarf 70 kWh/m²*a

Sanierung Altbau mit Wärmedämmung und Heizungsanlage (Kesselaustausch Ölheizung)

Nutzfläche	150	m2
Wärmebedarf Heizung	70,0	kWh/m²xa
Wärmebedarf Warmwasser	12,5	kWh/m²xa
Wärmebedarf Gesamt	82,5	kWh/m²xa
Jahreswärmebedarf (Heizung u. Warmwasser)	12,4	MWh/a

	Einheit	Pellets	Pellets + Solar	Scheit-holz	WP (Erdwärme-Sonde)	WP (Umgebungsluft)	Erdgas BW	Erdgas BW + Solar	Heizöl NT	Flüssiggas
Anlagendaten										
- Leistungsbedarf	kW	8	8	8	8	8	8	8	8	8
- Anlagenwirkungsgrad	%	92%	92%	90%			102%	102%	92%	102%
- Anlagennutzungsgrad	%	87%	87%	83%			97%	97%	87%	97%
- Jahresarbeitszahl					3,8	3,3				
- Deckungsanteil "Solar" an Heiz- und Brauchwasserwärmebedarf	%		20					20		
Jahresbrennstoffbedarf / Strombedarf bei Wärmepumpen	**MWh**	**14,2**	**11,4**	**14,9**	**3,3**	**3,8**	**12,8**	**10,2**	**14,2**	**12,8**
Investitionen (inkl. MwSt.)										
- Kessel	Euro	8.900	8.900	5.500			3.100	3.100	3.800	3.100
- Wärmepumpe (inkl. Zubehör, Anschlüsse und Warmwasserbereitung)					10.300	11.500				
- Wärmequelle					9.800	1.900				
- Solarkollektoranlage (inkl. Zubehör)			4.300					4.300		
- Brauchwasserspeicher, Pufferspeicher (Scheitholz)	Euro	1.000	3.000	1.500	1.000	1.000	1.000	3.000	1.000	1.000
- Lagerung/Austragung/Tank/Gasanschluss	Euro	2.700	2.700	900			2.250	2.250	250	540
- Schornstein/Abgasleitung	Euro	2.100	2.100	2.100			2.100	2.100	2.100	2.100
- Gas/Elektroinstallationen	Euro	600	600	600	600	600	300	300	300	300
- Bauliche Anpassung der hausinternen Verteilung	Euro				6.100	6.100				
- Entsorgungskosten Heizöltank	Euro	400	400	400	400	400	400	400		400
Summe	**Euro**	**15.700**	**22.000**	**12.000**	**28.200**	**21.500**	**9.150**	**15.450**	**7.450**	**7.440**
Förderung Marktanreizprogramm (Basisförderung + Kombinationsbonus)	Euro	-2.000	-3.695	-1.125	-3.000	-1.500		-1.695		
Summe Investition (inkl. MwSt.)	**Euro**	**13.700**	**18.305**	**10.875**	**25.200**	**20.000**	**9.150**	**13.755**	**7.450**	**7.440**
Kapitalgebundene Kosten										
-Nutzungsdauer (Kesselanlage + Zubehör)	Jahre	20	20	20	20	20	20	20	20	20
- effekt. Zinssatz aus KfW-Programm "Wohnraum Modernisieren"; für Öl- und Flüssiggasheizung "Wohneigentumsprogramm" der KfW (Stand Jan. 2008)		3,24%	3,24%	3,24%	3,24%	3,24%	4,74%	3,24%	5,15%	5,15%
Summe kapitalgebundene Kosten (inkl. MwSt.)	**Euro/a**	**941**	**1.258**	**747**	**1.732**	**1.374**	**718**	**945**	**605**	**605**
Betriebsgebundene Kosten										
- Instandsetzung (Ersatz, Reparatur)	Euro/a	157	157	120	282	215	92	92	75	74
- Wartung (Pflege, Reinigung, Betriebsstoffersatz)	Euro/a	310	310	170	70	50	130	130	170	214
- Schornsteinfeger	Euro/a	120	120	120			60	60	60	60
- Versicherung/Überwachung	Euro/a								70	
- Hilfsenergie	Euro/a	29	29	17			17	17	17	17
Summe betriebsgebundene Kosten (inkl. MwSt.)	**Euro/a**	**616**	**616**	**427**	**352**	**265**	**298**	**298**	**391**	**365**
Verbrauchsgebundene Kosten (Stand Januar 2008)										
Grundpreis Strom	Euro/a				121	121				
Grundpreis Flüssiggas, 1,2 t, oberirdisch	Euro/a									214
- Strom	Ct./kWh	19	19	19	19	19	19	19	19	19
- Strom, Wärmepumpentarif	Ct./kWh				12,0	12,0				
- Erdgas, EnBW Zonentarif	Ct./kWh						7,6	7,9		
- Heizöl (Abschätzung mittelfristig gültiger Wert: 68 ct/l)	Ct./kWh								6,7	
- Pellets	Ct./kWh	3,7	3,7							
- Scheitholz, ofenfertig	Ct./kWh			4,9						
- Flüssiggas	Ct./kWh									7,3
Summe verbrauchsgebundene Kosten (inkl. MwSt.)	**Euro/a**	**530**	**424**	**731**	**511**	**570**	**970**	**808**	**960**	**1.139**
%-Anteil Pellets		100%	80%	138%	96%	108%	183%	152%	181%	215%
Gesamtkosten der Versorgung (inkl. MwSt.)	**Euro/a**	**2.088**	**2.298**	**1.905**	**2.595**	**2.210**	**1.986**	**2.051**	**1.956**	**2.109**
- davon Anteil MwSt.		**333**	**386**	**274**	**493**	**420**	**377**	**390**	**372**	**401**
spezif. Kosten (inkl. MwSt.)	**Ct./kWh**	**16,9**	**18,6**	**15,4**	**21,0**	**17,9**	**16,0**	**16,6**	**15,8**	**17,0**
%-Anteil Pellets		100%	110%	91%	124%	106%	95%	98%	94%	101%

1 Aktuelle Preise für Strom, Erdgas und Heizöl finden Sie zum Beispiel im Internet unter *www.enbw.com* und *www.tecson.de* oder *www.oelbestellung.de*

Heizkostenvergleich Altbau (Stand Januar 2008)

IER, 2008

Ansprechpartner: 1
Dr. Ludger Eltrop
0711-685-87816/79
le@ier.uni-stuttgart.de

Objekt: Einfamilienhaus Altbau mit Heizwärmebedarf von 150 kWh/m²*a

Sanierung Heizungsanlage mit Kesselaustausch Ölheizung

Nutzfläche	150	m2
Wärmebedarf Heizung	150,0	kWh/m²xa
Wärmebedarf Warmwasser	12,5	kWh/m²xa
Wärmebedarf Gesamt	162,5	kWh/m²xa
Jahreswärmebedarf (Heizung u. Warmwasser)	24	MWh/a

	Einheit	**Pellets**	**Scheit-holz**	**Erdgas BW**	**Heizöl NT**	**Flüssiggas**
Anlagendaten						
- Leistungsbedarf	**kW**	14	14	14	14	14
- Anlagenwirkungsgrad	%	92%	90%	102%	92%	102%
- Anlagennutzungsgrad	%	87%	83%	97%	87%	97%
- Jahresarbeitszahl						
Jahresbrennstoffbedarf	**MWh**	**28,0**	**29,4**	**25,1**	**28,0**	**25,1**
Investitionen (inkl. MwSt.)						
- Kessel	Euro	9.500	6.500	3.900	4.500	3.900
- Pufferspeicher (Scheitholz) / Brauchwasserspeicher	Euro	1.000	1.500	1.000	1.000	1.000
- Lagerung/Austragung/Tank/Gasanschluss/Genehmigung	Euro	3.300	1.100	2 700	300	540
- Schornstein/Abgasleitung	Euro	2.100	2.100	2.100	2.100	2.100
- Gas/Elektroinstallationen	Euro	600	600	300	300	300
- Entsorgungskosten Heizöltank	Euro	400	400	400		400
Summe	**Euro**	**16.900**	**12.200**	**10.400**	**8.200**	**8.240**
Förderung Marktanreizprogramm (Basisförderung)	Euro	-2.000	-1.125			
Summe Investition (inkl. MwSt.)	**Euro**	**14.900**	**11.075**	**10.400**	**8.200**	**8.240**
Kapitalgebundene Kosten						
-Nutzungsdauer (Kesselanlage + Zubehör)	Jahre	20	20	20	20	20
- effekt. Zinssatz aus KfW-Programm "Wohnraum Modernisieren"; für Öl- und Flüssiggasheizung "Wohneigentumsprogramm" der KfW (Stand Jan. 2008)		3,24%	3,24%	4,74%	5,15%	5,15%
Summe kapitalgebundene Kosten (inkl. MwSt.)	**Euro/a**	**1.024**	**761**	**816**	**666**	**670**
Betriebsgebundene Kosten						
Instandsetzung (Ersatz, Reparatur)	Euro/a	169	122	104	82	82
Wartung (Pflege, Reinigung, Betriebsstoffersatz)	Euro/a	310	170	130	170	286
Schornsteinfeger	Euro/a	120	120	60	60	60
Versicherung	Euro/a				70	
Hilfsenergie	Euro/a	57	33	33	33	33
Summe betriebsgebundene Kosten (inkl. MwSt.)	**Euro/a**	**656**	**445**	**327**	**415**	**461**
Verbrauchsgebundene Kosten (Stand Januar 2007)						
Grundpreis Strom	Euro/a					
Grundpreis Flüssiggas, 1,2 t, oberirdisch	Euro/a					214
- Strom	Ct./kWh	19	19	19	19	19
- Erdgas, EnBW Zonentarif	Ct./kWh			6,9		
- Heizöl (Abschätzung mittelfristig gültiger Wert: 68 ct/l)	Ct./kWh				6,7	
- Pellets	Ct./kWh	3,7				
- Scheitholz, ofenfertig	Ct./kWh		4,9			
- Strom, Wärmepumpentarif	Ct./kWh					
- Flüssiggas	Ct./kWh					7,3
Summe verbrauchsgebundene Kosten (inkl. MwSt.)	**Euro/a**	**1.045**	**1.439**	**1.740**	**1.890**	**2.037**
%-Anteil Pellets		100%	138%	167%	181%	195%
Gesamtkosten der Versorgung (inkl. MwSt.)	**EUR/a**	**2.724**	**2.645**	**2.883**	**2.971**	**3.167**
- davon Anteil MwSt.	**EUR/a**	**392**	**330**	**548**	**565**	**602**
spezif. Kosten (inkl. MwSt.)	**Ct./kWh**	**11,2**	**10,9**	**11,8**	**12,2**	**13,0**
%-Anteil Pellets		100%	97%	106%	109%	116%

Heizkostenvergleich Neubau (Stand Januar 2008)

IER, 2008

Dr. Ludger Eltrop
0711-685-87816/79
le@ier.uni-stuttgart.de

1

Objekt: Einfamilienhaus Neubau; 45 kWh/m²*a Heizwärmebedarf

Nutzfläche	150	m2
Wärmebedarf Heizung	45,0	kWh/m²xa
Wärmebedarf Warmwasser	12,5	kWh/m²xa
Wärmebedarf Gesamt	57,5	kWh/m²xa
Jahreswärmebedarf (Heizung u. Warmwasser)	9	MWh/a

Anforderungen der EnEV werden damit auch für die ungünstigsten Heizungssysteme erfüllt

	Einheit	Pellets	Pellets + Solar	WP (Erdwärme-Sonde)	WP (Umgebungsluft)	Erdgas BW	Erdgas BW + Solar	Heizöl NT	Flüssiggas
Anlagendaten									
- Leistungsbedarf	kW	5	5	5	5	5	5	5	5
- Anlagenwirkungsgrad	%	92%	92%			102%	102%	92%	102%
- Anlagennutzungsgrad	%	87%	87%			97%	97%	87%	97%
- Jahresarbeitszahl				4,0	3,5				
- Deckungsanteil "Solar" an Heiz- und Brauchwasserwärmebedarf	%		25				25		
Jahresbrennstoffbedarf / Strombedarf bei Wärmepumpen	**MWh**	**9,9**	**7,4**	**2,2**	**2,5**	**8,9**	**6,7**	**9,9**	**8,9**
Investitionen (inkl. MwSt.)									
- Kessel	Euro	6.000	6.000			3.100	3.100	3.800	3.100
- Wärmepumpe (inkl. Zubehör, Anschlüsse und Warmwasserbereitung)	Euro			8.200	9.300				
- Wärmequelle (Sonde, Luftkanäle, Zubehör)	Euro			7.300	1.900				
- Solarkollektoranlage (inkl. Zubehör)	Euro		4.300				4.300		
- Brauchwasserspeicher, Pufferspeicher (Scheitholz)	Euro	1.000	3.000	1.000	1.000	1.000	3.000	1.000	1.000
- Lagerung/Austragung/Tank/Gasanschluss	Euro	2.200	2.200			1.800	1.800	1.900	540
- Schornstein/Abgasleitung	Euro	2.100	2.100			2.100	2.100	2.100	2.100
- Gas/Elektroinstallationen	Euro	600	600	600	600	300	300	300	300
- Hausinterne Verteilung	Euro	3.900	3.900	6.100	6.100	3.900	3.900	3.900	3.900
Summe	**Euro**	**15.800**	**22.100**	**23.200**	**18.900**	**12.200**	**18.500**	**13.000**	**10.940**
Förderung Marktanreizprogramm (Basisförderung + Kombinationsbonus)	Euro	-2.000	-3.695	-1.500	-750		-1.695		
Summe Investition (inkl. MwSt.)	**Euro**	**13.800**	**18.405**	**21.700**	**18.150**	**12.200**	**16.805**	**13.000**	**10.940**
Kapitalgebundene Kosten									
Nutzungsdauer (Kessel, Pumpe, Speicher, Zubehör etc.)	Jahre	20	20	20	20	20	20	20	20
Eff. Zinssatz aus KfW-Programm "Ökologisch Bauen", für Öl- und Gasheizungen "Wohneigentumsprogramm" der KfW (Stand Jan. 2008)	%	4,74%	4,74%	4,74%	4,74%	5,15%	4,74%	5,15%	5,15%
Summe kapitalgebundene Kosten (inkl. MwSt.)	**Euro/a**	**1.083**	**1.444**	**1.703**	**1.424**	**991**	**1.319**	**1.056**	**889**
Betriebsgebundene Kosten									
- Instandsetzung (Ersatz, Reparatur)	Euro/a	158	158	232	189	122	122	130	109
- Wartung (Pflege, Reinigung, Betriebsstoffersatz)	Euro/a	310	310	70	50	130	130	170	214
- Schornsteinfeger	Euro/a	120	120			60	60	60	60
- Versicherung/Überwachung	Euro/a							70	
- Hilfsenergie	Euro/a	20	20			12	12	12	12
Summe betriebsgebundene Kosten (inkl. MwSt.)	**Euro/a**	**608**	**608**	**302**	**239**	**323**	**323**	**441**	**395**
Verbrauchsgebundene Kosten (Stand Januar 2008)									
Grundpreis Strom	Euro/a			121	121				
Grundpreis Flüssiggas, 1,2 t, oberirdisch	Euro/a								214
- Strom	Ct./kWh	19,4	19,4			19,4	19,4	19,4	19,4
- Strom, Wärmepumpentarif	Ct./kWh			12,0	12,0				
- Erdgas, EnBW Zonentarif	Ct./kWh					8,2	8,8		
- Heizöl (Abschätzung mittelfristig gültiger Wert: 68 ct/l)	Ct./kWh							6,7	
- Pellets	Ct./kWh	3,7	3,7						
- Scheitholz, ofenfertig	Ct./kWh								
- Flüssiggas	Ct./kWh								7,3
Summe verbrauchsgebundene Kosten (inkl. MwSt.)	**Euro/a**	**370**	**277**	**379**	**416**	**725**	**584**	**669**	**859**
%-Anteil Pellets		100%	75%	103%	113%	196%	158%	181%	232%
Gesamtkosten der Versorgung (inkl. MwSt.)	**Euro/a**	**2.061**	**2.330**	**2.385**	**2.080**	**2.040**	**2.227**	**2.166**	**2.143**
- davon Anteil MwSt.		**347**	**409**	**453**	**395**	**388**	**423**	**412**	**407**
spezif. Kosten (inkl. MwSt.)	**Ct./kWh**	**23,9**	**27,0**	**27,6**	**24,1**	**23,7**	**25,8**	**25,1**	**24,8**
%-Anteil Pellets		100%	113%	116%	101%	99%	108%	105%	104%

8.5 Nützliche Adressen und Internetportale

Bund der Energieverbraucher, D-53572 Unkel
www.energienetz.de

- Beratung rund um die Themen Energieverbrauch und -erzeugung
- Erneuerbare Energien
- Förderungen
- Stromtarifrechner

Bundesamt für Wirtschaft und Ausfuhrkontrolle, D-65760 Eschborn
www.bafa.de

- Energiesparberatung, Beraterliste

Deutsche Gesellschaft für Sonnenenergie e. V., D-80992 München
www.dgs.de Link: *www.gueteschutz-solar.de*

- Musterverträge gemäß RAL-Gütezeichen für Solarenergie-Anlagen

Deutsche Energie-Agentur, 10115 Berlin
www.dena.de

- Modernisierungsratgeber
- Broschüren zum Themenbereich Erneuerbare Energie

Deutsches Energieberaternetzwerk e. V.,
D-60314 Frankfurt am Main
www.den-ev.de

- Vermittlung eines Energieberaters aus Ihrer Region

Energieagentur Nordrhein-Westfalen, D-42104 Wuppertal
www.energieagentur-nrw.de

- Broschüren
- Förderprogramme
- Gebäude-Check Energie, Gebäudemodernisierung, Seminare
- Solar-Check NRW

Energiesparhaus.at, A-4020 Linz
www.energiesparhaus.at

- Unabhängige Beratung für Wohnen, Hausbau und Sanierung
- U-Wert-Rechner

Institut für Solartechnik SPF, CH-8640 Rapperswil
www.polysun.ch

- Simulationsprogramme, Profi- und Testversionen

Institut Wohnen und Umwelt, D-64285 Darmstadt
www.iwu.de

- Studien, ausführlich dargestellte Beispiele für die energetische Sanierung von Gebäuden der Baujahre 1900 bis 1980
- Checklisten

KfW-Förderbank (Kreditanstalt für Wiederaufbau),
D-60352 Frankfurt am Main
www.kfw.de

- Zinsgünstige Kredite für die Gebäudesanierung

Mein Haus spart, Gemeinschaftsaktion Gebäudesanierung NRW
www.mein-haus-spart.de

- Beratung
- Broschüren und Fachinformationen
- Musterprojekte

Passivhaus Institut, D-64283 Darmstadt
www.passiv.de

- Informationen zum Passivhaus
- Tipps zum Energiesparen im Bestand

Gebaute Passivhausprojekte
www.passivhausprojekte.de

- Datenbank mit detaillierten Informationen zu bereits realisierten Passivhausprojekten

Solarenergie Förderverein Deutschland, D-52070 Aachen
www.sfv.de

- Informationen hauptsächlich zu Solarstrom-Anlagen
- Aufnahme der monatlichen Solarstromerträge
- Diebstahlregister

Solarenergie Informations- und Demonstrationszentrum, D-90765 Fürth
www.solid.de

- Beratung zu Photovoltaik und Solarthermie

Solarserver
www.solarserver.de

- Internetportal mit vielen Informationen zum Thema Sonnenenergie

Sonnenhaus-Institut, D-94315 Straubing
www.sonnenhaus-institut.de

- Informationen zu weitestgehend solar beheizten Gebäuden

Verbraucherzentrale Nordrhein-Westfalen
www.altbauwissen.nrw.de

- Sanierungslexikon
- Kommunikationsplattform zum Thema energetisches und ökologisches Gebäudesanieren

8.6 RAL-Güteschutz-Solar-Musterverträge

Planungsvorbereitungen nach den Besonderen Güte- und Prüfbestimmungen solarthermischer Anlagen S2 (GZ 966)
Version März 2007

Standortbeurteilung und dokumentiertes Kundengespräch

Mindestanforderung einer Standortbeurteilung und eines dokumentierten Kundengesprächs bei einem Ortstermin nach den Besonderen Güte- und Prüfbestimmungen S2 des RAL Gütezeichen Solarenergieanlagen (GZ 966)

Angaben zum Kunden und der beratenden Firma

Kunde

Name, Vorname

Straße, Hausnummer

PLZ, Ort

Tel. (privat, dienstlich, mobil)

Fax

E-Mail

Firma

Rechtsgültige Firmenbezeichnung

Straße, Hausnummer

PLZ, Ort

Tel. (dienstlich, mobil)

Fax

E-Mail

Standort der geplanten Anlage
(falls nicht identisch mit Anschrift des Kunden)

Straße, Hausnummer

PLZ, Ort

Ansprechpartner
(bei dem Ortstermin)

Name, Vorname

PLZ, Ort, Datum

Aufnahme der Rahmendaten

O Neubau in Planung
O bestehendes Gebäude (Baujahr) ....
O Einfamilienhaus
O Zweifamilienhaus
O Mehrfamilienhaus
O Doppelhaushälfte
O Reihenhaus
O freistehendes Haus
O Anzahl der Wohneinheiten ....
O Anzahl der Personen ....

Kundenwünsche

O Neuanlage
O Bestandsanlageerweiterung

Montageart:
O Aufdachanlage
O Indachanlage
O Aufständerung
O Fassadenanlage

Anlagenauslegung nach:
O maximaler Ertrag
O maximale Investitionskosten von __________ €
O maximale Flächennutzung
O ästhetischen Gesichtspunkten (Optik, Architektur)
O Sonstiges (wie Art der Anlage, besondere Kollektortypen, besondere Speicher, ...) ________________

Bemerkung:

Seite 1 von 4

Planungsvorbereitungen nach den Besonderen Güte- und Prüfbestimmungen solarthermischer Anlagen S2 (GZ 966)
Version März 2007

Einsatzzweck, Bedarf und Auslegungsziel der Anlage

Warmwasserbereitung O zentral O dezentral O Raumwärmeunterstützung O Schwimmbad

Warmwasserverbrauch pro Person O niedrig (~30l) O mittel (~50l) O hoch (~ 80l)

zusätzliche Verbraucher O Geschirrspüler O Waschmaschine

Wohnfläche _______m², Schwimmbeckenoberfläche Länge _____m x Breite _____m = ______m²

Solarer Deckungsanteil Warmwasser: _______%, Raumwärmeunterstützung: ______%

Nutzbare Fläche und Kollektormontageart

O Schrägdach:
Dachneigung _______(in Grad)
Montage: O Aufdach O Indach
Abweichung gegenüber der Dachneigung _______(in Grad)

O Flachdach:
Montage: O horizontal O Aufständerung _______(in Grad)

O Fassadenmontage:
Montage: O senkrecht O angestellt _______(in Grad)

Nutzbare Fläche:
Ausrichtung ________(in Grad) (Süden ist 0°, Westen ist +90°, Osten ist -90°, Norden ist 180°)
Größe Länge _____m x Breite _____m = ______m²

zu montierende Kollektorfläche:
Ausrichtung ________(in Grad) (Süden ist 0°, Westen ist +90°, Osten ist -90°, Norden ist 180°)
Größe Länge _____m x Breite _____m = ______m²

Dachbeschaffenheit

Ausrichtung ________(in Grad) (Süden ist 0°, Westen ist +90°, Osten ist -90°, Norden ist 180°)

Alter der Dachhaut ________Jahre (falls abweichend vom Gebäudebaujahr) (O Schätzwert, O Angabe Gebäudeeigentümer)

Traufhöhe ________m

Dachinstandsetzung oder Modernisierung O geplant O nicht geplant

Ziegelart: Farbe _______
O Pfanne O Bieber O Faserzement (Achtung bei Asbestzement)
O Schiefer O Trapez O Stehfalz
O Kies O Dachpappe O Bitumen
O Sonstig: ____
Ziegelmaß: _______ cm breit x _______ cm hoch
Ziegeldeckmaß: _______ cm breit x _______ cm hoch (sichtbarer Teil)
Sparrenabstand: _______ cm
Dachaufbau, Dachausbau, Dachunterkonstruktion, Dachdurchdringungen, Besonderheiten: ____________
____

Eine Verschattungsanalyse aufgrund von hinderlichen Elementen (Schornstein, Antenne, Dachfenster, Blitzableiter, Gaube, Sonstiges) ist O notwendig, O nicht notwendig

Der Minderertrag aufgrund der Verschattung beträgt ca. ________%
(Schätzwert! Genauere Angaben können u.U. mittels Computersimulation getroffen werden.)

Folgende Maßnahmen zur Minimierung der Auswirkungen durch Verschattung sind geplant:
____
____
____

Seite 2 von 4

Planungsvorbereitungen nach den Besonderen Güte- und Prüfbestimmungen solarthermischer Anlagen S2 (GZ 966)
Version März 2007

Angaben zum Speicherraum und vorhandenen Speicher, Einbindungsart

Speicherraum:
Höhe des Aufstellraums _______m, verfügbare Aufstellfläche ______m², minimale Türbreite _______mm

Speicher: vorhanden O Ja O Nein
erneuern O Ja O Nein
Typ ____________________ Fabrikat ________________________ Baujahr ___________
Volumen ____________Liter O stehend O liegend

Einbindungsart:
O Reihenschaltung O Vorwärmspeicher O Solarspeicher O sonstig ______________

Bemerkung:
Erklärung der möglichen Systemverluste bei Einbindung eines vorhandenen Speichers

Angaben zum Heizungsraum und vorhandenen Heizungsanlage

Heizungsraum:
Höhe des Aufstellraums _______m, verfügbare Aufstellfläche ______m², minimale Türbreite _______mm

Heizkessel: modernisieren O Ja O Nein
Typ_________________________________ Hersteller _____________________________
Produktbezeichnung ____________________ Baujahr _____________________________

modulierbare Leistung O Ja O Nein, geeignet für WW- Nachheizung O Ja O Nein

Angaben zur Zirkulation

Zirkulationsleitung vorhanden O Ja O Nein und wärmegedämmt O Ja O Nein

Zirkulationspumpe:
Dauerbetrieb O Ja O Nein oder Zeitschaltuhr Laufzeit: ___________h/Tag

Information zum Solarkreis

Einfache Länge der Strecke Speicher zum Kollektor _________m

Leitungsführungsmöglichkeiten:
O freier Schornsteinzug O Versorgungsschacht O Kanal in der Fassade

Bemerkung (z.B. Versatz im Schornstein; Dach-, Wanddurchführungen und Geschossdeckendurchbrüche notwendig):
____
____

Angaben für die Auslegung der Raumwärmeunterstützung

Zu beheizende Wohnfläche _________m² O Flächenheizung O Radiatorenheizung

Brennstoffart des Heizkessels O Öl O Erdgas H
O Flüssiggas O Pellet
O Scheitholz O sonstiges ____________

jährlicher Brennstoff-Verbrauch _________m³/l/kWh; Energieverbrauch _________kWh/a;

spezifischer Jahresheizwärmeverbrauch __________Qh;

Energiesparmaßnahmen empfohlen O Ja O Nein oder geplant O Ja O Nein

Energiepass vorhanden O Ja O Nein

Seite 3 von 4

Optional freiwillige Leistungen

Beratung zu folgenden Fragen:

O gewünscht	O nicht gewünscht	Wirtschaftlichkeit und Finanzierung
O gewünscht	O nicht gewünscht	Förderung
O gewünscht	O nicht gewünscht	Erneuerbare-Energie-Gesetz
O gewünscht	O nicht gewünscht	baurechtliche Belange (Baugenehmigung, Denkmal-, Ensembleschutz)
O gewünscht	O nicht gewünscht	Aushändigung einer Referenzliste
O gewünscht	O nicht gewünscht	Umgang mit Asbestzement (falls vorhanden)

Bemerkungen:

Baugerüst

O ein Baugerüst ist nicht notwendig, die Arbeitssicherheit ist durch andere Maßnahmen gewährleistet

O ein Baugerüst wird bauseits gestellt

O ein Baugerüst wird geliefert und gestellt

O das Baugerüst wird im Angebot als eigene Position gekennzeichnet

Bemerkungen:

Wichtige Anmerkungen

Kranmontage möglich	O Ja	O Nein	
Statiknachweis	O nicht nötig	O nötig	O wird von Bauherrn erbracht O wird von Installationsfirma erbracht
Baugenehmigung (Denkmal-, Ensembleschutz)	O nicht nötig	O nötig	O wird von Bauherrn eingeholt O wird von Installationsfirma eingeholt
Blitzschutzanlage vorhanden	O Ja	O Nein	

geeignete Erdung für Potentialausgleich / Erdung der STH-Anlage vorhanden O ja O nein

Bemerkung: Es müssen die dem Standort der geplanten Anlage entsprechenden Schneelast- und Windlastzonen (I – IV) berücksichtigt werden.

Unterschriften

Mit dem Unterzeichnen dieses Kundengesprächs sind die wesentlichen Angaben der gewünschten Anlage dokumentiert.

Die Angaben sind unverbindlich, da sich bei der Ausführungsplanung Änderungen ergeben können.

Die beiden Parteien (Kunde und Firma) sind sich darüber einig, dass sich abzeichnende Änderungen im Zuge der Ausführungsplanung angesprochen und gegebenenfalls dokumentiert werden.

Ort, Datum, Uhrzeit — Unterschrift Kunde — Unterschrift Firma / Ansprechpartner

Anhang

O Lageplan O Hauspläne O Dachpläne O Fotos

Abnahmeprotokoll nach den Besonderen Güte- und Prüfbestimmungen photovoltaischer Anlagen P3 (GZ 966)
Version Februar 2007

Abnahmeprotokoll

Mindestanforderungen für ein Abnahmeprotokoll nach den Besonderen Güte- und Prüfbestimmungen P3 des RAL Gütezeichen Solarenergieanlagen (GZ 966)

Allgemeine Angaben

Kunde

Name, Vorname

Straße, Hausnummer

PLZ, Ort

Tel. (privat, dienstlich, mobil)

Fax

E-Mail

Firma / Ansprechpartner

Rechtsgültige Firmenbezeichnung / Name, Vorname

Straße, Hausnummer

PLZ, Ort

Tel. (dienstlich, mobil)

Fax

E-Mail

Standort der Anlage
(falls nicht identisch mit Anschrift des Kunden)

Straße, Hausnummer

PLZ, Ort

Abnahmedatum

Stunde, Tag, Monat, Jahr

weitere ausführende Unternehmen, Planer, Auftragnehmer gemäß Anhang

Technische Anlagendaten

Anlagetyp: Netzeinspeiseanlage mit Vergütungsanspruch gemäß Erneuerbare-Energien-Gesetz § 11

Inbetriebnahmeprotokoll / Fertigstellungsanzeige vom Netzbetreiber liegt ausgefüllt vor: O Ja O Nein

Generatornennleistung (P_{PV}): __________ kWp

Module (Hersteller, Typ, Anzahl):

______________________________ O siehe Anhang

Wechselrichter (Hersteller, Typ, Anzahl, Wechselrichter Nennleistung AC):

______________________________ O siehe Anhang

Anzahl der Stränge pro Wechselrichter, Anzahl der Module pro Strang:

______________________________ O siehe Anhang

Potentialausgleich / Erdung: Ausführung, Installationsort, Bemerkung:

______________________________ O siehe Anhang

Äußerer Blitzschutz vorhanden? O Ja O Nein
Wenn Ja: Ausführung, Installationsort, Bemerkung:

______________________________ O siehe Anhang

Seite 1 von 4

Strangsicherungen, Strangdioden (wenn vorhanden) (jeweils: Hersteller, Typ, Spannung/Strom):

____

Überspannungsableiter DC seitig und AC seitig (wenn vorhanden) (jeweils Hersteller, Typ, Nennspannung):

____

Modulanschlussleitung, Gleichstromhauptleitung (jeweils: Hersteller, Typ, Querschnitt):

____

DC-Freischalter (Hersteller, Typ, Spannung/Strom):

____

AC-seitiger Fehlerstromschutz-Schalter (RCD-Schalter) (wenn vorhanden) (Hersteller, Typ):

____

AC-seitige Sicherung (Hersteller, Typ, Spannung/Strom):

____

Funktions-, Ertrags-, Daten(fern)überwachung vorhanden? O Ja O Nein
(Hersteller, Typ, Mess- und Auswertungsgrößen)

____

mit der Funktions-, Ertrags-, Daten(fern)überwachung betraute Person/Firma:

____

Erdungswiderstand des Hauserders (PAS) in Ordnung / beanstandet (evtl. Messung siehe Anhang)

Isolationswiderstand des PV-Generators: in Ordnung / beanstandet (evtl. Messung siehe Anhang)

Isolationswiderstand der DC-Hauptleitung: in Ordnung / beanstandet (evtl. Messung siehe Anhang)

(Nichtzutreffendes bitte streichen)

Sonstige Bemerkungen:

____

Sichtprüfungen, Abgleichung mit der Planung

Anlagenmontage ohne sichtbare Schäden an Anlage, Dach, Gebäude, usw. .... in Ordnung / beanstandet

Montagesystem, Dachdurchdringungen / Abdichtungen .... in Ordnung / beanstandet

Verkabelung / Leitungsführung .... in Ordnung / beanstandet

Wechselrichter, Wechselrichterfunktion .... in Ordnung / beanstandet

Funktionsprüfung der Schutzeinrichtungen .... in Ordnung / beanstandet

Einspeisekontrolle am Zähler .... in Ordnung / beanstandet

Funktions-, Ertrags-, Daten(fern)überwachung (wenn vorhanden) .... in Ordnung / beanstandet

Sauberkeit (Abfallentsorgung, Installationsorte sauber, ...) .... in Ordnung / beanstandet

Ausführung entspricht Planungsumfang / Angebot .... in Ordnung / beanstandet

(Nichtzutreffendes bitte streichen)

Sonstige Bemerkungen:

____

Abnahmeprotokoll nach den Besonderen Güte- und Prüfbestimmungen photovoltaischer Anlagen P3 (GZ 966)
Version Februar 2007

Plausibilitätskontrolle:

Anlage voll funktionstüchtig: .... O Ja O Nein

Einstrahlung .... W/m^2 (+/- 200 W/m²)

Außentemperatur .... C° (+/- 5 Grad Celsius)

Anlagenleistung DC .... W (+/- 10%, z.B. Anzeige Wechselrichter Display)

Anlagenleistung AC .... W (+/- 10%, z.B. Anzeige Wechselrichter Display)

Sonstige Bemerkungen:

____

Messwerte

O Kundeneigener Zähler oder O Zähler des Netzbetreibers

Zählernummer Einspeisezähler: ...., Zählerstand: ....kWh

Zählernummer PV-Bezugszähler: ...., Zählerstand: ....kWh

Wechselrichter Typ, Nummer	Leerlaufspannung U_L in V Generator / Strang 1 / 2 / 3 ...	Kurzschlussstrom I_K in A Strang 1 / Strang 2 / Strang 3 ...

Zur erweiterten, übersichtlicheren bzw. vollständigen Darstellung wurden .... **Zusatzblätter** beigefügt.

Bei Anlagen mit Rückstromdioden ist in jedem Strang der Spannungsabfall $U_{K,D}$ über der Diode (im Kurzschluss) anzugeben.
Bei Anlagen mit Strangsicherungen ist in jedem Strang der Spannungsabfall $U_{K,Sich}$ über Sicherung incl. Kontakte (im Kurzschluss) anzugeben.

Sonstige Bemerkungen:

____

Mängel, Nachbesserungen, sonstige Bemerkungen

unstrittige Mängel, strittige Mängel und evtl. auszuführende Nachbesserungen sind als solche gekennzeichnet aufzuzählen und mit Ausführungsfristen zu versehen:

____

____

____

____

____

Seite 3 von 4

RAL Solar

Abnahmeprotokoll nach den Besonderen Güte- und Prüfbestimmungen photovoltaischer Anlagen P3 (GZ 966)
Version Februar 2007

Dokumentation

Anlagendokumentation liegt vollständig vor: O Ja O Nein

Die vollständige Dokumentation wurde dem Kunden ausgehändigt
bzw. an einem geeigneten Ort (Wechselrichter-Betriebsraum, nähe Zählerkasten) abgelegt:

- Konformitätserklärungen
- Unbedenklichkeitsbescheinigungen
- Bescheinigung zur selbsttätigen Freischaltstelle nach VDE 0126 Teil 1-1 (z.B. ENS oder vergleichbare Einrichtung)
- Technische Unterlagen und Datenblätter der wesentlichen Komponenten
- Messprotokolle (so vorhanden)
- Seriennummern der installierten Module mit Zuordnung zur Verschaltung
- Zertifikate und Garantiebescheinigungen
- Versicherungspolicen (Kopie) (so vorhanden)
- Verschaltungsplan und Dachplan mit Modulverschaltung und Wechselrichterzuordnung
- Betriebsanleitung insb. Wechselrichter
- Betriebsanleitung der Funktions-, Ertrags-, Daten(fern)überwachung (wenn vorhanden)
- Montageanleitungen der wesentlichen Komponenten
- Inbetriebnahmeprotokoll des Netzbetreibers
- Service- bzw. Notfalltelefonnummern
- Nachweis zur Kundeneinweisung z.B. durch Formblatt zur „Kundeneinweisung gemäß RAL P3"
- Formblatt zum selbstständigen Erfassen der Ertragsdaten durch den Anlagenbetreiber (z.B. monatlicher Zählerstand)

Die Unterlagen sind mit Datum zu versehen bzw. müssen gestempelt oder paraphiert sein.

Sonstige Bemerkungen:

___

Kundeneinweisung

Eine Einweisung für den Kunden hat stattgefunden: O Ja O Nein
(Nachweis z.B. durch Formblatt „Kundeneinweisung gemäß RAL P3")

Sonstige Bemerkungen:

___

Unterschriften

Mit dem Unterzeichnen dieses Abnahmeprotokolls gilt die Anlage – mit Ausnahme der unter Mängel, Nachbesserungen, sonstige Bemerkungen aufgezählten Punkte - als mängelfrei abgenommen.

Ort, Datum	Unterschrift Kunde	Unterschrift Firma / Ansprechpartner

Anhang

Seite 4 von 4

(Quelle: DGS/RAL Güteschutz Solar)

Index

R

S

T

W